"十四五"时期国家重点出版物出版专项规划项目

中国能源革命与先进技术丛书

风力发电建模与并网稳定性分析

赵浩然　王　鹏　著

机 械 工 业 出 版 社

本书系统性地介绍了目前主流的新能源发电并网稳定性分析方法，详细介绍了基于阻抗分析的新能源电力系统模型推导与稳定域构建的现状、堵点。在充分研究国内外学者在新能源电力系统稳定性分析与控制方面已经取得的突破性进展的基础上，拓展完成了新能源电力系统阻抗建模和小信号稳定域量化构建两部分的理论分析。针对新能源发电系统理论阻抗模型阶数高这一关键问题，形成了以分段仿射思想为基础的阻抗模型降阶理论；针对稳定域高维和强非线性的另一关键问题，形成了数据-模型双驱动的小信号稳定域量化体系。全书立足于学术和工程融合的角度，解决以新能源发电为主导的新型电力系统中因电力电子设备间多尺度控制相互作用而引发的宽频振荡等实际稳定性问题，对于促进我国新能源大规模消纳、保障电力系统安全运行具有较高的参考价值。

本书可为高等院校新能源、电力系统、电气工程等相关专业高年级本科生和研究生提供参考，也可为相关政策制定者、科研工作者、企业、投资机构提供参考。

图书在版编目（CIP）数据

风力发电建模与并网稳定性分析 / 赵浩然，王鹏著.
北京 : 机械工业出版社，2024. 11. -- （中国能源革命与先进技术丛书）. -- ISBN 978-7-111-76630-8

Ⅰ. TM614

中国国家版本馆 CIP 数据核字第 2024W8Y402 号

机械工业出版社（北京市百万庄大街 22 号　邮政编码 100037）

策划编辑：杨　琼　　　　　　　责任编辑：杨　琼
责任校对：李　婷　刘雅娜　　　封面设计：马精明
责任印制：单爱军

北京虎彩文化传播有限公司印刷

2025 年 1 月第 1 版第 1 次印刷

169mm×239mm・16 印张・6 插页・293 千字

标准书号：ISBN 978-7-111-76630-8

定价：99.00 元

电话服务　　　　　　　　　　　网络服务
客服电话：010-88361066　　　机　工　官　网：www.cmpbook.com
　　　　　010-88379833　　　机　工　官　博：weibo.com/cmp1952
　　　　　010-68326294　　　金　书　网：www.golden-book.com
封底无防伪标均为盗版　　　机工教育服务网：www.cmpedu.com

随着风电、光伏等新能源发电接入电力系统规模的不断扩大，高渗透率的电力电子设备与电网交互引发的稳定性问题越发显著。由振荡导致的脱网等事故严重威胁电力系统安全运行。新能源发电的随机性和波动性，加上电力电子设备的高比例接入，改变了传统电力系统的动态特性，带来了前所未有的挑战。为了应对这一挑战，明确新能源发电并网小信号稳定机理，构建系统安全运行稳定域，成为保证新能源大规模消纳所必须解决的重要问题。

在上述背景下，本书以含高比例新能源和高比例电力电子设备的"双高"电力系统为分析对象，针对多尺度控制相互作用引发的宽频振荡等新型稳定性问题，开展了专门研究。以阻抗分析这一小信号稳定性评估方法为核心，围绕展开新能源电力系统阻抗建模和小信号稳定域量化构建两方面工作，以支撑电力系统运行安全稳定性。针对新能源发电系统理论阻抗模型阶数高这一关键问题，形成了以分段仿射思想为基础的阻抗模型降阶理论；针对稳定域高维和强非线性的另一关键问题，形成了数据-模型双驱动的小信号稳定域量化体系。本书涵盖了对电力电子设备与电网交互的深入分析、多尺度控制方法在宽频振荡中的应用，以及小信号稳定性评估的最新成果。希望通过本书的讲述，能够使读者对以新能源发电为主导的未来电力系统的新型稳定性问题及分析方法有全面的认识。

本书结构按照由浅入深、逐步展开的原则进行设计。总体来说，全书共分为13章，前8章聚焦于新能源发电设备阻抗的理论建模以及高效降阶研究，后5章则重点在于构建数据-模型双驱动的新能源电力系统小信号稳定域。第1章为绪论，主要是对风力发电运行原理以及小信号稳定性分析方法进行了论述。第2章介绍了现有阻抗方法的测量机理和所用到的各类阻抗测量装置，为后续理论阻抗验证提供了方法支持。第3章介绍了变流器阻抗建模的理论基础以及不同坐标系下阻抗的转换关系，为后续分析提供了模型基础。第4章考虑风能转换系统的机械动态，系统地论述了双馈风电机组全动态阻抗模型的推导方法。第5章以永磁直驱风电机组为例建立了全功率型风电机组完整阻抗模型，为后续稳定性分析提供了模型基础。第 6 章针对新能源发电系统理论阻抗模型高阶的问题，介绍了以分段仿射思想为核心的阻抗模型降阶理论。第 7 章进一步考虑场站控制构建风电场全动态阻抗模型，可以全面分析风电场内多种动态耦合对稳定性的影响。第 8 章介绍了数据-模型双驱动的阻抗辨识方法，为新能源发电系统阻抗分析的实际工程应用提供了解决思路。第 9 章介绍了稳定性分析方法以及典型的稳定判据和稳定裕度的定义。第 10 章针对并网变流器的单参数和多参数两种模型复杂度，分别介绍了小信号稳定域量化思路，同时改进锁相环控制结构以提高稳定功率极限。第 11 章针对风电场并网系统介绍了一种基于支持向量回归的稳定域量化分析方法。第 12 章基于风电场分段仿射降阶阻抗模型介绍了另一种基于聚类的稳定域量化方法，显著提高了稳定域构建速度。第 13 章基于分段仿射阻抗模型介绍了一种基于双层优化的稳定域边界搜索方法，可以实现多变流器并网系统稳定域的在线构造。

本书的内容是团队研究成果的总结，在此感谢参与此项研究的博士研究生高术宁、罗嘉、王金龙、贺敬，以及参与本书整理工作的其他同学。

本书内容体现的研究成果是阶段性的，由于作者水平有限，难免存在疏漏或不妥之处，恳请广大读者批评指正。

目 录 Contents

首字母缩略表

BP	Back Propagation	反向传播
br	Branch	支路
CM	Compensated Modulation	补偿调制
CL	Connection Line	连接线
dc	Direct Current	直流
DFIG	Doubly Fed Induction Generator	双馈感应发电机
DMD	Dynamic Mode Decomposition	动态模态分解
DM	Direct Modulation	直接调制
DPR	Direct Polynomial Regression	直接多项式回归
FFT	Fast Fourier Transform	快速傅里叶变换
GMPM	Gain Margin and Phase Margin	幅值裕度和相角裕度
GRNN	General Regression Neural Network	广义回归神经网络
GSC	Grid Side Converter	网侧变流器
Im	Imaginary Part	虚部
KNN	k Nearest Neighbor	k-邻近
MCL	Minimum Characteristic Locus	最小特征根轨迹
MIMO	Multiple-Input-Multiple-Output	多输入多输出
MMC	Modular Multilevel Converter	模块化多电平变流器
MPPT	Maximum Power Point Tracking	最大功率点跟踪
MTPA	Maximum Torque Per Ampere	每安培最大转矩控制
MSC	Machine Side Converter	机侧变流器
MSE	Mean Squared Error	均方误差
MRLP	Multi-Class Robust Linear Programming	多类鲁棒线性规划
OAC	Opposing Argument Criterion	相反论判据
opt	Optimization	优化

osc	Osculation	振荡
para	Parameter	参数
PCC	Point of Common Coupling	公共连接点
PLL	Phase Locked Loop	锁相环
PMSG	Permanent Magnet Synchronous Generator	永磁同步发电机
PSVC	Proximal Support Vector Classification	近端支持向量分类
PWM	Pulse Width Modulation	脉冲宽度调制
PWA	Piecewise Affine	分段仿射
p.u.	Per Unit	标幺值
RBF	Radial Basis Function	径向基函数
Re	Real Component	实部
RMSE	Root Mean Square Error	方均根误差
RSC	Rotor Side Converter	转子侧变流器
SCIG	Squirrel Cage Induction Generator	笼型感应发电机
SCR	Short Circuit Ratio	短路比
SISO	Single-Input-Single-Output	单输入单输出
SSO	Sub-Synchronous Oscillation	次同步振荡
SSR	Sub-Synchronous Resonance	次同步谐振
STATCOM	Static Synchronous Compensator	静止同步补偿器
SVC	Support Vector Classification	支持向量分类
SVC	Static Var Compensator	静止无功补偿器
SVD	Singular Value Decomposition	奇异值分解
SVM	Support Vector Machine	支持向量机
SVR	Support Vector Regression	支持向量回归
UDP	User Datagram Protocol	用户数据报协议
VSC	Voltage Sourced Converter	电压源型变流器
WFC	Wind Farm Control	风电场控制
WPP	Wind Power Plant	风电场
WTG	Wind Turbine Generator	风电机组

主要变量符号

$\boldsymbol{\alpha}_n$	仿射子模型参数向量
β	桨距角
γ	惩罚系数
δ_{m}	电气旋转角度
δ_{t}	机械旋转角度
Δt	采样时间间隔
ϵ	偏差容忍度
θ	锁相环输出相角
θ_{e}	电气转子角
θ_{m}	机械转子角
λ	叶尖速比
λ_j	特征值
λ_1	特征根 1 轨迹
λ_2	特征根 2 轨迹
λ_{opt}	最优叶尖速比
ρ	空气密度
σ	特征根实部
$\sigma_{\max}$	行列式零点的最大实部
$\boldsymbol{\Sigma}$	奇异值
$\boldsymbol{\Phi}$	系统模态
$\boldsymbol{\chi}_{\mathrm{F},m}$	风电场分段仿射分区
$\boldsymbol{\chi}_{\mathrm{F},c}$	风电场筛选后的分区
$\boldsymbol{\chi}$	多参数的输入变量
$\boldsymbol{\chi}_n$	第 n 个分区的参数空间
ψ_{s}	定子磁通

Ψ_r	电机磁链
ψ	误差阈值
Ω_t	风力机的角速度
ω	特征空间中的权重系数
ω_r	转子电压角频率
ω_m	机械转速
ω_s	基波角频率
Ω_m	发电机转速
$\boldsymbol{\vartheta}$	参数集合
φ_g	电网阻抗角
$\boldsymbol{\vartheta}_{para}$	在线可变化的参数集
$\boldsymbol{\alpha}, \boldsymbol{\alpha}', \boldsymbol{\beta},$ 和 $\boldsymbol{\beta}'$	拉格朗日乘子
$\boldsymbol{b}$	初始状态投影到特征向量的基
C	电容
C_{p_max}	最大风能利用系数
C_p	风能利用系数
C_T	转矩系数
$\cos\varphi$	功率因数
$D_m\ D_{tm}$	摩擦系数
D_t	阻尼系数
D_T	同类距离
$D_{\overline{T}}$	异类距离
$\mathbf{E}$	单位矩阵
f_p	扰动频率
f_{pll}	锁相环带宽
f_{sw}	开关频率
f_s	基波频率
$\boldsymbol{g}_n$	分界面系数矩阵
g_{RE}	奈奎斯特曲线求解的稳定裕度
$\boldsymbol{I}$	电流相量
i	电流值
i_d、i_q	dq 轴电流
i_m	电机电枢电流

J_t	风力机侧的惯性系数
J_m	发电机侧的惯性系数
K_{tm}	刚性系数
k_p	变流器电流内环 PI 环节比例系数
k_i	变流器电流内环 PI 环节积分系数
$k_{p,pll}$	锁相环 PI 环节比例系数
$k_{i,pll}$	锁相环 PI 环节积分系数
$K_{outer,d,P}$	变流器功率控制外环 d 轴 PI 环节比例系数
$K_{outer,q,P}$	变流器功率控制外环 q 轴 PI 环节比例系数
$K_{outer,d,I}$	变流器功率控制外环 d 轴 PI 环节积分系数
$K_{outer,q,I}$	变流器功率控制外环 q 轴 PI 环节积分系数
$\mathcal{K}$	核函数
k_{opt}	最大功率点跟踪的优化系数
L	电感
L_{line}	线路的电感
L_f	滤波电感
L_{1r}	永磁直驱转子自感
L_m	电机励磁电感
$L_r\sigma$	转子的瞬态电感
L_s	定子电感
L_m	励磁电感
M_G	幅值裕度
N	齿轮箱变速比
n_p	电机极对数
p	极对数
P_{av}^{Ti}	第 i 台风电机组可用有功功率
P_b	复合形法某次迭代中的最优解
P_c	复合形法某次迭代中的形心
P_e	电磁有功功率
P_{max}	并网变流器理论功率极限
P_{map}	复合形法某次迭代中的映射点
P_{rated}	额定功率
P_s	并网点有功功率

P_{smax}	并网点小信号稳定功率极限
P_t	风力机吸收功率
P_{VSC}	变流器输出的有功功率
P_{WT}	风电机组的有功功率
P_w	复合形法某次迭代中的最差解
Q_{av}^{Ti}	第 i 台风电机组可用的无功功率
Q_{WT}	风电机组的无功功率
Q_s	并网点的无功功率
Q_{VSC}	变流器输出的无功功率
r	风力机叶轮半径
r_{Pi}	第 i 台双馈风电机组的有功分配系数
r_{Qi}	第 i 台双馈风电机组的无功分配系数
R_{SCR}	短路比
R_f	滤波电阻
R_{line}	线路的电阻
$\mathbb{R}^n$	实数空间
s	拉普拉斯算子
$s_{G,m}$	优化问题的最优解
S_{rated}^{WTi}	第 i 台风电机组的额定容量
$\boldsymbol{S}_1$	样本类 1
$\boldsymbol{S}_2$	样本类 2
T_{tur}	低速轴传动转矩
T_{tm}	双质量块模型的传递转矩
T_e	电磁转矩
T_k	k 个同类稳定最邻近样本
$\overline{T}_k$	k 个异类不稳定最邻近样本
T_{del}	时间延迟
$\boldsymbol{U}$	奇异值分解左奇异向量
v	电压
$\boldsymbol{V}$	奇异值分解右奇异向量
V_w	风速
v_s	并网点电压
v_d、v_q	dq 轴电压

v_{m}	电机电枢电压
v_{dc}	直流电压
$\boldsymbol{W}$	特征向量
w	优化问题的惩罚系数
$\boldsymbol{x}$	运行工作点
$\boldsymbol{x}_{\mathrm{WT}}$	风电机组运行工作点
$\boldsymbol{X}_2^m$、$\boldsymbol{X}_1^{m-1}$	堆叠前后采样矩阵
$\mathbb{X}$	可变参数空间
$\mathbb{H}$	希尔伯特空间
$\boldsymbol{Y}$	导纳
$\boldsymbol{Y}_{\mathrm{WPP}}$	风电场的导纳矩阵
$\boldsymbol{Z}$	阻抗
$\boldsymbol{Z}_{\mathrm{grid}}$	电网阻抗
$\boldsymbol{Z}_{\mathrm{farm}}$	风电场阻抗
$\boldsymbol{x}_{\mathrm{farm},h}$，$\boldsymbol{x}_{\mathrm{farm},t}$	风电场稳定裕度样本
$\boldsymbol{Z}_{\mathrm{WT}}$	风电机组阻抗
$Z_{\mathrm{dd}}^{\mathrm{PWA}}$	分段仿射模型 dd 通道阻抗
$\boldsymbol{Z}_{\mathrm{farm}}^{\mathrm{PWA}}$	风电场分段仿射阻抗

第 1 章

绪论

1.1 引言

本章的主要目的是使读者了解风力发电的一些基本概念，主要包括对风电机组的组成与控制、风电场结构的介绍，并且给出了风力机建模的常用推导，从而方便读者理解风力发电系统及其并入电网的运行方式。本章也总结了现有小信号稳定性分析的常用方法，包括时域仿真分析法、特征值分析法、开环模式谐振分析法、复转矩系数法和阻抗分析法，希望能帮助读者了解新能源系统面临宽频振荡问题的小信号分析方法。本书聚焦阻抗分析法，此方法不仅能够判断新能源并网系统特定运行工况下的稳定性，还能够定量分析系统稳定裕度。同时，该方法能够揭示新能源并网系统振荡的产生机理，以优化电力电子设备的控制特性，为提升系统稳定性提供指导。

在 1.2 节中，将介绍风力发电系统的基础知识。其中，1.2.1 节将介绍两种主流风电机组的组成部分和特点。1.2.2 节将介绍变速风力机的数学建模过程，包括空气动力学模型和机械模型。1.2.3 节将介绍风力机控制系统的控制策略。1.2.4 节将介绍风电场的电气配置。

在 1.3 节中，将针对新型电力系统的多时间尺度振荡问题，对现有的时域仿真分析法、特征值分析法、开环模式谐振分析法、复转矩系数法和阻抗分析法等分析方法进行介绍，其中阻抗分析法在不同的坐标系下还分为序阻抗分析法和 dq 阻抗分析法。

1.2 风力发电系统概述

2000 年以来，全球风电产业呈现出规模化发展和快速发展的趋势。据全球风能协会 (Global Wind Energy Council, GWEC) 统计，截至 2021 年底，全球风电累计装机容量达到 837GW，其中陆上风电累计装机容量为 780GW，海上风电累计装机容量为 57GW。2022 年全球风电新增吊装容量达到 77.6GW，其中陆上风电装机容量为 68.8GW，海上风电装机容量为 8.8GW。

近年来，我国风力发电技术同样处于大规模增长阶段。据国家能源局统计数据显示，2016—2024 年我国风电累计并网装机容量规模持续攀升，增速保持较高水平。2024 年一季度，我国风电新增并网容量为 15.5GW，其中陆上风电为 14.81GW，海上风电为 0.69GW。截至 2024 年 3 月底，我国风电累计并网容量达到 457GW，同比增长 22%，其中陆上风电为 419GW，海上风电为 38GW。

作为新能源的一种，风力发电对于解决与传统能源相关的环境和社会问题是一个有效可行的方法。2023 年 12 月，备受全球瞩目的《联合国气候变化框架公约》第二十八次缔约方大会（COP28）最新一版"全球盘点文本"公布。在大会中宣布了人类历史上一项重要的新共识："以公正、有序和公平的方式，推进能源系统向脱离所有化石能源的方向转型，在这个关键的十年加速行动，以便在 2050 年左右实现科学的净零排放。"

1.2.1 风电机组的组成

风力发电是指利用风电机组将风能转化为电能的发电方式。目前，大部分安装的风力机是变速型风力机，采用的主要是双馈感应发电机和全功率风电机组，这些发电机允许变速运行发电。

1. 双馈风电机组

双馈感应发电机的定子直接和电网连接，而转子通过背靠背双向功率变换器和电网相连，如图 1-1 所示。通过矢量控制技术，双向功率变换器确保发电机在变转速时可以在额定电网频率和电网电压条件下发电。功率变换器的主要目标是通过转差控制来弥补转子速度和同步速度的差异。双馈风电机组的主要特点如下：

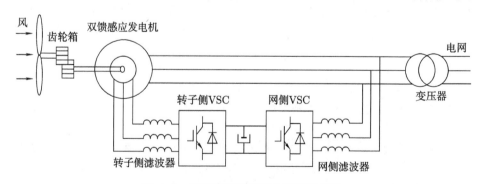

图 1-1 基于双馈感应发电机的风力机

1）采用变速双馈感应发电机-变频器系统,通过变速运行保证在能量转换、效率、机械压力、载荷应力和电能质量等方面达到最佳值。

2）其发电机是双馈感应发电机,采用小容量的电力电子变换器,成本低、体积小、重量轻,且采用带集电环的双馈感应形式。

3）双馈感应发电机的转子与电网直接连接,降低了损耗,提高了发电效率。

4）采用变速恒频技术,传动链配置有齿轮箱,在欠功率状态下（低于额定风速运行状态)采用转速控制,调整发电机转子转差率,使其尽量运行在最优叶尖速比上,以输出最大功率。

2. 全功率风电机组

全功率风电机组分为半直驱全功率机组和直驱全功率机组。半直驱全功率机组具有齿轮箱的配置,常用于基于永磁同步发电机（Permanent Magnet Synchronous Generator,PMSG）和笼型感应发电机 (Squirrel Cage Induction Generator,SCIG) 的风力发电系统中。相比于直驱风电机组, 半直驱风电机组具有更小的转子重量和更低的维护成本, 同时也具有更高的传动效率, 这使得半直驱风电机组在陆上和海上风电场都得到了广泛应用。直驱全功率机组把发电机的主轴直接和风力机的主轴相连,无需齿轮箱。虽然具有更高的传动效率和更低的维护成本, 但直驱风电机组的转子重量和转矩较大。由于需要更大的机组尺寸和更坚固的基础,因此安装和维护成本较高。

基于直驱永磁同步发电机的风电机组如图 1-2 所示,主要有以下特性:

1）结构紧凑、简单,传动零部件少,维护简单,可靠性高。

2）传动链短,提高了传动效率和可利用率。

3）转速低,优化机组运行工况,提高运行寿命,降低噪声和机械磨损。

4）捕捉风能效率高,风电机组变转速运行范围宽,低风速下可得到更高的风能利用。

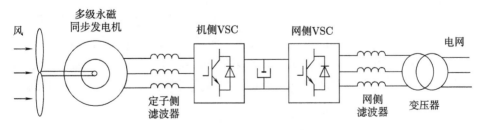

图 1-2 基于直驱永磁同步发电机的风电机组

3. 风电机组的组成

不同类型的风电机组其组成不完全相同，图 1-3 所示为一台双馈风电机组的主要部件。

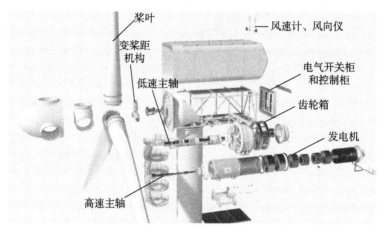

图 1-3　一台双馈风电机组的主要部件

（1）风轮

风轮是将风能转化为动能的机构。风力带动风轮叶片旋转，再通过齿轮箱将转速提升，带动发电机发电。风轮通常有两片或三片叶片，叶尖速度为 $50 \sim 70\text{m/s}$。在此叶尖速度下，通常三叶片风轮效率更好，两叶片风轮效率仅降低 $2\% \sim 3\%$。对于外形均衡的叶片，叶片少的风轮转速更快，但会导致叶尖噪声和腐蚀等问题。三叶片风轮的受力更平衡，轮毂结构更简单。

（2）机械系统

风力机的机械系统一般包括低速轴、高速轴、齿轮箱、联轴节和制器等，但不是所有风力机都必须具备这些环节。有些风力机的轮毂直接连接到齿轮箱上，不需要低速传动轴。也有些风力机，特别是小型风力机，设计成无齿轮箱的，其风轮直接与发电机相连接。

齿轮箱是传动装置的主要部件，它的主要功能是将风轮在风力作用下产生的动能传递给发电机并使其达到相应的转速。通常风轮的转速很低，远达不到发电机发电所要求的转速，必须通过齿轮箱齿轮副的增速作用来实现，因此也将齿轮箱称为增速箱。如 2 MW 双馈风力机的风轮转速通常为 20.7r/min，相应的发电机转速通常为 1950r/min。

（3）发电机系统

发电机系统主要由发电机、水循环装置或空冷装置等组成。核心是发电机，也是本书的重点。发电机及其控制的详细内容将在后面各章中进行分析。

（4）制动系统

风电机组的制动分为气动制动与机械制动两部分。风的速度很不稳定，在大风的作用下，风轮会越转越快，系统可能被吹垮，因此常常在齿轮箱的输入端或输出端设置制动装置，配合叶尖制动（定桨距风轮）或变桨距制动装置共同对机组传动系统进行联合制动。

（5）偏航系统

偏航系统使风轮扫掠面积总是垂直于主风向。中小型风力机可用舵轮作为对风装置。当风向变化时，位于风轮后面的两个舵轮旋转，并通过一套齿轮传动系统使风轮偏转。当风轮重新对准风向后，舵轮停止转动，对风过程结束。

对于大中型风力机，一般采用电动偏航系统来调整风轮，使其对准风向。偏航系统一般包括异步风向的风向标、偏航电机、偏航行星齿轮减速器、回转体大齿轮等。风向标作为异步元件将风向的变化用电信号传递到偏航电机控制回路的处理器中，经过比较后处理器给偏航电机发出顺时针或逆时针的偏航命令。为了减少偏航时的陀螺力矩，电机转速将通过同轴连接的减速器减速后，将偏航力矩作用在回转体大齿轮上，带动风轮偏航对风。当对风完成后，风向标失去电信号，电机停止工作，偏航过程结束。

（6）控制系统

控制系统是现代风电机组的神经中枢。现代风电机组无人值守，兆瓦级风电机组一般在风速4m/s左右自动起动，在14m/s左右发出额定功率。随着风速的增加，风电机组一直控制在额定功率附近发电，直到风速达到25m/s时自动停机。现代风电机组的存活风速为60～70m/s，也就是说在如此大的风速下风电机组也不会被破坏。通常所说的12级飓风，其风速范围也仅为32.7～36.9m/s。

（7）变桨系统

变桨距控制是根据风速的变化调整叶片的桨距角，从而控制风电机组的输出功率。变桨系统通常由轴承、驱动装置、蓄电池、逆变器等组成。目前，国际上常见的变桨系统有两种类型：一种是液压驱动连杆机构，推动轴承，实现变桨；另一种是电机经减速驱动轴承，实现变桨。由于高压油的传递需要通过静止部件向旋转轮毂传递，难以很好地实现，易发生漏油。电信号的传递较易实现，兆瓦级风电机组多采用电机驱动变桨。出于安全考虑，变桨系统要配置蓄电池，作为电网突然掉电或电信号突然中断的后备措施，使风电机组能够安全平稳地实现顺桨制动。

综上所述，一台变速风力机的模型框图如图 1-4 所示。其中偏航系统由于功能相对独立，未展示在图中。

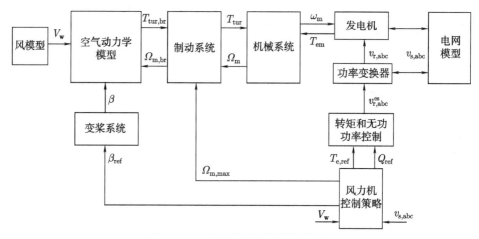

图 1-4　一台变速风力机的模型框图

1.2.2　变速风力机的建模

1. 空气动力学模型

基于能量守恒并应用伯努利方程，致动盘理论用一种简单的方式解释了从风中吸收动能的过程。假设空气是不可压缩的，流体运动是稳定的，并且认为一段给定的空气流管中被研究的变量值都相同，则可用动能定理描述风能的存在。以速度 V_w 穿过截面积 A_1 的风功率可以表示为

$$P_v = \frac{1}{2}\rho A_1 V_w^3 \tag{1-1}$$

式中，ρ 为空气密度。

根据贝茨定律指出，气流穿过风力机的过程中，为风力机提供能量而减速。由于速度变化带来的气体密度和体积变化，让空气的流通出现阻力造成能量损耗，限制了风力机的效率。风力机从风中吸收到的功率可以表示为

$$P_t = \frac{1}{2}\rho\pi r^2 V_w^3 C_p(\beta, \lambda) \tag{1-2}$$

式中, r 为风力机风轮的半径; C_p 为风能利用系数, 其为一个无量纲的参数, 表示风力机把风的动能转变为机械能的效率, 为桨距角 β 和叶尖速比 λ 的函数。

叶尖速比 λ 是风电机组设计和性能评估中的一个关键参数, 对于确定风电机组的运行效率和最佳工作点非常重要。叶尖速比定义为风轮叶片尖部的线速度与风速的比值:

$$\lambda = \frac{r\Omega_{\text{tur}}}{V_{\text{w}}} \tag{1-3}$$

式中, Ω_{tur} 为低速轴的旋转速度。

图 1-4 中的转矩 T_{tur} 可由式(1-2)吸收的功率和风力机的旋转速度得到, 即

$$T_{\text{tur}} = \frac{\rho\pi r^3 V_{\text{w}}^2}{2}C_{\text{t}} \tag{1-4}$$

式中, C_{t} 为转矩系数。风能利用系数和转矩系数的关系通过下式表达:

$$C_{\text{p}}(\lambda) = \lambda C_{\text{t}}(\lambda) \tag{1-5}$$

使用以上得到的空气动力学模型, 需要知道 $C_{\text{p}}(\lambda)$ 和 $C_{\text{t}}(\lambda)$ 的具体表达式。这些表达式主要取决于桨叶的几何特性。桨叶是根据风资源特性、风电机组额定功率、控制类型和风力机的运行模式而定制的。控制类型有桨距控制和失速控制, 风力机的运行模式有变速运行和恒速运行。风能利用系数 $C_{\text{p}}(\lambda)$ 和转矩系数 $C_{\text{t}}(\lambda)$ 的计算只能通过气动弹性软件或实验测量手段获得, 如图 1-5 所示。目前, 气动弹性软件包括 Bladed、OpenFAST 等。

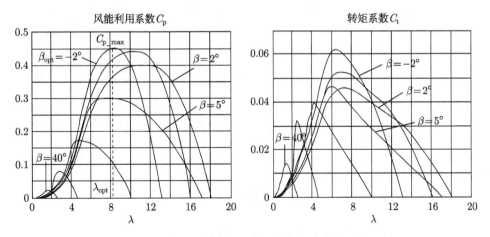

图 1-5　一台 200 kW 变桨距型风力机的功率和转矩曲线簇

根据风能利用系数 C_p 和转矩系数 C_t 的曲线和数据，可通过多项式回归方法得到其解析表达式。风能利用系数 C_p 表示为关于叶尖速比 λ 和桨距角 β 的函数：

$$C_p(\lambda,\beta) = k_1 \left(\frac{k_2}{\lambda_i} - k_3\beta - k_4\beta^{k_5} - k_6 \right) e^{k_7/\lambda_i} \tag{1-6}$$

$$\lambda_i = \frac{1}{\lambda + k_8} \tag{1-7}$$

2. 机械系统

一台风力机的各机械部件之间传递的力多且复杂，因此有必要选择合适的典型动态和对应特性参数进行研究。机械系统传动环节由桨叶、与桨叶相连的轮毂、与轮毂联轴的低速轴、连接低速轴和高速轴的齿轮箱以及与高速轴联轴的发电机组成。风力机在高速轴侧的旋转速度 Ω_t 和传动转矩 T_t 表示为

$$\Omega_t = N\Omega_{\text{tur}} \tag{1-8}$$

$$T_t = \frac{T_{\text{tur}}}{N} \tag{1-9}$$

式中，N 为齿轮箱变速比；T_{tur} 为低速轴传动转矩。

建立传动链机械模型时，考虑二阶谐振频率比基本谐振频率高很多而且幅值小很多，因此仅需描述传动系统的基本谐振频率。一个双质量块机械模型足够模拟传动系统，如图 1-6 所示。传动模型的变量均变换到高速轴，方便后续分析风力机和发电机调度交互动态。惯量 J_t 表示的是风力机侧的惯性，惯量 J_m 表示的是发电机侧的惯性。这些惯量并不总能准确地表示风力机和发电机的惯性。如果基本谐振频率来自于桨叶，则风力机的部分惯性要表示在 J_m 里面。刚性系数 K_{tm} 和阻尼系数 D_{tm} 定义了两个质量块之间的柔性连接程度。对于质量块而言，这两个系数并不总是直接和高速轴相关，而是和基本谐振频率相关，而基本谐振频率也许来自于其他位置。此外，D_t 和 D_m 是摩擦系数，它们表示旋转运动摩擦造成的机械损耗。

根据图 1-6 所示的机械模型，双质量块机械模型的机械运动方程可表示为

$$J_t \frac{\mathrm{d}\Omega_t}{\mathrm{d}t} = \frac{T_t}{N} - D_t\Omega_t - T_{\text{tm}}$$

$$J_m \frac{\mathrm{d}\Omega_m}{\mathrm{d}t} = T_e - D_m\Omega_m + T_{\text{tm}} \tag{1-10}$$

$$\frac{\mathrm{d}T_{\text{tm}}}{\mathrm{d}t} = K_{\text{tm}}(\Omega_t - \Omega_m) + D_{\text{tm}} \left(\frac{\mathrm{d}\Omega_t}{\mathrm{d}t} - \frac{\mathrm{d}\Omega_m}{\mathrm{d}t} \right)$$

通过忽略阻尼系数和摩擦系数，该模型可以进一步简化为只包含惯量系数 J_{t}、J_{m} 和刚性系数 K_{tm} 的模型。推导出的发电机转矩和转速之间的传递函数含有一个在 ω_{01} 处的极点和在 ω_{02} 处的零点，即

$$\omega_{01} = \sqrt{K_{\mathrm{tm}}\frac{J_{\mathrm{t}} + J_{\mathrm{m}}}{J_{\mathrm{t}}J_{\mathrm{m}}}} \tag{1-11}$$

$$\omega_{02} = \sqrt{\frac{K_{\mathrm{tm}}}{J_{\mathrm{t}}}} \tag{1-12}$$

对于一台兆瓦级风力机来说，这个极点的频率通常在 $1 \sim 2\mathrm{Hz}$ 范围内。

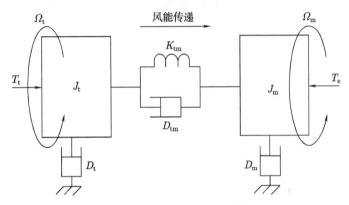

图 1-6 双质量块传动链机械模型

1.2.3 风力机控制系统

图 1-4 中变速风力机的控制系统需要计算出发电机电磁转矩指令值和桨距角指令值，这样才能实现以下几个控制要求：

1）捕获最大风能。

2）保障风力机安全运行，确保功率、速度和转矩均处于限制范围内。

3）传动系统机械载荷最小。

控制策略的设计是一件非常复杂的工作，因为它和风力机的空气动力学和机械设计息息相关。本节首先介绍了风力机控制系统的通用控制策略，接着介绍了与风能捕获和速度-功率控制相关的控制策略。本章只进行控制策略的简单举例介绍，后续章节将会更深入地根据电力系统的稳定性分析以及相应的评估指标建立控制策略。

　　一台变速风力机通用的控制策略通常分为三个不同的层次，如图 1-7 所示。这也是本书的重点，详细内容将在后面章节中进行分析。

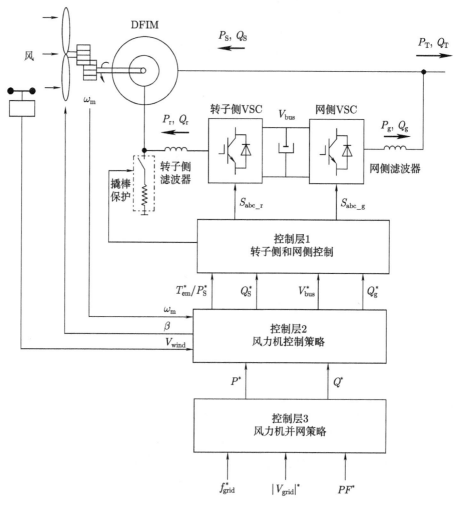

图 1-7　风力机的通用控制策略

　　控制层 1 调节电网和发电机之间的功率流动。转子侧变换器可实现发电机的电磁转矩控制和定子侧无功功率独立控制。网侧变换器提供变换器和电网之间的有功功率和无功功率的解耦控制。在转子和直流母线之间存在有功功率的交换，通过网侧变换器控制直流母线和电网间交换的有功功率来保持直流母线电压不变。

　　控制层 2 控制风能向机械能的转换，也就是风力机能从风中捕获到的能量。

该层需要计算出控制层 1 的指令值,通常主要有两种运行模式:① 尽量从风中吸收最多的功率,正如在前面讲过的,调节转矩即定子有功功率和桨距角指令值,保证风力机运行在最大功率点跟踪(Maximum Power Point Tracking,MPPT)模式,这是使投资回报率最高的正常运行模式。② 跟随从更高控制层来的有功功率和无功功率指令值,这种模式下风力机有备用容量是必要的,当电网越来越依赖于风力发电时,这在未来将是重要的一种模式。

控制层 3 致力于风力机并网运行层面。该层需要完成和风电场控制一样的功能:① 提供辅助服务:电压 V_{grid} 和频率 f_{grid} 控制或惯性响应。② 跟随来自电网调度或风电场集控中心的有功功率和无功功率指令值。

1.2.4 风电场的电气配置

风电场内部连接各个风力机的集电系统可以有多种实现方式,常见的一种如图 1-8 所示。所给出的风电场有以下各部分:

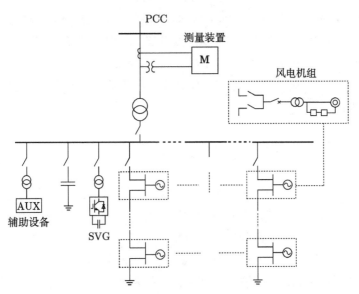

图 1-8 连接到输电网的风电场电气布局

1)变电站。在风电场中,机组变电单元可以是组合式变压器或预装式变电站。组合式变压器在简化控制保护装置的基础上,将配电装置与变压器主体装入油箱,成为一个整体,适合环境恶劣的风电场使用。

2)电气元件保护。机组变电单元的高压电气元件具有保护机组变电单元内部短路故障的功能，低压电气元件能保护风电机组出口断路器到机组变电单元之间的短路故障。

3）连接输电网的变压器。风电场虽然利用小时数较低，但单机连续满发的情况也很多。随着技术的不断成熟，风电机组也可以发出无功功率并连续调节。所以机组变电单元变压器的容量同时考虑风电机组的额定有功功率和无功功率，按额定视在功率选取。

4）无功补偿装置。静止无功补偿装置包括电容器组和电抗器，在中压侧通过断路器并入。动态无功补偿装置通过变压器并入。此外，要根据就地平衡和便于调整电压的原则配置无功补偿装置。

5）限制故障电流的电抗器或者变压器。限流电抗器串联在电力系统中用以限制系统故障电流，实质上是一个无导磁材料的空心线圈。它可以根据需要布置为垂直、水平和品字形三种装配形式。限流变压器通常在电路中起到保护负载设备和电力系统的作用。通过调整变压器的参数，限流变压器可以限制电流的大小，防止过载和短路等故障，从而确保电力供应的稳定性和安全性。

6）连接每列风力机的中压馈电线路。风电机组与机组变电单元宜采用一台风电机组对应一组机组变电单元的单元接线方式。考虑技术的经济性，也可采用两台风电机组对应一组机组变电单元的扩大单元接线方式。

7）风电机组。每台风电机组都有中压侧断路器和变压器，还有两个分段器来通断进出线路。

1.3　小信号稳定性分析方法

针对新能源电力系统的多时间尺度振荡问题，现有的分析方法主要包括时域仿真分析法、特征值分析法、开环模式谐振分析法、复转矩系数法和阻抗分析法等 [1-2]。按照方法对应的数学模型和分析理论，以上五种分析方法又可以划分为两大类：一是时域分析法，包括特征值分析法和开环模式谐振分析法，主要基于状态空间模型和理论；二是频域分析法，包括复转矩系数法和阻抗分析法，主要基于频域模型和经典控制理论。

1.3.1　时域仿真分析法

时域仿真分析需要搭建新能源场站的详细仿真模型，通过数值仿真获取系统电压和电流等信号的时域波形，进而研究系统的稳定性。由于新能源设备单机阶次高、控制特性快，时域仿真的系统规模和仿真精度往往无法兼顾。同时，时域仿真不能解析各动态环节和参数对系统稳定性的影响，无法为振荡机理和控制措施提供理论指导。因此，时序仿真分析法通常仅用于振荡事故复现、设备接入电网前的稳定性校验等工作。

1.3.2 特征值分析法

特征值分析法基于系统的状态空间模型，通过状态矩阵的特征值判断稳定性，通过灵敏度和参与因子分析识别系统的关键影响因素 [3]。然而，该方法需要已知系统的详细模型和参数，是"白箱"方法。然而，新能源设备的控制系统涉及厂家机密，实际中一般为"黑箱"模型。因此，特征值分析法难以应用到实际场景中。

1.3.3 开环模式谐振分析法

开环模式谐振分析法将风力机和电网分解为两个子系统，利用两个子系统开环模式的谐振条件，判断闭环系统的稳定性 [4]。基于参与因子分析或模式谐振条件等方法，可以进一步解释和分析关键动态环节之间的相互作用机理，从而确定系统的关键影响因素。该方法的局限性在于在关键因素分析时也需要利用控制结构和参数等信息。

1.3.4 复转矩系数法

复转矩系数法最早应用于同步机的次同步振荡（Sub-Synchronous Oscillation，SSO）和次同步谐振 (Sub-Synchronous Resonance, SSR) 问题 [5]。在新能源设备并网场景下，通常以风力机的转子运动方程或其他储能元件的动态方程作为研究对象，类比同步机的转子运动方程形成阻尼转矩和电磁转矩，通过研究两者之间的关系分析系统的稳定性以及各个动态环节之间的相互作用机理。该方法也可推广到变流器电气惯性的分析中，形成广义转矩系数法。然而，复转矩系数法并非是数学严谨的，可能造成一些振荡模式的丢失 [6]。此外，复转矩系数法应用到新能源并网系统中的适用范围和数学条件尚不明确。

1.3.5 阻抗分析法

阻抗分析法最早由 Middlebrook 提出，应用于级联系统的稳定性分析中。其原理是将系统的设备和网络分别看成两个子系统，通过其阻抗比判据判断系统的稳定性。应用于新能源并网系统稳定性分析时，该方法将新能源设备视为"源"系统，将电网视为"网"系统。分别在两个子系统动态稳定工作点附近建立小信号模型，即建立两者的端口动态方程。而端口动态方程的传递函数即为其阻抗或导纳，通过阻抗或导纳比判断系统的稳定性 [7]。由于"源"系统和"网"系统通过公共连接点相互连接，因此新能源并网系统可以进一步形成如图 1-9 所示的"源–网"等效电路模型。

根据等效电路，可得并网点处的电流为

$$I(s) = \left(I_{\mathrm{g}}(s) - \frac{V(s)}{Z_{\mathrm{g}}(s)}\right) \frac{1}{1 + Z_{\mathrm{s}}(s)/Z_{\mathrm{g}}(s)} \tag{1-13}$$

式中，$1 + Z_{\mathrm{s}}(s)/Z_{\mathrm{g}}(s)$ 为系统的闭环传递函数，可用于判定系统的稳定性。由于设备的阻抗矩阵可以基于端口测量获取，适合具有"黑箱"特性的新能源设备，因此阻抗分析法在新能源并网系统的稳定性分析中被广泛采用。

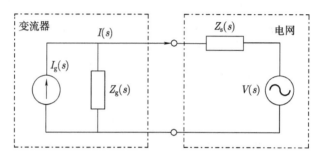

图 1-9　新能源并网系统及其等效电路模型

现有的阻抗分析法主要分为两类：基于正负序坐标系的正负序阻抗分析法和基于直角坐标系的 dq 阻抗分析法等。正负序坐标系是静止坐标系，而直角坐标系是旋转坐标系。

1. 正负序阻抗分析法

传统的正负序阻抗分析法基于谐波线性化理论，利用奈奎斯特判据分析系统的稳定性。该方法的优势在于将系统解耦为正序和负序两个阻抗模型，正序阻抗和负序阻抗可独立分析。由于新能源设备锁相环和直流电压环等环节的非对称性，系统动态在正负序坐标系下并非完全解耦，得到的序阻抗矩阵是一个二维矩阵。因此传统的不考虑耦合正负序阻抗判据在中低频段存在较大的误差，甚至存在"误判"的可能 [8]。考虑耦合特性的序阻抗分析法针对上述问题，将阻抗矩阵中的耦合项精确建模，并通过矩阵的舒尔补变换将特征方程中的负序阻抗或正序阻抗折算到正序回路或负序回路，形成考虑耦合项的正序阻抗和负序阻抗判据 [9]。

2. *dq* 阻抗分析法

对于三相交流系统，可以将静止坐标系下的交流周期性信号转换为旋转坐标系下的直流分量，从而以旋转坐标系下的直流分量为稳态工作点进行线性化。通过这种线性化方法得到的阻抗模型即为 *dq* 阻抗模型。然而需要指出的是，通过变换至 *dq* 旋转坐标系以获得直流稳态工作点的方式仅对三相对称系统适用。当三相系统接入不平衡电网，或者三相系统的稳态工作轨迹中含有不平衡的谐波分量时，*dq* 阻抗建模方法具有一定的局限性。同时，*dq* 坐标系下的阻抗模型以本地并网点为参考点，每个新能源发电单元的阻抗模型都建立在各自的坐标参考系下，在对多发电单元新能源场站进行阻抗建模时需要将各个新能源发电单元的阻抗模型旋转至统一参考系，因此 *dq* 阻抗建模方法在大规模新能源场站并网稳定问题的研究上也具有一定的局限性。

针对新能源并网的振荡问题，考虑耦合的阻抗矩阵是二维的，呈现多输入多输出 (Multiple-Input-Multiple-Output, MIMO) 系统特性。稳定性分析可采用广义奈奎斯特判据或者零极点分析法。另一思路是借助数学手段形成一个便于刻画稳定性的单输入单输出 (Single-Input-Single-Output, SISO) 判据。通过保留决定稳定性的关键变量或回路，忽略或消去剩余的变量或回路，期望获得一个与原 MIMO 系统稳定性等价的 SISO 系统，并采用针对该等效 SISO 系统的稳定判据。

基于上述思路，针对同一个设备可导出的稳定性分析方法有很多。由于不同的导出方法都来源于同一个模型和系统，因此只要数学上推导是严谨的，那么它们对系统是否稳定的判断结果均保持一致。以多种阻抗分析法为例，研究表明多种坐标系下的阻抗判据可以通过相似变换相互转化，在不做近似的情况下不同判据的判稳结果是相同的。

需要强调的是，不同稳定判据聚焦的动态环节和关键变量不同，反映的物理意义也不同。例如多种阻抗分析法中，广义阻抗判据聚焦端口电压/电流的相位动态，反映了设备与电网的同步特性; 正负序阻抗判据则提取了端口电压/电流的序分量，反映了设备与电网正序或负序回路的电路谐振特性。此外，不同的稳定判据对系统稳定程度的表征能力也存在差异，即采用不同的稳定判据得到的系统稳定裕度不同。基于不同的阻抗模型进行控制设计时，控制的鲁棒性存在差异。因此，不同的稳定性分析方法和判据在物理和数学上并非完全等价，不同稳定判据的适用范围也各不相同。

Chapter 2
第 2 章

阻抗扫描理论方法和应用

2.1 引言

本书第 1 章中介绍了目前常用的小信号稳定性分析方法，其中阻抗分析法因其不受系统结构参数已知性限制的优点，成为小信号稳定性分析领域的主流方法。目前的阻抗建模研究涵盖大多数新能源电力系统中的交直流并网设备，如在风电领域常见的直驱永磁风电机组、双馈风电机组等。在获得可靠的阻抗模型后，通过对多机组、场站以及复杂线路进行集成，可以获得新能源设备并网的阻抗聚合等值模型[10]。在考虑频率耦合特性后，无论是 dq 阻抗还是序阻抗，其表达式通常用二维的矩阵来表示。

获取阻抗特性主要有三种方法，即解析阻抗建模、仿真模型测量和实物测量。解析阻抗建模是直接推导阻抗解析表达式，从而分析阻抗特性。仿真模型测量法通过测量仿真模型来获取阻抗特征。实物测量则是指通过测量装置测量实际设备阻抗特性。解析阻抗建模和仿真模型测量方法需要获得其准确的内部结构和参数，但在实际情况中，存在诸多局限性，如设备厂商的商业保密、集成设备的多样性等问题。因此，多数的并网设备是无法解析的"黑箱"模型，或是仅知悉部分结构和参数的"灰箱"模型，无法建立准确的详细模型。基于阻抗测量的分析方法可以不依赖电网、设备的详细结构与参数，在系统小信号稳定性分析、参数辨识等研究中发挥积极意义。阻抗测量方法较多，可从多个角度对阻抗测量方法进行分类。按是否通过外部设备向被测系统注入扰动信号，可以将阻抗测量方法分为无源测量和有源扰动注入测量两类；根据阻抗参考坐标系的不同，可以分为静止坐标系下的序阻抗测量和旋转坐标系下的 dq 阻抗测量。

本章 2.2 节将介绍频域小信号阻抗概念和频率耦合特性。2.3 节将从无源测量和有源测量角度出发介绍阻抗测量方法。2.4 节将主要介绍阻抗扫频测量方法，并介绍静止坐标系下的正负序阻抗和旋转直角坐标系下的 dq 阻抗测量机理，以及讨论扫频扰动的注入方式和扰动信号类型。2.5 节将主要介绍扰动注入设备电路拓扑和几种典型的阻抗测量装置。

2.2　频域小信号阻抗和频率耦合特性

阻抗一词用来形容在具有电阻、电感和电容的电路里，对电路中的电流所起的阻碍作用。频域小信号阻抗是指将扰动电压或电流小信号作为输入量，电流或电压响应小信号作为输出量时，描述输入量与输出量之间的传递函数。为方便读者理解小信号阻抗概念和频率耦合特性，2.2.1 节将依次介绍小信号的频域化处理、Park 变换造成的小信号频移效应和 Park 反变换造成的镜像频率耦合效应，2.2.2 节将介绍新能源设备的频率耦合阻抗模型。

2.2.1　频域小信号阻抗描述

1. 小信号的频域化处理

电力电子设备广泛应用于交流系统中，其电压和电流随时间呈周期性变化。小信号建模分析习惯于将时域线性化分析转换到频域，获得平衡点附近的线性化模型。

对于电力电子设备构成的新能源设备系统，平衡点的输入、输出及状态变量可以统一描述为正、余弦信号的形式，三相信号分别写作

$$
y_\mathrm{a}(t) = \sum_{k=0}^{\infty} A_{k+} \cos\left(2k\pi f_1 t + \varphi_{k+}\right) + \sum_{k=0}^{\infty} A_{k-} \cos\left(2k\pi f_1 t + \varphi_{k-}\right) +
$$
$$
\sum_{k=0}^{\infty} A_{k0} \cos\left(2k\pi f_1 t + \varphi_{k0}\right) \tag{2-1}
$$

$$
y_\mathrm{b}(t) = \sum_{k=0}^{\infty} A_{k+} \cos\left(2k\pi f_1 t - 2\pi/3 + \varphi_{k+}\right) + \sum_{k=0}^{\infty} A_{k-} \cos\left(2k\pi f_1 t + 2\pi/3 + \varphi_{k-}\right) +
$$
$$
\sum_{k=0}^{\infty} A_{k0} \cos\left(2k\pi f_1 t + \varphi_{k0}\right) \tag{2-2}
$$

$$
y_\mathrm{c}(t) = \sum_{k=0}^{\infty} A_{k+} \cos\left(2k\pi f_1 t + 2\pi/3 + \varphi_{k+}\right) + \sum_{k=0}^{\infty} A_{k-} \cos\left(2k\pi f_1 t - 2\pi/3 + \varphi_{k-}\right) +
$$

$$\sum_{k=0}^{\infty} A_{k0} \cos\left(2k\pi f_1 t + \varphi_{k0}\right) \tag{2-3}$$

式中，$y_a(t)$、$y_b(t)$ 和 $y_c(t)$ 分别为 a、b、c 相交流信号；f_1 为基频频率；A_{k+}、A_{k-} 和 A_{k0} 分别为三相交流信号在频率 kf_1 下的正、负、零序的幅值；φ_{k+}、φ_{k-} 和 φ_{k0} 分别为正、负、零序的相位。

新能源设备在单相交流系统、三相平衡系统或三相不平衡系统等不同交流系统中运行，其主要区别在于交流信号所含序分量不同。正、负、零序分量可以通过对称分量法得到，其呈现周期性时变特征，可表示为含有多个频率的周期性时变正弦信号。

不失一般性，当一个三相交流信号满足狄利克雷条件时，可将其按照傅里叶级数展开为

$$y(t) = a_0 + \sum_{k=1}^{\infty} \left[a_k \cos\left(2k\pi f_1 t\right) + b_k \sin\left(2k\pi f_1 t\right) \right] \tag{2-4}$$

式中，k 为正整数；a_0 为傅里叶级数直流分量；a_k 为傅里叶级数余弦分量；b_k 为傅里叶级数正弦分量。傅里叶级数展开式系数 a_0、a_k 和 b_k 可分别表示为

$$a_0 = \frac{1}{T_1} \int_{t_0}^{t_0+T_1} f(t)\mathrm{d}t \tag{2-5}$$

$$a_k = \frac{2}{T_1} \int_{t_0}^{t_0+T_1} f(t)\cos\left(2k\pi f_1 t\right)\mathrm{d}t \tag{2-6}$$

$$b_k = \frac{2}{T_1} \int_{t_0}^{t_0+T_1} f(t)\sin\left(2k\pi f_1 t\right)\mathrm{d}t \tag{2-7}$$

根据欧拉公式，式(2-4) 所示的傅里叶级数可以用复指数形式表示为

$$f(t) = c_0 + \sum_{k=1}^{\infty} \left(\frac{c_k}{2}\mathrm{e}^{\mathrm{j}2k\pi f_1 t}\mathrm{e}^{\mathrm{j}\varphi_k} + \frac{c_k}{2}\mathrm{e}^{-\mathrm{j}2k\pi f_1 t}\mathrm{e}^{-\mathrm{j}\varphi_k} \right) \tag{2-8}$$

式中，$c_0 = a_0$，为傅里叶级数直流分量；$c_k = \sqrt{a_k^2 + b_k^2}$，$\tan\varphi_k = -b_k/a_k$，分别为傅里叶级数频率 kf_1 交流分量的幅值和相位。

为方便反映周期信号频率 kf_1 交流分量的幅值和相位，即时域信号的频域结果，定义复傅里叶系数 F_k，将频率为 kf_1 的周期信号以复指数形式表示，如下式所示：

$$F_k = \frac{c_k}{2}\mathrm{e}^{\mathrm{j}\varphi_k}, \qquad k = \pm 1, \pm 2, \ldots \tag{2-9}$$

由此，周期信号 $f(t)$ 可以表示为复指数形式的傅里叶级数表达式：

$$f(t) = \sum_{k=-\infty}^{\infty} \boldsymbol{F}_k \mathrm{e}^{\mathrm{j}2k\pi f_1 t} \tag{2-10}$$

小信号变量具有多种表述形式，比如用复指数形式的傅里叶系数来表示。以电压小信号 $v(s)$ 为例，$s = \mathrm{j}2\pi f$，表示这是频率 f 的电压小信号，而 $v(s)$ 在数值上等于频率 f 的复傅里叶系数。由式(2-9)可知，复傅里叶系数 $\boldsymbol{F}_k$ 不含频率信息。在一般的谐波分析中，频域输入量与输出量的映射关系默认是同一谐波频率下发生的，所以不需要强调频率。不过，新能源设备中含有电力电子设备，在开关、调制和控制过程中，电气量与控制信号间的交互，在频域变换后引入了不同频率信号间的卷积运算，使得不同谐波频率信号之间呈现耦合关系。

2. Park 变换与频移效应

新能源设备并网多采用矢量控制，通过 Park 变换和锁相环将三相正弦信号转换到 dq 坐标系下的直流信号，如图 2-1 所示。锁相环设备通过控制 q 轴电压 v_q 为 0，使得锁相环相角 θ_PLL 跟踪电网相角 θ_1，从而实现同步。在理想同步情况下，$\theta_\mathrm{PLL} = \theta_1$。

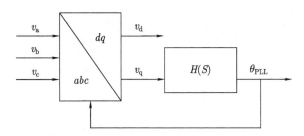

图 2-1 锁相环控制结构图

电路中的三相交流信号从静止坐标系下转换到 dq 坐标系时，其频率发生偏移，又称频移效应。以向新能源并网系统中注入正序扰动为例，频率为 f_p 的三相电压小信号分量表示为

$$v_\mathrm{a}(t) = V_\mathrm{p} \cos\left(\omega_\mathrm{p}t + \varphi_\mathrm{p}\right) \tag{2-11}$$

$$v_\mathrm{b}(t) = V_\mathrm{p} \cos\left(\omega_\mathrm{p}t + \varphi_\mathrm{p} - \frac{2}{3}\pi\right) \tag{2-12}$$

$$v_\mathrm{c}(t) = V_\mathrm{p} \cos\left(\omega_\mathrm{p}t + \varphi_\mathrm{p} + \frac{2}{3}\pi\right) \tag{2-13}$$

式中，V_{p} 为正序电压幅值；$\omega_{\mathrm{p}} = 2\pi f_{\mathrm{p}}$，$f_{\mathrm{p}}$ 为小信号的频率；φ_{p} 为相位。通过 Park 变换，将三相交流信号转换到 dq 直流信号，可得：

$$
\begin{bmatrix} v_{\mathrm{d}} \\ v_{\mathrm{q}} \end{bmatrix} = \frac{2}{3} \begin{bmatrix} \cos\left(\theta_{\mathrm{PLL}}\right) & \cos\left(\theta_{\mathrm{PLL}} - \dfrac{2}{3}\pi\right) & \cos\left(\theta_{\mathrm{PLL}} + \dfrac{2}{3}\pi\right) \\ -\sin\left(\theta_{\mathrm{PLL}}\right) & -\sin\left(\theta_{\mathrm{PLL}} - \dfrac{2}{3}\pi\right) & -\sin\left(\theta_{\mathrm{PLL}} + \dfrac{2}{3}\pi\right) \end{bmatrix} \begin{bmatrix} v_{\mathrm{a}} \\ v_{\mathrm{b}} \\ v_{\mathrm{c}} \end{bmatrix}
$$

$$(2\text{-}14)$$

式中，$\theta_{\mathrm{PLL}} = \omega_{\mathrm{PLL}} t$，为锁相环得到的相角。结合积化和差、和差化积公式，式(2-14) 可表述为

$$
v_{\mathrm{d}}(t) = \frac{1}{2} V_{\mathrm{p}} \left(\mathrm{e}^{\mathrm{j}[(\omega_{\mathrm{p}} - \omega_{\mathrm{PLL}})t + \omega_{\mathrm{p}}]} + \mathrm{e}^{-\mathrm{j}[(\omega_{\mathrm{p}} - \omega_{\mathrm{PLL}})t + \omega_{\mathrm{p}}]} \right) \tag{2-15}
$$

$$
v_{\mathrm{q}}(t) = \frac{1}{2\mathrm{j}} V_{\mathrm{p}} \left(\mathrm{e}^{\mathrm{j}[(\omega_{\mathrm{p}} - \omega_{\mathrm{PLL}})t + \omega_{\mathrm{p}}]} + \mathrm{e}^{-\mathrm{j}[(\omega_{\mathrm{p}} - \omega_{\mathrm{PLL}})t + \omega_{\mathrm{p}}]} \right) \tag{2-16}
$$

通过上述分析可知，Park 变换将静止三相坐标系下的变量转换到旋转 dq 坐标系下，小信号频率发生了偏移。根据频率偏移效应，注入三相正序扰动后的 dq 小信号频率为 $f_{\mathrm{p}} - f_1$。同理，可以推导出向系统注入频率为 f_{n} 的负序扰动后，经过 Park 变换后 dq 的小信号频率为 $f_{\mathrm{n}} + f_1$。

3. Park 反变换与二倍频镜像频率耦合

正序三相正弦扰动信号 $v_{\mathrm{p}}(f_{\mathrm{p}})$ 经 Park 变换后，形成 dq 坐标系下的电压小信号 $v_{\mathrm{dq}}(f_{\mathrm{p}} - f_1)$，其为控制环节的输入量。经过变流器控制环节后输出为调制电压小信号 $m_{\mathrm{dq}}(f_{\mathrm{p}} - f_1)$，可表示为

$$
m_{\mathrm{d}}(t) = m_{\mathrm{p,d}} \cos\left(2\pi\left(f_{\mathrm{p}} - f_1\right)t + \varphi_{\mathrm{m,d}}\right), f = f_{\mathrm{p}} - f_1 \tag{2-17}
$$

$$
m_{\mathrm{q}}(t) = m_{\mathrm{p,q}} \cos\left(2\pi\left(f_{\mathrm{p}} - f_1\right)t + \varphi_{\mathrm{m,q}}\right), f = f_{\mathrm{p}} - f_1 \tag{2-18}
$$

式中，$m_{\mathrm{p,d}}$ 和 $m_{\mathrm{p,q}}$，$\varphi_{\mathrm{m,d}}$ 和 $\varphi_{\mathrm{m,q}}$ 分别为调制电压小信号 d 轴分量与 q 轴分量的幅值与相位大小。

镜像频率耦合以两电平变流器为例，如图 2-2 所示。经过 Park 变换后的调制电压小信号 $m_{\mathrm{dq}}(f_{\mathrm{p}} - f_1)$ 会与直流电容电源 $v_{\mathrm{dc}}(f_{\mathrm{p}} - f_1)$ 相互作用，可得到三相桥臂输出电压小信号 $v_{\mathrm{g}}(f_{\mathrm{p}}, f_{\mathrm{p}} - 2f_1)$。频率为 f_{p} 的变流器端电压可表示为

$$
v_{\mathrm{g}}^{\mathrm{p}}(t) = \frac{v_{\mathrm{p,d}}}{2} \cos\left(\omega_{\mathrm{p}} t + \varphi_{\mathrm{m,d}}\right) + \frac{v_{\mathrm{p,q}}}{2} \cos\left(\omega_{\mathrm{p}} t + \varphi_{\mathrm{m,q}}\right) \tag{2-19}
$$

频率为 f_{p} 的电压分量存在频率为 $f_{\mathrm{p}} - 2f_1$ 的镜像耦合分量，可表示为

$$
v_{\mathrm{g}}^{\mathrm{c}}(t) = \frac{v_{\mathrm{p,d}}}{2} \cos\left[\left(\omega_{\mathrm{p}} - 2\omega_1\right)t + \varphi_{\mathrm{m,d}}\right] - \frac{v_{\mathrm{p,q}}}{2} \cos\left[\left(\omega_{\mathrm{p}} - 2\omega_1\right)t + \varphi_{\mathrm{m,q}}\right] \tag{2-20}
$$

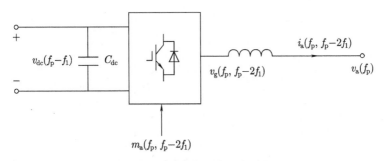

图 2-2 两电平变流器小信号图

假设变流器主电路和控制环节完全对称，$v_{p,d}$ 和 $v_{p,q}$ 相同。此时，镜像耦合分量 $v_g^c(t) = 0$，输出电压小信号中仅含有扰动频率 f_p 的分量 $v_g^p(t)$。但是实际情况中上述假设并不成立，输出电压小信号中除含有扰动频率 f_p 外还含有频率 $f_p - 2f_1$，这个频率就是所谓的二倍频镜像频率。同理，当电网中含有频率为 f_n 的负序三相扰动信号时，最终变流器输出的负序调制电压小信号中含有频率 $f_n + 2f_1$。

2.2.2 新能源设备的频率耦合阻抗模型

2.2.1 节中介绍了电力电子设备并网的小信号频域化分析，以及耦合频率的产生过程。引起频率耦合的原因有多种，如变流器内部大量不对称控制环节的引入、相位跟踪误差和测量延迟等。其中典型不对称控制环节有锁相环、dq 轴外环非对称控制参数等。目前，耦合频率研究倾向于分析扰动频率和一次衍生出的镜像频率。假定系统频率为 f_1，注入频率为 f_p 的扰动信号，镜像对称的耦合频率应为 $f_p - 2f_1$，得到 MIMO 模型[11]。

序阻抗模型的频率耦合关系如图 2-3 所示。在并网点施加一个频率为 f_p 的正序电压扰动小信号 Δv_{pp}，该扰动通过导纳 Y_{pp} 和 Y_{pn} 分别激励出频率为 f_p 和 $f_p - 2f_1$ 的电流小信号 Δi_p 和 Δi_n。电流 Δi_p、Δi_n 又通过 $Z_{grid,pp}$、$Z_{grid,pn}$、$Z_{grid,np}$ 和 $Z_{grid,nn}$，产生频率为 f_p 和 $f_p - 2f_1$ 的电网反馈电压 Δv_{gp}、Δv_{gn}，通过反馈回路影响 Δv_p 与 Δv_n。同理注入频率为 f_n 的负序电压扰动小信号 Δv_{nn} 后，该扰动通过导纳 Y_{np} 和 Y_{nn} 分别激励出频率为 f_n 和 $2f_1 + f_n$ 的电流小信号 Δi_n 和 Δi_p。

直角坐标系下的 dq 阻抗同样无法忽略频率耦合作用，如图 2-4 所示。与序阻抗计算中的处理相同，具体过程在这里不再赘述。

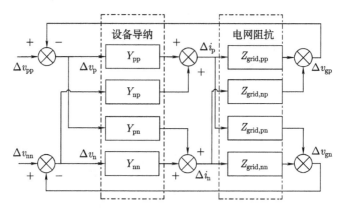

图 2-3 序阻抗模型的频率耦合关系

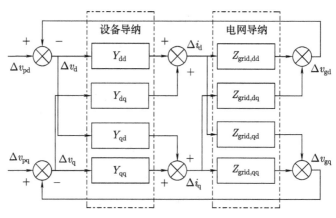

图 2-4 dq 频率耦合关系

需要注意的是,当注入频率为 f_p 的正序扰动后,产生的镜像耦合频率 $f_p - 2f_1$ 可能是正数或者负数。若耦合频率为负数,则在三相电路中测量得到的就是频率为 $2f_1 - f_p$ 的负序耦合扰动。而当注入负序扰动后,电路中除扰动本身的频率为 f_n 的负序信号外,还会耦合产生频率为 $2f_1 + f_n$ 的信号。因为 $2f_1 + f_n$ 一定大于 0,所以耦合信号一定是正序信号。

2.3 无源测量与有源测量

目前,阻抗测量的实现方式主要分为两大类。其一是无源测量方法,利用被测对象端口固有的谐波或噪声信号实现对被测系统阻抗特性的估测。其优点在于无需外部扰动注入设备中,成本低。由于只能利用现有的谐波与噪声信号,因此测量精度一般较低，并且无法自主设计扰动信号的频谱分布。其二是有源测量方法，它是通过外部设备注入扰动信号来获取阻抗响应进行分析，一般被称为有源扰动注入式阻抗测量。有源扰动注入式阻抗测量具有较高的测量精度，在各种场景都有较好的适用性，因此得到广泛研究与应用。

2.3.1 无源测量方法

近年来无源测量方法被用于新能源设备阻抗的测量，利用电网中已经存在的扰动信号，通过数据驱动等方式进行阻抗的估计[12]。无源测量方法主要分为波动量法、回归法和概率密度函数估计法三类。

1. 波动量法

波动量法是基于公共连接点（PCC）处的谐波电压和电流的波动量，通过分析电压和电流的比值来估算系统的谐波阻抗。该方法适合系统侧谐波电流源波动程度小于负荷侧波动的场景，测量精度依赖于算法和数据样本的处理方法。其中，Prony 算法、矩阵铅笔法（MP）和特征系统实现算法（ERA）是三种主要的特征值识别算法[13]。参考文献 [14] 通过特征系统实现算法和动态模态分解（DMD）实现时域信号的分解，将电压和电流的瞬态时域响应转化到频域后，对阻抗进行估计。

2. 回归法

回归法是通过建立谐波电压和电流间的关系模型，并求解回归方程的系数来确定系统侧谐波阻抗[15]。回归法对背景谐波要求较高，如果背景谐波波动较大，则可能导致回归计算的谐波阻抗误差较大。有方法提出一种针对分布式发电设备接口的电网阻抗检测系统，通过在 PCC 采集变流器的运行信息来估计电网的等效阻抗，其电网模型如图 2-5所示。将电网简化为发电机与电感-电阻串联模型，之后利用变流器在不同运行点（P、Q）下得到的电压平衡方程，可以将阻抗的求解转化为线性回归问题，并通过递归最小二乘法来实现。除了设计检测系统来测量阻抗，也有方法提出通过处理电力系统的运行监测数据，如故障录波数据，以实现谐波阻抗分析。参考文献 [16] 在新能源集群与柔直换流站端口电压、电流的电气量波形中提取出信号复数表达式随时间变化的序列，然后基于等值谐波网络模型将阻抗的求解转化为线性回归问题。

3. 概率密度函数估计法

该方法是基于统计学原理，利用概率论和统计学方法来估计电力系统中谐波

阻抗的方法 [17]。这种方法通常涉及对谐波电流或电压数据的概率分布特性进行分析，然后基于这些分析结果来估计系统的谐波阻抗。常见的概率密度函数包括贝叶斯估计、最大似然估计等不同的参数估计方法，以及直方图法、核函数法等非参数估计方法。这些方法可以用于估计谐波电流或电压的概率密度函数，进而估计谐波阻抗。特别是非参数估计方法，如核函数法 [18]，可以在不假设数据服从特定分布的情况下估计概率密度函数。这种方法通过使用核函数来平滑样本数据，从而估计出概率密度函数，进而可以用于谐波阻抗的估计。

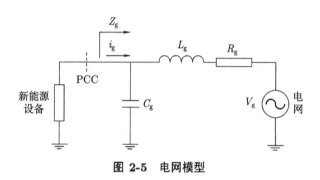

图 2-5　电网模型

无源测量方法的优势体现在测量成本低，扰动信号容易获得，具有较好的经济优势。传统的主动测量方法需要采用专业的测量设备，资金成本高昂且操作难度大，还会对电网的正常运行产生影响。然而，主动测量方法通常具有更好的精度，覆盖更宽的频段。

2.3.2　有源测量方法

有源测量方法需向被测系统中注入扰动信号，然后采集被测设备端口电压与电流的扰动响应来计算阻抗。有源测量方法有很多，如阻抗扫描频率法、电容器投切法等。阻抗扫描频率法又称"扫频法"，是一种常见的有源测量方法。扫频法通过向系统注入扰动信号，根据待测端口电压、电流的响应情况计算出阻抗值。本书中涉及的阻抗测量方法均属于扫频法。

扫频法需要专门的设备注入扰动信号，因为注入外部谐波会影响系统正常运行，所以扫频法多用于离线测量。以风电机组阻抗半实物测量为例，主要步骤是将待测风电机组的控制器接入 RTDS 或 RT-LAB 等实时仿真系统，将风电机组与模拟电网装置相连后运行。在待测风电机组与模拟电网的并网点处注入扰动信号，同时采集风电机组的输出电压、电流数据。通过傅里叶分析等方法，可计算得到风电机组的阻抗。

除了通过专门的测量设备注入扰动，还可以利用系统中存在的设备。电容器投切法通过对投切电容器后几个周波的电压、电流进行陷波处理，在经过小波分析消除噪声后获取可以利用的频域信息，完成对电网阻抗的测量。电容器投切法的优点是无需专用的扰动装置，成本低；缺点是电容器投切产生的谐波电流大小不可控，影响测量精度。除电容器外，含有变流器的设备，如静止无功发生器 (Static Var Generator, SVG)、静止同步补偿器 (Static Synchronous Compensator, STAT-COM) 等，也可以产生扰动信号。参考文献 [19] 提出使用风电场中配备的 STAT-COM 产生不同频率的扰动信号，并将其作为在线阻抗测试的扰动源。此方法的缺陷在于，由于设备位置固定，无功补偿设备与不同风电机组间的距离不同，测量效果会随距离的增长而下降。扰动信号经过了多级变压器和母线而层层衰弱，在远处容易受噪声干扰，造成阻抗特性曲线不平滑、测量精度差。

2.4 阻抗扫频测量方法

新能源设备具有频率耦合特性，按照对该特性不同的处理方法，本书将扫频法分为两类介绍：其一是弱化频率耦合后的阻抗测量方法，也称等效阻抗测量法；另一类是计及频率耦合的阻抗测量方法。根据阻抗模型建模所在的坐标系不同，可以区分为旋转坐标系下的 dq 阻抗、极坐标系下的广义阻抗和静止坐标系下的序阻抗。本书涉及的阻抗建模都是旋转坐标系下的 dq 阻抗模型或静止坐标系下的序阻抗模型。

本节将首先介绍扫频法中使用的扰动信号类型和注入方式。然后，依次介绍序阻抗和 dq 阻抗的测量计算机理。最后，对序阻抗测量和 dq 阻抗测量进行对比。

2.4.1 扫频扰动信号类型

扰动信号的类型可以简单区分为单频信号和宽频信号。单正弦信号是典型的单频信号，具有测量精度高的优点。宽频信号类型很多，如多正弦叠加信号、伪随机序列信号和脉冲信号等 [20]，具有信号注入时间短、信噪比高的特点，在阻抗测量中被大量地采用。在阻抗法分析中，并网模型被分解为代表新能源设备的"源"以及代表电网阻抗的"网"两个子系统，所以阻抗测量对象也包含"源"和"网"两类。针对新能源设备的阻抗时变性不强的特点，一般通过注入周期性的正弦信号进行分析。而针对电网阻抗的测量，正弦扫描由于其测量时间太长，并不适用于在线测量。此外，电网具有基频浮动、谐波变化、非特征次谐波等特点，无法通过周期平均的方式来消除噪声，所以一些基于脉冲信号、伪随机序列等的宽频带激励方法更适合对电网阻抗进行测量。

常见的新能源设备一般通过注入周期性的正弦信号就可以很好地进行分析。单频率注入测量的效率比较低，但是无需考虑注入频率间的耦合和频谱泄漏问题，具有测量精度高的优势。多频率正弦信号同时注入必须考虑频率耦合的影响，且注入频率间隔不能太小，以避免频谱泄漏。为将耦合的正负序信号分离，往往在频域处理后对信号做进一步的正负序分解处理。变频正弦信号时域波形如图 2-6 所示，变频脉宽调制信号时域波形如图 2-7 所示。

除多正弦信号类型外，宽频带信号还包括伪随机序列信号、脉冲信号和变频信号等类型。这里以电网阻抗测量的典型应用场景为例，介绍一些脉冲信号与伪随机序列信号的特点。

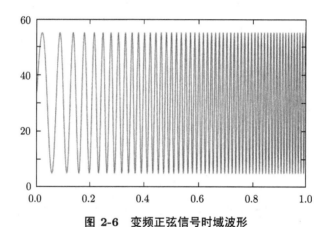

图 2-6　变频正弦信号时域波形

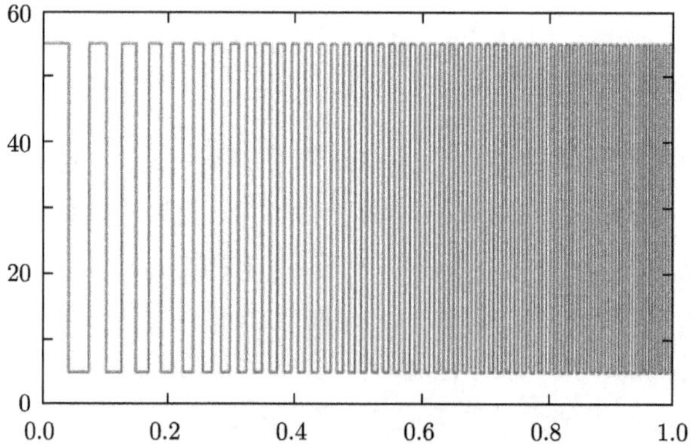

图 2-7　变频脉宽调制信号时域波形

基于脉冲信号扰动的在线测量是一种简单实际的方法，通过向电网中注入脉冲信号来获得宽频范围的响应。参考文献 [21] 通过谐波发生装置在并网点注入脉冲信号进行阻抗测量，其设置两组实验。一组是在电网电压过零点处注入 50/3kHz 的周期性电流脉冲激励后的电路，另一组是没有注入激励的电路，让两组电路的电压和电流信号在经过快速傅里叶变换后的频域信号经过如下计算：

$$Z_{\mathrm{n}} = \frac{v_{\mathrm{n}} - v_{\mathrm{n}}'}{i_{\mathrm{n}}' - i_{\mathrm{n}}} \tag{2-21}$$

式中，v_{n} 和 v_{n}' 分别为系统正常状态和扰动状态下的相交部分的离散频率复变量；i_{n}' 和 i_{n} 分别为系统对应的频率响应。该方法可以测出系统在 50/3 kHz 处的阻抗频率特性。

为应对电网的不平稳问题，参考文献 [22] 提出了一种使用周期间差分的计算方式：

$$Z_{\mathrm{k}} = \frac{\mathrm{d}v_{\mathrm{k}}}{\mathrm{d}i_{\mathrm{k}}} \tag{2-22}$$

该方式可以实时测量电网阻抗 Z_{k}，每一个激励脉冲来自于两个周期的扰动/非扰动周期观测。该类方法中的 $\mathrm{d}v_{\mathrm{k}}$ 和 $\mathrm{d}i_{\mathrm{k}}$ 分别为差分电压和电流的复向量。这种方法记录只有一个周期长，非常适合实时微分处理器的实现。

基于脉冲扰动的在线测量技术简单易产生，但是精度受到脉冲信号本身频谱能量分布的限制。针对电网阻抗测量，当电网阻抗较低时，需要较大扰动注入，这可能干扰到逆变器的正常运行。此外，因为频谱平均技术无法轻易降低测量噪声，所以在基波周期内的大脉冲电流注入是需要注意的。

相较于脉冲扰动会对测量设备运行造成影响，伪随机二进制序列 (Pseudo Random Binary Sequence, PRBS) 信号则能够克服这一缺陷。最大长度二进制序列 (Maximum-Length Binary Sequence, MLBS) 是 PRBS 信号中比较常用的一种，使用 MLBS 代替脉冲注入，可以通过频谱平均多个周期来实现降低噪声的计算。脉冲注入与 MLBS 注入如图 2-8 所示。MLBS 可以通过反馈移位寄存器电路产生，如图 2-9 所示。生成信号的长度为 $2^n - 1$，可以通过配置 n 个移位寄存器来实现。参考文献 [21] 提出使用离散区间二进制序列（Discrete Interval Binary Sequence, DIBS），该信号也是一类 PRBS 信号，主要应用于高速串行通道的误码率测试。该信号被应用于阻抗测量中，其优点是不需要大的扰动注入即可进行测量，适合低信噪比和幅值受限的运行场景。

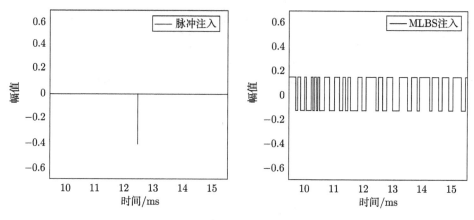

图 2-8 脉冲注入与 MLBS 注入

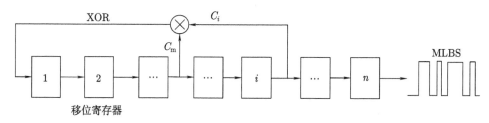

图 2-9 带异或反馈的 n 位移位寄存器生成 MLBS

2.4.2 扫频扰动注入方式

根据扫频扰动注入的方式，阻抗测试方法分为并联电流扰动法（见图 2-10）和串联电压扰动法（见图 2-11）。需根据实际应用场合的需求选择相应的测试方法。采用并联电流扰动法测试并网系统阻抗时，主电路如图 2-10 所示。电网侧阻抗主要取决于变压器、输电线路及线路潮流分布，逆变侧阻抗取决于新能源并网逆变器的主电路和控制环节。电流 i_p 为三相扰动电流，v_{pi} 为扰动电流源产生的三相电压响应，i_{pi} 为进入逆变侧的扰动电流，i_{pg} 为进入电网侧的扰动电流。并联电流扰动法的特点是：阻抗测试过程对待测系统的影响较小且工程上较容易实现，适用于逆变侧与电网侧阻抗值接近的大规模集群并网逆变系统。然而，当待测系统为单逆变器并网时，考虑逆变器的阻抗远大于电网阻抗，分流后几乎所有的扰动电流都进入电网侧。这导致注入扰动电流信号的利用率不高，逆变侧电压响应较小时测试结果易受到噪声的干扰，降低了阻抗测试的精度。

需要注意的是，阻抗测试是基于小信号模型展开的，这要求它有两个基本前提：① 必须存在相对恒定的静态工作点，所以系统应该三相平衡或近似三相平衡。

② 不同稳定工作点具有不同的小信号线性关系表达式，所以阻抗测试的重要前提是扰动注入前后稳定工作点相同或近似相同。

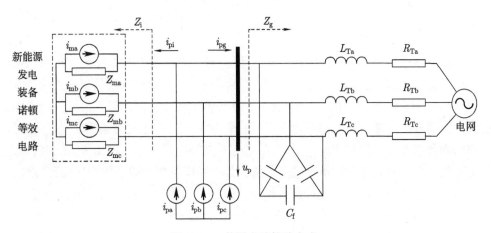

图 2-10 并联电流扰动方式

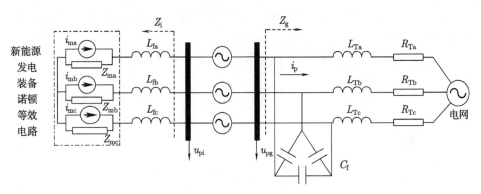

图 2-11 串联电压扰动方式

2.4.3 扫频测量原理和步骤

1. 序阻抗测量方法

（1）弱化频率耦合后的等效序阻抗测量

早期研究对频率耦合机理的认识尚不深入，序阻抗模型没有考虑频率耦合。阻抗计算简单直接，只需分别计算正序阻抗和负序阻抗：

$$Z_{\mathrm{p}} = \frac{v_{\mathrm{p}}}{i_{\mathrm{p}}}, \qquad Z_{\mathrm{n}} = \frac{v_{\mathrm{n}}}{i_{\mathrm{n}}} \tag{2-23}$$

29

若将阻抗写成二维矩阵，矩阵中不含非对角元：

$$\boldsymbol{Z}_{pn} = \left[\begin{array}{cc} Z_{pp} & 0 \\ 0 & Z_{nn} \end{array} \right] \tag{2-24}$$

对于频率耦合模型，这样处理并不适用。参考图 2-3，如果二维导纳矩阵的耦合项 $Y_{pn}(f_p)$ 和 $Y_{np}(f_p - 2f_1)$，以及电网阻抗很小，则可以将其视为如式(2-24)所示的 SISO 模型。但在弱电网场景下，矩阵耦合项 $Y_{pn}(f_p)$ 和 $Y_{np}(f_p - 2f_1)$ 较大，不能直接忽略。在弱电网场景下的一种常见正负序阻抗测量手段是，考虑矩阵的耦合项 $Y_{np}(f_p)$ 和 $Y_{np}(f_p - 2f_1)$，但是忽略电网阻抗，继而将 MIMO 系统化简为四个独立的 SISO 系统进行分析，是一种弱化频率耦合效应的处理方法。

具体方法如下所示，当计算导纳 $Y_{pp}(f_p)$、$Y_{np}(f_p - 2f_1)$ 时，可以通过注入正序电压 $\Delta v_p(f_p)$ 来测量得到；当计算导纳 $Y_{pn}(f_p)$、$Y_{nn}(f_p - 2f_1)$ 时，可以通过注入负序电压 $\Delta v_n(f_p - 2f_1)$ 来测量得到。通过分别注入正序电压或者负序电压，可以保证更高的测量准确度。

步骤 1：在被测对象端口串联注入频率为 f_p 的正序电压扰动，通过快速傅里叶变换算法提取正序、负序电压扰动分量。

步骤 2：提取正序电流响应分量 $\Delta i_p(f_p)$，计算导纳矩阵元素 $Y_{pp}(f_p)$：

$$Y_{pp}(f_p) = \frac{\Delta i_p(f_p)}{\Delta v_p(f_p)} \tag{2-25}$$

步骤 3：计算导纳矩阵元素 $Y_{np}(f_p)$。当 $f_p < 2f_1$ 时，提取正序电流响应分量 $\Delta i_p(2f_1 - f_p)$，计算导纳矩阵元素 $Y_{np}(f_p)$：

$$Y_{np}(f_p) = \frac{\Delta i_p^*(2f_1 - f_p)}{\Delta v_p(f_p)} \tag{2-26}$$

当 $f_p \geqslant 2f_1$ 时，则提取负序电流响应分量 $\Delta i_n(f_p - 2f_1)$，计算导纳矩阵元素 $Y_{np}(f_p)$：

$$Y_{np}(f_p) = \frac{\Delta i_n(f_p - 2f_1)}{\Delta v_p(f_p)} \tag{2-27}$$

式中，"*"表示共轭复数。在宽频范围内，重复步骤 1～3。

步骤 4：在被测对象端口串联注入频率为 $f_p - 2f_1$ 的负序电压扰动，通过快速傅里叶变换算法提取正序、负序电压扰动分量。

步骤 5：计算导纳矩阵元素 $Y_{nn}(f_p)$ 和 $Y_{pn}(f_p)$。当 $f_p < 2f_1$ 时，提取正序电压扰动分量 $\Delta v_p(2f_1 - f_p)$、正序电流响应分量 $\Delta i_p(2f_1 - f_p)$、正序电流响应分量 $\Delta i_p(f_p)$，计算导纳矩阵元素 $Y_{nn}(f_p)$ 和 $Y_{pn}(f_p)$：

$$Y_{nn}(f_p) = \frac{\Delta i_p^*(2f_1 - f_p)}{\Delta v_p^*(2f_1 - f_p)} \tag{2-28}$$

$$Y_{pn}(f_p) = \frac{\Delta i_p(f_p)}{\Delta v_p^*(2f_1 - f_p)} \tag{2-29}$$

当 $f_p \geqslant 2f_1$ 时，提取负序电压扰动分量 $\Delta v_n(f_p - 2f_1)$、负序电流响应分量 $\Delta i_n(f_p - 2f_1)$、正序电流响应分量 $\Delta i_p(f_p)$，计算导纳矩阵元素 $Y_{nn}(f_p)$ 和 $Y_{pn}(f_p)$：

$$Y_{nn}(f_p) = \frac{\Delta i_n(f_p - 2f_1)}{\Delta v_n(f_p - 2f_1)} \tag{2-30}$$

$$Y_{pn}(f_p) = \frac{\Delta i_p(f_p)}{\Delta v_n(f_p - 2f_1)} \tag{2-31}$$

采用和正序扰动一样的频率，在宽频范围内，重复步骤 4～5。

当电网阻抗"足够小"时，可以用等效序阻抗去近似实际阻抗，两者的误差大小由电网阻抗大小决定。对 2.5MW 直驱风电机组并网模型进行扫频分析，这里设计电网阻抗 Z_{grid}，分别为 1Ω 和 0.1Ω。在同步频率附近，等效序阻抗与实际序阻抗存在差异，且差异程度随电网阻抗大小的变化而变化。当电网阻抗为 1Ω 时，等效序阻抗曲线与实际序阻抗在同步频率附近差别比较大，尤其是相角更为明显，如图 2-12 所示。当电网阻抗为 0.1Ω 时，则差别比较小，如图 2-13 所示。

（2）考虑频率耦合后的序阻抗测量

考虑频率耦合效应，一种理想的处理手段就是直接求解出二维矩阵中的四个阻抗元素。由于阻抗矩阵中包含四个阻抗元素，仅一组电压、电流只能联立求解两个方程，不能直接求解四个阻抗元素，所以需要测量两次扰动下的同频率电压、电流，才可以联立公式求解[23]。在实际操作中，比较困难的是保证两次扰动信号及其响应间相互独立，以保证信号的线性无关。测量得到两组扰动电压、电流信号后，通过矩阵求逆过程可以计算得到阻抗：

$$\begin{bmatrix} Y_{pp} & Y_{pn} \\ Y_{np} & Y_{nn} \end{bmatrix} = \begin{bmatrix} v_p'(f_p) & v_p''(f_p) \\ v_n'(f_p - 2f_1) & v_n''(f_p - 2f_1) \end{bmatrix}^{-1} \begin{bmatrix} i_p'(f_p) & i_p''(f_p) \\ i_n'(f_p - 2f_1) & i_n''(f_p - 2f_1) \end{bmatrix} \tag{2-32}$$

式中，上标 *I* 表示第一次测量数据；上标 *II* 表示第二次测量数据。

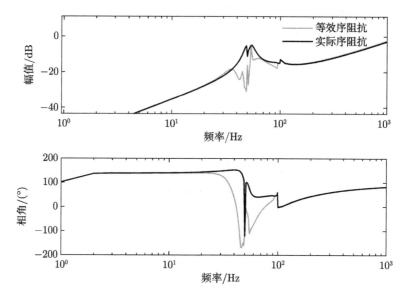

图 2-12　电网阻抗 $Z_{grid}=1\Omega$ 时的等效序阻抗与实际序阻抗对比

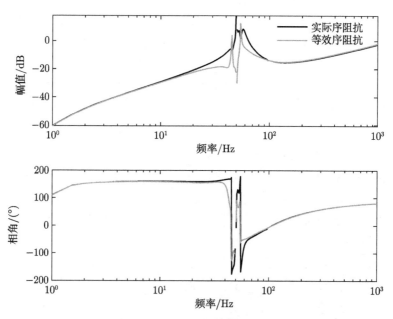

图 2-13　电网阻抗 $Z_{grid}=0.1\Omega$ 时的等效序阻抗与实际序阻抗对比

　　在实际操作过程中，需要多次测量同一运行点下的线性化阻抗，而新能源设备受环境的时变特性影响，运行点随机多变，很难保证前后两次测量时的运行点一样，甚至在一次测量中都难以保证运行点不发生变化，误差也就难以避免。弱化频率耦合后的序阻抗计算方法和考虑频率耦合后的序阻抗计算方法需要根据实际测量环境、应用场景的不同自行选择，两类方法并无绝对的优劣之分。

2. dq 阻抗测量方法

dq 阻抗测量方法也可以分为弱化频率耦合效应后的 dq 阻抗测量方法和考虑频率耦合效应后的 dq 阻抗测量方法，其分析思路和序阻抗大同小异。

（1）弱化频率耦合效应后的 dq 阻抗测量

直角坐标系下的 dq 阻抗同样无法忽略频率耦合作用，如图 2-4 所示。与序阻抗计算中的处理相同，当忽略耦合项和电网阻抗的影响时，频率系统可以简化为四个 SISO 子系统。常见的 dq 阻抗测量过程中扰动信号分两次注入，第一次注入 d 轴扰动并假设 q 轴扰动可以忽略不计；第二次注入 q 轴扰动并假设 d 轴扰动可以忽略不计。由此，可以获得 SISO 系统阻抗：

$$\begin{cases} Y_{dd} = \dfrac{\Delta i_d}{\Delta v_d}\bigg|_{\Delta v_q=0}, Y_{dq} = \dfrac{\Delta i_d}{\Delta v_q}\bigg|_{\Delta v_d=0} \\[3mm] Y_{qd} = \dfrac{\Delta i_q}{\Delta v_d}\bigg|_{\Delta v_q=0}, Y_{qq} = \dfrac{\Delta i_q}{\Delta v_q}\bigg|_{\Delta v_d=0} \end{cases} \tag{2-33}$$

但是在实际系统中，设备的 dq 阻抗与电网 dq 阻抗之间深度耦合，在注入一个轴的扰动时不能简单地忽视另一个轴上的扰动。所以在 dq 阻抗计算中，考虑频率耦合的阻抗计算应用更为广泛。

（2）考虑频率耦合效应后的 dq 阻抗测量

当第一次注入 d 轴扰动后，电压与电流间的关系如下：

$$\frac{\Delta i_d}{\Delta v_d} = Y_{dd} + \frac{\Delta v_q}{\Delta v_d}Y_{dq}\bigg|_{\Delta v_q=\Delta v_{gq}} \tag{2-34}$$

$$\frac{\Delta i_q}{\Delta v_d} = Y_{qd} + \frac{\Delta v_q}{\Delta v_d}Y_{qq}\bigg|_{\Delta v_q=\Delta v_{gq}} \tag{2-35}$$

当第二次注入 q 轴扰动后，电压与电流间的关系如下：

$$\frac{\Delta i_d}{\Delta v_q} = Y_{dq} + \frac{\Delta v_d}{\Delta v_q}Y_{dd}\bigg|_{\Delta v_d=\Delta v_{gd}} \tag{2-36}$$

$$\frac{\Delta i_{\mathrm{q}}}{\Delta v_{\mathrm{q}}} = Y_{\mathrm{qq}} + \left. \frac{\Delta v_{\mathrm{d}}}{\Delta v_{\mathrm{q}}} Y_{\mathrm{qd}} \right|_{\Delta v_{\mathrm{d}} = \Delta v_{\mathrm{gd}}} \tag{2-37}$$

同样，可以直接对阻抗矩阵求逆。需要注意的是，需要保证两次扰动线性独立，以使得方程有解：

$$\begin{bmatrix} Y_{\mathrm{pp}} & Y_{\mathrm{pp}} \\ Y_{\mathrm{np}} & Y_{\mathrm{mp}} \end{bmatrix} = \begin{bmatrix} v'_{\mathrm{p}}(f_{\mathrm{p}}) & v''_{\mathrm{p}}(f_{\mathrm{p}}) \\ v'_{\mathrm{n}}(f_{\mathrm{p}} - 2f_1) & v''_{\mathrm{n}}(f_{\mathrm{p}} - 2f_1) \end{bmatrix}^{-1} \begin{bmatrix} i'_{\mathrm{p}}(f_{\mathrm{p}}) & i''_{\mathrm{p}}(f_{\mathrm{p}}) \\ i'_{\mathrm{n}}(f_{\mathrm{p}} - 2f_1) & i''_{\mathrm{n}}(f_{\mathrm{p}} - 2f_1) \end{bmatrix}$$

$$\tag{2-38}$$

式中，上标 $\prime$ 表示第一次测量数据；上标 $\prime\prime$ 表示第二次测量数据。

2.4.4　dq 阻抗与序阻抗测量方法对比

上文讨论了 dq 阻抗和序阻抗测量方法，其优缺点对比见表 2-1。dq 阻抗计算方法需要通过 dq 轴注入谐波扰动，在软件仿真中这个过程容易实现，但在实际测量中现有的商用扫频设备不支持高精度的电网相位追踪功能。即使具备这一功能，也要克服扫频设备的锁相环扰动问题，这对阻抗分析进一步造成了困难。序阻抗计算方法具备清晰的物理含义，该方法被现有的商用扫频设备广泛使用。不过，目前的商用扫频设备基本上多采用单频率注入，这不能满足测量现场快速测量的要求。另外，不论是序阻抗测量还是 dq 阻抗测量方法，在宽频信号注入时都面临频率耦合问题，这要求测量设备具备高精度的测量多频率能力。

表 2-1　dq 阻抗与序阻抗测量方法优缺点对比

	dq 阻抗测量	序阻抗测量
优点	简单	具有清晰的物理含义，支持商用设备开发
缺点	相位追踪易受干扰 不被商用设备支持	现有的电路设备多支持单频率响应的测量

在 RT-LAB 半实物模型上对双馈风电机组进行阻抗测量，分别使用 dq 阻抗测量方法和序阻抗测量方法，然后将测量的 dq 阻抗转换成正负序阻抗，并与序阻抗测量得到的阻抗结果进行对比。dq 阻抗测量用到了宽频扰动信号，即多正弦谐波一次注入方法，并注意回避扰动信号之间的耦合问题。先后注入两次扰动，然后对两次测量结果联立方程求解。序阻抗测量过程采用的是单频率谐波注入扰动信号的方法，阻抗计算采用的是等效阻抗计算方法。

如图 2-14 所示，图中的三条阻抗曲线的测量对象是同一台满载运行的 2.5MW 双馈风电机组。三条曲线代表着三种不同的测量方法：红线代表在 dq 坐标系下测

得 dq 阻抗后，通过 dq 转换到正负序（$\alpha\beta$）方法得到的正负序阻抗；蓝线代表设备实际的序阻抗；绿线代表省略电网阻抗后计算出的等效序阻抗。通过对比可以看出，在 100~1000 Hz 范围内三种阻抗测量的曲线几乎是重合的，它们的差异主要集中在 100Hz 以内，尤其是 50Hz 附近差异比较明显。经过实验研究证明，测量值与实际值相差较小；等效序阻抗测量方法存在误差。如果将序阻抗的 MIMO 模型简化为两个 SISO 模型来处理，如图 2-14 中蓝线所示，阻抗误差较大。如果仅忽略电网阻抗影响并考虑阻抗耦合项，此时的序阻抗的 MIMO 模型按照四个 SISO 模型进行处理，此时误差较小。

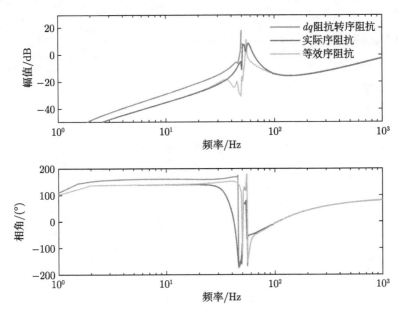

图 2-14　dq 阻抗转正负序阻抗对比图（见彩色插页）

2.5　阻抗测量装置

2.5.1　阻抗测量中的谐波注入电路

1. 三相注入谐波电路

扫频测量方法中需要向被测电路注入谐波扰动。参考文献 [24] 介绍了在三相交流系统小信号阻抗测量中几类经典的电流谐波发生电路拓扑，分别是三相桥式变换电路、三相斩波电路和三相 H 桥级联电路，如图 2-15~图 2-17 所示。

（1）三相桥式变换电路

图 2-15 所示为一个标准的三相桥式变换电路。在应用该电路进行电流注入时，可以采用电流调节的脉冲宽度调制（Pulse Width Modulation, PWM）方法，如迟滞调制或增量调制，来产生合适大小的电流。三相桥式变换电路的优点是可以实现对注入电流的精确控制。缺点在于，如果 PWM 想获得较好的调制分辨率，则六个桥臂逆变器的开关频率须是注入电流谐波最高频率分量的 50~200 倍，在高频测量中有局限性，特别是对于高功率系统。因此，在可以找到合适晶体管的低压低功率系统中，推荐使用三相桥式变换电路。

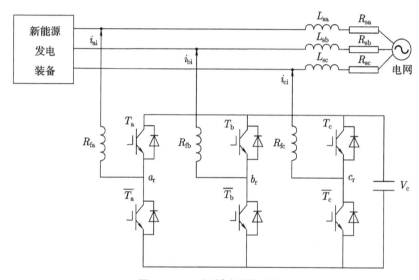

图 2-15　三相桥式变换电路

（2）三相斩波电路

图 2-16 所示，三相斩波电路实际上是一个并入系统的三相开关电阻，电阻大小随开关功率晶体管的开断而变化。该电路采用的 PWM 方法比较特殊，不同于其他 PWM 中要求开关频率是注入频率的整数倍，这里的开关频率与注入频率相同，PWM 占空比在工频上随所需注入角度而变化。三相斩波电路的主要优点是注入频率与上面介绍的三相桥式变换电路相比很低。因此，三相斩波电路更适用于晶体管开关频率有限的中压系统。

（3）三相 H 桥级联电路

为了测量新能源发电基地内大型光伏、风力等新能源发电装备的频域阻抗特性，设计可靠的兆瓦级的宽频带阻抗测量装置是必要的。图 2-17 所示是以单个 H

桥式电路为子模块，级联而成的谐波变流器。拓扑中 H 桥级联子模块数量越少，则单个子模块均压等级越高，这有利于控制的稳定性。H 桥子模块数量越多，则变流器交流侧输出电压等级越高，等效开关频率越高，这更有利于发出高频谐波电压。

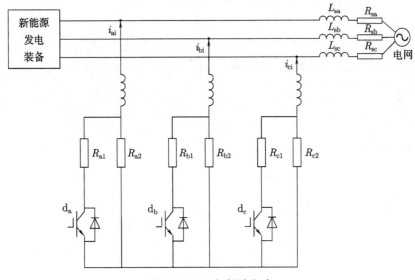

图 2-16　三相斩波电路

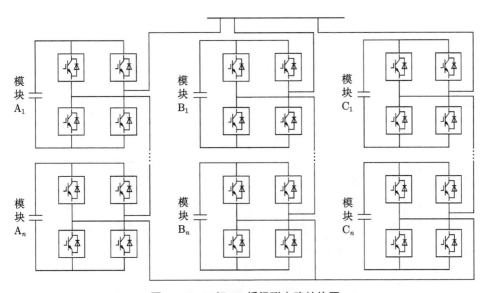

图 2-17　三相 H 桥级联电路结构图

2. 两相间注入谐波电路

上文中提及的桥式电路和斩波电路还可应用于两相间谐波注入，其拓扑如图 2-18 和图 2-19 所示。两类拓扑的优缺点和适用场景在此处与三相谐波注入场景是一样的，不再赘述。图 2-20 展示了通过斩波电路注入线电流谐波以测量三相系统阻抗。图 2-20 中测量负载由三相整流二极管电路接入电网，斩波电路由电阻、电感和双向开关串联，双向开关通过 PWM 控制，在基频线电压的主动作用下可以产生线电流。这种设计的主要缺点是注入电流中存在大量的谐波，不过这些谐波在一定程度上被系统电感滤除，还可以在后续的解调过程中通过数学方法去除。

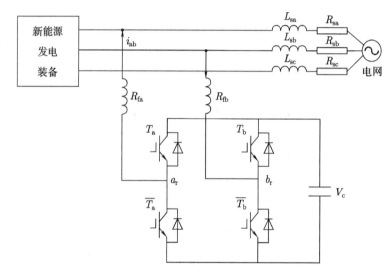

图 2-18　两相间谐波电流注入的桥式电路

2.5.2　阻抗测量仪器

1. 低功率级商用阻抗测量仪器

商用测量仪器种类有很多，从技术原理分类，现有的测量仪器主要分为自动平衡电桥技术、电流电压（IV）技术和射频电流电压（RF-IV）技术、传输/反射技术。从仪器种类分类可以将阻抗测量分为 LCR 表、阻抗分析仪和网络分析仪。其中，使用自动平衡电桥技术的 LCR 表又称为 LCR 数字电桥，价格便宜，功能虽简单但是性能可靠。阻抗分析仪是在 LCR 表的基础上改良的，网络分析仪主要用于通信领域，其价格较昂贵。

现在的商用电气测量仪器往往集成了各类功能，不止具有阻抗分析能力，如商用频率特性分析仪（FRA）、矢量网络分析仪（VNA）等设备。它们功能强大，测量成本低，往往应用在小功率电力电子设备或者小型电路的阻抗检测领域。

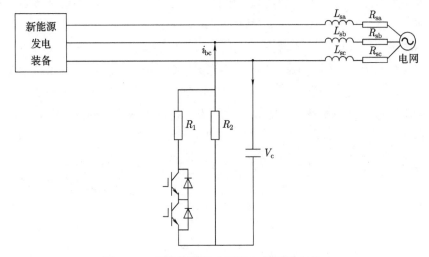

图 2-19 两相间谐波电流注入的斩波电路 1

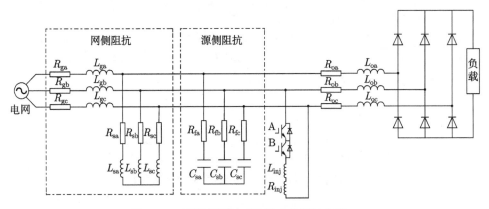

图 2-20 两相间谐波电流注入的斩波电路 2

2. 适用新能源并网场景的兆瓦级宽频带阻抗测量装置

本书的研究内容是面向新能源发电场景，在新能源发电基地中，发电装备外特性差异大，且电网扰动与新能源波动等因素使得发电装备阻抗特性测量更趋于复杂，缺乏兆瓦级风电机组、光伏发电单元等发电装备的阻抗特性数据，难以满足新能源发电基地内发电装备仿真模型所需的精细化要求。一般的低功率级商用阻抗测量仪器主要面向低电压、小容量新能源发电装备和微电网系统，无法适用于高电压、兆瓦级、宽频带阻抗特性的精确测量。因此，设计可靠的兆瓦级的宽频带阻抗测量装置是必要的。兆瓦级宽频带阻抗测量装置主要包括三大部分：扰动注入单元、信号处理单元和宽频带阻抗计算与监控单元，其中设计核心与难点集中在扰动注入单元，此为本节介绍的重点。

随着模块化高电平变流器技术的成熟，其在各类大功率电气化设备中得到重视。如参考文献 [25] 中运用 10kV 级别的 SiC MOSFET 模块开发出高性能扰动注入单元，并研制出适合中压 4160V、额定电流 300A 的交流导纳测量设备，该设备运用在新型电力系统的阻抗测量设计中，体现出模块化高性能电力电子设备的优越性。

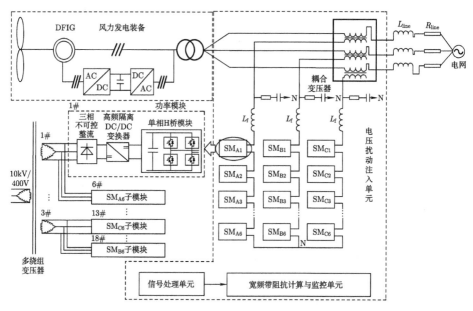

图 2-21 35kV 兆瓦级宽频带阻抗测量装置

目前的兆瓦级宽频带阻抗测量设备在扰动单元设计上都沿用了模块化功率级设备级联的思路：如 2.5.1 节中介绍的三相 H 桥级联电路，该结构就可以发挥功率级电力电子模块化设备配置灵活、性能可靠、电压等级高的特点，适合于兆瓦级阻抗测量装置的设计。参考文献 [26] 基于该结构设计了扰动谐波发生单元，并应用于风电场的宽频带阻抗测量场景。参考文献 [27] 介绍的测量装置中，将三相不可控整流、高频隔离 DC/DC 变换器和单相 H 桥变换器组合为一个 AC/DC/AC 变换模块，通过级联形成电压扰动注入单元，如图 2-21 所示，扰动注入单元可以直接从市电取电，更具有实用性。在 2.5.1 节中提及的斩波电路也被用于兆瓦级阻抗测量装置设计中，参考文献 [28] 在铁路牵引供电系统 (Traction Power System，TPS) 中设计了一种大功率阻抗测量设备，其中的扰动发生单元就采用了如图 2-19 所示的斩波电路，而其中的双向开关采用了反向级联的绝缘栅双极型晶体管 (Insulate Gate Bipolar Transistor，IGBT)。

第3章

小信号建模和阻抗
构造理论基础

3.1 引言

新能源电力系统的各种小信号稳定性分析方法的基本原理均是通过在特定工作点附近对系统进行线性化处理，从而揭示系统在小幅度扰动下的动态特性。在众多小信号稳定性分析方法中，阻抗分析法通过增益裕量和相位裕量判据，能够直观地反映系统的频域特性，并评估系统的稳定性。相比于传统的特征值分析方法，阻抗分析法不仅简化了系统模型的构建过程，还能够有效处理系统参数变化后的模型重建问题。并且对于结构和参数不可知的系统，还可以通过第2章介绍的阻抗测量方法构建系统阻抗模型。因此，通过阻抗分析进行新能源并网系统的建模和稳定性分析，能够更有效地解决高比例新能源电力系统中可能出现的小信号稳定性问题。

随着光伏和风电等新能源发电的大力发展，大量电力电子设备接入电网。变流器是新能源发电接入电网的主要电力电子接口元件。相比于传统同步发电机，并网变流器的动态响应特性主要由其控制策略所主导，具有弱"致稳性"[29]。并且，变流器运行过程中的高频离散式开关操作和不同运行工况控制策略序贯切换也会导致其具有离散性和切换性。这会使得变流器与电网之间存在强的动态交互特性，进而使高比例新能源电力系统面临着与传统电力系统不同的失稳风险。因此，本章将对变流器的阻抗建模进行详细探讨，并介绍不同坐标系下阻抗的转换关系，为本书后面的风电机组阻抗建模和新能源发电系统稳定性分析提供模型基础。

具体内容安排如下：3.2 节将分别对考虑内环控制和外环控制的变流器进行阻抗建模。3.3 节将探讨逆变器模型的状态空间和阻抗法的转换，具体包括 dq 坐标系和 $\alpha\beta$ 坐标系下的阻抗模型转换，以及状态空间方程与 dq 坐标系下阻抗方程的转换。通过这些内容的系统介绍，为后续章节的深入研究奠定了模型理论基础。

3.2 变流器小信号建模

变流器作为一种关键的电力电子设备，在新能源转换过程中发挥着重要作用，同时也对电力系统的稳定性产生影响。对变流器进行小信号阻抗建模能够更好地理解其在电力系统中的动态行为，为系统稳定性分析和控制优化提供理论基础和技术支持。本节将对变流器电流控制内环和功率控制外环结构的阻抗建模方法进行介绍。在 3.2.1 节，将对电流控制内环，包括 PI 控制环节和滤波环节以及锁相环等，进行小信号建模，得到仅包含电流控制内环的变流器阻抗模型。在 3.2.2 节，将结合外环有功、无功 PI 控制器，通过组合运算建立完整的包括内外环控制的阻抗模型。通过对这些步骤的深入研究和理解，可以为新能源电力系统的稳定性分析和控制提供重要的参考和指导。

3.2.1 含电流内环控制的变流器阻抗建模

并网变流器系统结构如图 3-1 所示，包含主电路和控制电路两部分。电网侧等效为无穷大电源串联阻感负载，同步参考坐标系锁相环产生参考角度用于与并网点电压保持同步。由于锁相环（Phase Locked Loop，PLL）的动态特性，并网变流器系统中存在两个 dq 坐标系：一个是由并网点电压定义的电气系统 dq 坐标系，另一个是由锁相环定义的控制系统 dq 坐标系。上标"es"表示在实际电气系统 dq 坐标系下，上标"cs"表示在控制系统 dq 坐标系下。同时，下标"d"表示 dq 坐标系下的 d 轴分量变量，下标"q"表示 q 轴分量变量，下标"g"表示变流器侧电压电流，下标"s"表示电网侧电气量。

图 3-2 所示为并网变流器电流内环控制结构框图，假设直流端电压恒定，采用电压定向矢量控制策略[30]，在 dq 坐标系下实现电流控制。采用 dq 线性化方法建立并网变流器系统 dq 坐标系下阻抗模型，变流器侧阻抗模型 Z_{inv} 推导过程如下。

根据电路原理列写变流器滤波电路微分方程，通过 s 变换实现滤波电路的频率转换，整理可得变流器的滤波电路在电气系统 dq 坐标系下的数学模型为

$$\begin{bmatrix} v_{\mathrm{s,d}}^{\mathrm{es}} \\ v_{\mathrm{s,q}}^{\mathrm{es}} \end{bmatrix} = \begin{bmatrix} R_{\mathrm{f}} + sL_{\mathrm{f}} & -\omega_{\mathrm{s}}L_{\mathrm{f}} \\ \omega_{\mathrm{s}}L_{\mathrm{f}} & R_{\mathrm{f}} + sL_{\mathrm{f}} \end{bmatrix} \begin{bmatrix} i_{\mathrm{g,d}}^{\mathrm{es}} \\ i_{\mathrm{g,q}}^{\mathrm{es}} \end{bmatrix} + \begin{bmatrix} v_{\mathrm{g,d}}^{\mathrm{es}} \\ v_{\mathrm{g,q}}^{\mathrm{es}} \end{bmatrix} \tag{3-1}$$

式中，ω_s 为系统角频率。

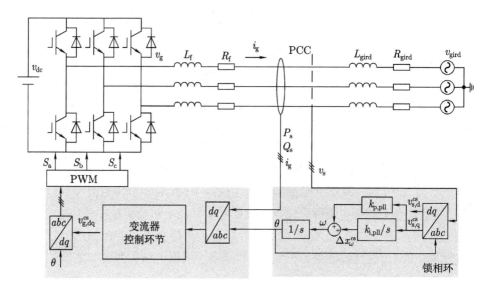

图 3-1　并网变流器系统结构

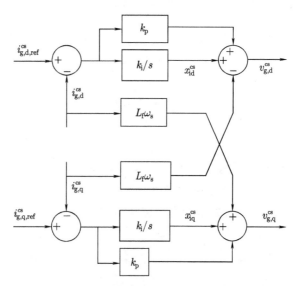

图 3-2　并网变流器电流内环控制结构框图

对式(3-1)进行小信号线性化处理，可以得到滤波电路在 dq 坐标系下的阻抗模型：

$$\begin{bmatrix} \Delta v_{s,d}^{es} \\ \Delta v_{s,q}^{es} \end{bmatrix} = \begin{bmatrix} R_f + sL_f & -\omega_s L_f \\ \omega_s L_f & R_f + sL_f \end{bmatrix} \begin{bmatrix} \Delta i_{g,d}^{es} \\ \Delta i_{g,q}^{es} \end{bmatrix} + \begin{bmatrix} \Delta v_{g,d}^{es} \\ \Delta v_{g,q}^{es} \end{bmatrix} \tag{3-2}$$

式中，符号"Δ"表示相应变量的小信号扰动量；定义矩阵 $\boldsymbol{Z}_f$ 为

$$\boldsymbol{Z}_f = \begin{bmatrix} R_f + sL_f & -\omega_s L_f \\ \omega_s L_f & R_f + sL_f \end{bmatrix} \tag{3-3}$$

根据并网变流器电流内环控制结构框图，列写电流控制环在控制系统 dq 坐标系下的表达式：

$$\begin{bmatrix} v_{g,d}^{cs} \\ v_{g,q}^{cs} \end{bmatrix} = -\begin{bmatrix} k_p + \dfrac{k_i}{s} & \omega_s L_f \\ -\omega_s L_f & k_p + \dfrac{k_i}{s} \end{bmatrix} \begin{bmatrix} i_{g,d}^{cs} \\ i_{g,q}^{cs} \end{bmatrix} + \begin{bmatrix} k_p + \dfrac{k_i}{s} & 0 \\ 0 & k_p + \dfrac{k_i}{s} \end{bmatrix} \begin{bmatrix} i_{g,d,ref}^{cs} \\ i_{g,q,ref}^{cs} \end{bmatrix} \tag{3-4}$$

考虑小信号扰动，对式(3-4)进行小信号变换，可得电流控制环的 dq 坐标系下阻抗模型：

$$\begin{bmatrix} \Delta v_{g,d}^{cs} \\ \Delta v_{g,q}^{cs} \end{bmatrix} = -\begin{bmatrix} k_p + \dfrac{k_i}{s} & \omega_s L_f \\ -\omega_s L_f & k_p + \dfrac{k_i}{s} \end{bmatrix} \begin{bmatrix} \Delta i_{g,d}^{cs} \\ \Delta i_{g,q}^{cs} \end{bmatrix} \tag{3-5}$$

其中，定义矩阵 $\boldsymbol{Z}_c$ 为

$$\boldsymbol{Z}_c = -\begin{bmatrix} k_p + \dfrac{k_i}{s} & \omega_s L_f \\ -\omega_s L_f & k_p + \dfrac{k_i}{s} \end{bmatrix} \tag{3-6}$$

数字控制系统的时间延迟 T_{del} 用 $\boldsymbol{G}_{del}$ 表示。在最严重的情况下，包括一个采样周期的计算延迟和半个采样周期的 PWM 延迟：

$$\boldsymbol{G}_{del} = \begin{bmatrix} \dfrac{1 - 0.5sT_{del}}{1 + 0.5sT_{del}} & 0 \\ 0 & \dfrac{1 - 0.5sT_{del}}{1 + 0.5sT_{del}} \end{bmatrix} \tag{3-7}$$

在并网变流器系统处于稳态时，控制系统 dq 坐标系与电气系统 dq 坐标系重合。然而，当 PCC 电压出现小信号扰动时，由于锁相环的动态特性，由其获得的相角与实际 PCC 电压相角会存在偏差。控制系统 dq 坐标系与电气系统 dq 坐

标系不再重合，存在偏差 $\Delta\theta$。根据图 3-1 所示的锁相环结构有：

$$\Delta\theta = \frac{sk_{\mathrm{p,pll}} + k_{\mathrm{i,pll}}}{s^2 + sv_{\mathrm{s,d}}^{\mathrm{es}}k_{\mathrm{p,pll}} + v_{\mathrm{s,d}}^{\mathrm{es}}k_{\mathrm{i,pll}}}\Delta v_{\mathrm{s,q}}^{\mathrm{es}} = Z_{\mathrm{pll}}\Delta v_{\mathrm{s,q}}^{\mathrm{es}} \tag{3-8}$$

考虑到锁相环动态，电气系统 dq 坐标系下和控制系统 dq 坐标系下的电压和电流 d 轴与 q 轴分量有如下关系：

$$\begin{bmatrix} \Delta v_{\mathrm{g,d}}^{\mathrm{cs}} \\ \Delta v_{\mathrm{g,q}}^{\mathrm{cs}} \end{bmatrix} = \begin{bmatrix} 0 & Z_{\mathrm{pll}}v_{\mathrm{g,q}}^{\mathrm{es}} \\ 0 & -Z_{\mathrm{pll}}v_{\mathrm{g,d}}^{\mathrm{es}} \end{bmatrix} \begin{bmatrix} \Delta v_{\mathrm{s,d}}^{\mathrm{es}} \\ \Delta v_{\mathrm{s,q}}^{\mathrm{es}} \end{bmatrix} + \begin{bmatrix} \Delta v_{\mathrm{g,d}}^{\mathrm{es}} \\ \Delta v_{\mathrm{g,q}}^{\mathrm{es}} \end{bmatrix} \tag{3-9}$$

$$\begin{bmatrix} \Delta i_{\mathrm{g,d}}^{\mathrm{cs}} \\ \Delta i_{\mathrm{g,q}}^{\mathrm{cs}} \end{bmatrix} = \begin{bmatrix} 0 & Z_{\mathrm{pll}}i_{\mathrm{g,q}}^{\mathrm{es}} \\ 0 & -Z_{\mathrm{pll}}i_{\mathrm{g,d}}^{\mathrm{es}} \end{bmatrix} \begin{bmatrix} \Delta v_{\mathrm{s,d}}^{\mathrm{es}} \\ \Delta v_{\mathrm{s,q}}^{\mathrm{es}} \end{bmatrix} + \begin{bmatrix} \Delta i_{\mathrm{g,d}}^{\mathrm{es}} \\ \Delta i_{\mathrm{g,q}}^{\mathrm{es}} \end{bmatrix} \tag{3-10}$$

其中，定义矩阵 $\boldsymbol{Z}_{\mathrm{vg}}$ 和 $\boldsymbol{Z}_{\mathrm{ig}}$ 如下：

$$\boldsymbol{Z}_{\mathrm{vg}} = \begin{bmatrix} 0 & Z_{\mathrm{pll}}v_{\mathrm{g,q}}^{\mathrm{es}} \\ 0 & -Z_{\mathrm{pll}}^{\mathrm{es}}v_{\mathrm{g,d}}^{\mathrm{es}} \end{bmatrix}, \quad \boldsymbol{Z}_{\mathrm{ig}} = \begin{bmatrix} 0 & Z_{\mathrm{pll}}i_{\mathrm{g,q}}^{\mathrm{es}} \\ 0 & -Z_{\mathrm{pll}}i_{\mathrm{g,d}}^{\mathrm{es}} \end{bmatrix} \tag{3-11}$$

综上，可以得到仅考虑电流内环的并网变流器 dq 坐标系下的阻抗模型：

$$\boldsymbol{Z}_{\mathrm{inv}} = \left(\mathbf{E} - \boldsymbol{G}_{\mathrm{del}}\boldsymbol{Z}_{\mathrm{c}}\boldsymbol{Z}_{\mathrm{ig}} + \boldsymbol{G}_{\mathrm{del}}\boldsymbol{Z}_{\mathrm{vg}}\right)^{-1}\left(\boldsymbol{G}_{\mathrm{del}}\boldsymbol{Z}_{\mathrm{c}} - \boldsymbol{Z}_{\mathrm{f}}\right) \tag{3-12}$$

式中，$\mathbf{E}$ 为单位矩阵。

类似于变流器滤波电路的小信号阻抗模型，可以得到电网侧电路在 dq 坐标系下的小信号阻抗模型为

$$\begin{bmatrix} \Delta v_{\mathrm{s,d}}^{\mathrm{es}} \\ \Delta v_{\mathrm{s,q}}^{\mathrm{es}} \end{bmatrix} = -\begin{bmatrix} R_{\mathrm{grid}} + sL_{\mathrm{grid}} & -\omega_{\mathrm{s}}L_{\mathrm{grid}} \\ \omega_{\mathrm{s}}L_{\mathrm{grid}} & R_{\mathrm{grid}} + sL_{\mathrm{grid}} \end{bmatrix} \begin{bmatrix} \Delta i_{\mathrm{g,d}}^{\mathrm{es}} \\ \Delta i_{\mathrm{g,q}}^{\mathrm{es}} \end{bmatrix} + \begin{bmatrix} \Delta v_{\mathrm{g,d}}^{\mathrm{es}} \\ \Delta v_{\mathrm{g,q}}^{\mathrm{es}} \end{bmatrix} \tag{3-13}$$

其中，定义矩阵 $\boldsymbol{Z}_{\mathrm{grid}}$ 如下：

$$\boldsymbol{Z}_{\mathrm{grid}} = -\begin{bmatrix} R_{\mathrm{grid}} + sL_{\mathrm{grid}} & -\omega_{\mathrm{s}}L_{\mathrm{grid}} \\ \omega_{\mathrm{s}}L_{\mathrm{grid}} & R_{\mathrm{grid}} + sL_{\mathrm{grid}} \end{bmatrix} \tag{3-14}$$

采用 dq 坐标系扫频的阻抗测量方法对推导得到的变流器侧阻抗模型 $\boldsymbol{Z}_{\mathrm{inv}}$ 进行检验。电网阻抗为 $0.5\ \Omega$，其余参数选取见表 3-1。按照并网变流器输出额定功率给定电流参考值。对比阻抗理论模型的结果与阻抗测量的结果，如图 3-3 所示。

变流器在单位功率因数工况下，无功功率为零，dq 通道和 qd 通道的阻抗幅值很小，在扫频对比中可以忽略。变流器阻抗理论模型和阻抗测量模型具有较好的贴合度，表明了本节介绍的含电流内环控制的变流器阻抗模型的准确性。

表 3-1 并网变流器系统参数

符号	描述	数值
v_{grid}	电网线电压	380V
ω_{s}	基波角频率	314rad/s
v_{dc}	直流电压	730V
P_{rated}	额定功率	25kW
R_{grid}	电网电阻	0.6Ω
L_{grid}	电网电感	10.7mH
R_{f}	滤波电阻	0.12Ω
L_{f}	滤波电感	6mH
f_{sw}	开关频率	20kHz
f_{sa}	采样频率	20kHz
k_{p}	电流控制比例系数	380
k_{i}	电流控制积分系数	10000
$k_{\text{p,pll}}$	锁相环比例系数	1.8
$k_{\text{i,pll}}$	锁相环积分系数	504

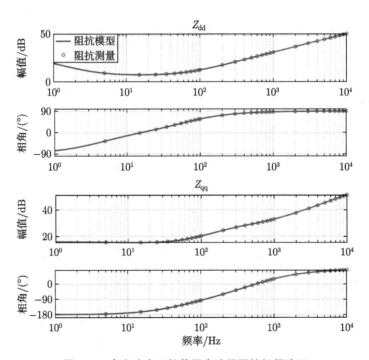

图 3-3 含电流内环的并网变流器阻抗扫频验证

3.2.2 含功率外环控制的变流器阻抗建模

变流器的外环控制包括功率控制、频率控制、电压控制等多种类型，通过这些外环控制策略，变流器能够显著提升运行效率和可靠性[31]。本节将主要对变流器的功率控制外环的阻抗模型进行分析和推导，其控制内环沿用 3.2 节中电流控制内环结构。变流器功率外环控制框图如图 3-4 所示，参考方向与图 3-1 中的变流器主电路一致，并网点功率为 P_s 和 Q_s，直流侧电压是恒定值 v_{dc}。

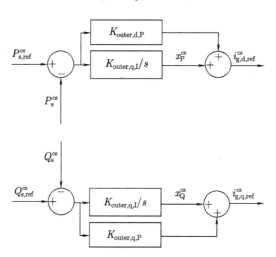

图 3-4 变流器功率外环控制框图

变流器采用电压定向矢量控制策略进行控制，对变流器功率外环控制回路的有功功率和无功功率进行计算：

$$P_s^{\mathrm{cs}} = 1.5(v_{s,d}^{\mathrm{cs}} i_{g,d}^{\mathrm{cs}} + v_{s,q}^{\mathrm{cs}} i_{g,q}^{\mathrm{cs}})$$
$$Q_s^{\mathrm{cs}} = 1.5(-v_{s,d}^{\mathrm{cs}} i_{g,q}^{\mathrm{cs}} + v_{s,q}^{\mathrm{cs}} i_{g,d}^{\mathrm{cs}})$$

$$(3\text{-}15)$$

在变流器的运行工作点处对变流器功率进行小信号线性化处理，得到式(3-16)。对其进行整理，形成矩阵计算形式，如式(3-17)所示：

$$\Delta P_s^{\mathrm{cs}} = 1.5(\Delta v_{s,d}^{\mathrm{cs}} i_{g,d} + v_{s,d} \Delta i_{g,d}^{\mathrm{cs}} + \Delta v_{s,q}^{\mathrm{cs}} i_{g,q} + v_{s,q} \Delta i_{g,q}^{\mathrm{cs}})$$
$$\Delta Q_s^{\mathrm{cs}} = 1.5(-\Delta v_{s,d}^{\mathrm{cs}} i_{g,q} - v_{s,d} \Delta i_{g,q}^{\mathrm{cs}} + \Delta v_{s,q}^{\mathrm{cs}} i_{g,d} + v_{s,q} \Delta i_{g,d}^{\mathrm{cs}})$$

$$(3\text{-}16)$$

$$\begin{bmatrix} \Delta P_s^{\mathrm{cs}} \\ \Delta Q_s^{\mathrm{cs}} \end{bmatrix} = \begin{bmatrix} 1.5 i_{g,d} & 1.5 i_{g,q} \\ -1.5 i_{g,q} & 1.5 i_{g,d} \end{bmatrix} \begin{bmatrix} \Delta v_{s,d}^{\mathrm{cs}} \\ \Delta v_{s,q}^{\mathrm{cs}} \end{bmatrix} + \begin{bmatrix} 1.5 v_{s,d} & 1.5 v_{s,q} \\ 1.5 v_{s,q} & 1.5 v_{s,d} \end{bmatrix} \begin{bmatrix} \Delta i_{g,d}^{\mathrm{cs}} \\ \Delta i_{g,q}^{\mathrm{cs}} \end{bmatrix}$$

$$(3\text{-}17)$$

其中，定义矩阵 $\boldsymbol{Z}_{\mathrm{is0}}$ 和 $\boldsymbol{Z}_{\mathrm{vs0}}$ 如下：

$$\boldsymbol{Z}_{\mathrm{is0}} = \begin{bmatrix} 1.5i_{\mathrm{g,d}} & 1.5i_{\mathrm{g,q}} \\ -1.5i_{\mathrm{g,q}} & 1.5i_{\mathrm{g,d}} \end{bmatrix}, \quad \boldsymbol{Z}_{\mathrm{vs0}} = \begin{bmatrix} 1.5v_{\mathrm{s,d}} & 1.5v_{\mathrm{s,q}} \\ 1.5v_{\mathrm{s,q}} & 1.5v_{\mathrm{s,d}} \end{bmatrix} \tag{3-18}$$

对变流器控制回路内外环公式进行整理，得到：

$$v_{\mathrm{g,d}}^{\mathrm{cs}} = \left(\left(P_{\mathrm{s,ref}}^{\mathrm{cs}} - P_{\mathrm{s}}^{\mathrm{cs}} \right) K_{\mathrm{outer,d}}(s) - i_{\mathrm{g,d}}^{\mathrm{cs}} \right) K_{\mathrm{inner,d}}(s) - L_{\mathrm{f}}\omega_{\mathrm{s}} i_{\mathrm{g,q}}^{\mathrm{cs}}$$

$$v_{\mathrm{g,q}}^{\mathrm{cs}} = \left(\left(Q_{\mathrm{s,ref}}^{\mathrm{cs}} - Q_{\mathrm{s}}^{\mathrm{cs}} \right) K_{\mathrm{outer,q}}(s) - i_{\mathrm{g,q}}^{\mathrm{cs}} \right) K_{\mathrm{inner,q}}(s) + L_{\mathrm{f}}\omega_{\mathrm{s}} i_{\mathrm{g,d}}^{\mathrm{cs}} \tag{3-19}$$

对其进行工作点处的小信号线性化处理，并整理为矩阵计算形式，得到：

$$\begin{bmatrix} \Delta v_{\mathrm{g,d}}^{\mathrm{cs}} \\ \Delta v_{\mathrm{g,q}}^{\mathrm{cs}} \end{bmatrix} = \begin{bmatrix} -K_{\mathrm{outer,d}}(s)K_{\mathrm{inner,d}}(s) & 0 \\ 0 & -K_{\mathrm{outer,q}}(s)K_{\mathrm{inner,q}}(s) \end{bmatrix} \begin{bmatrix} \Delta P_{\mathrm{s}}^{\mathrm{cs}} \\ \Delta Q_{\mathrm{s}}^{\mathrm{cs}} \end{bmatrix}$$

$$+ \begin{bmatrix} -K_{\mathrm{inner,d}}(s) & -L_{\mathrm{f}}\omega_{\mathrm{s}} \\ L_{\mathrm{f}}\omega_{\mathrm{s}} & -K_{\mathrm{inner,q}}(s) \end{bmatrix} \begin{bmatrix} \Delta i_{\mathrm{g,d}}^{\mathrm{cs}} \\ \Delta i_{\mathrm{g,q}}^{\mathrm{cs}} \end{bmatrix} \tag{3-20}$$

定义矩阵 $\boldsymbol{Z}_{\mathrm{out}}$ 和 $\boldsymbol{Z}_{\mathrm{gsc}}$ 如下：

$$\boldsymbol{Z}_{\mathrm{out}} = \begin{bmatrix} -K_{\mathrm{outer,d}}(s)K_{\mathrm{inner,d}}(s) & 0 \\ 0 & -K_{\mathrm{outer,q}}(s)K_{\mathrm{inner,q}}(s) \end{bmatrix} \tag{3-21}$$

$$\boldsymbol{Z}_{\mathrm{gsc}} = \begin{bmatrix} -K_{\mathrm{inner,d}}(s) & -L_{\mathrm{f}}\omega_{\mathrm{s}} \\ L_{\mathrm{f}}\omega_{\mathrm{s}} & -K_{\mathrm{inner,q}}(s) \end{bmatrix} \tag{3-22}$$

其中，

$$K_{\mathrm{inner,d}}(s) = K_{\mathrm{inner,q}}(s) = k_{\mathrm{p}} + k_{\mathrm{i}}/s \tag{3-23}$$

$$K_{\mathrm{outer,d}}(s) = K_{\mathrm{outer,q}}(s) = K_{\mathrm{outer,d,P}} + K_{\mathrm{outer,d,I}}/s \tag{3-24}$$

考虑锁相环的影响，根据式(3-9)和式(3-10)，控制系统和电气系统 dq 坐标系下的变流器端口电压和电流的进行计算关联如下：

$$\begin{bmatrix} \Delta v_{\mathrm{s,d}}^{\mathrm{cs}} \\ \Delta v_{\mathrm{s,q}}^{\mathrm{cs}} \end{bmatrix} = \begin{bmatrix} 0 & Z_{\mathrm{pll}}v_{\mathrm{s,q}}^{\mathrm{es}} \\ 0 & -Z_{\mathrm{pll}}v_{\mathrm{s,d}}^{\mathrm{es}} \end{bmatrix} \begin{bmatrix} \Delta v_{\mathrm{s,d}}^{\mathrm{es}} \\ \Delta v_{\mathrm{s,q}}^{\mathrm{es}} \end{bmatrix} + \begin{bmatrix} \Delta v_{\mathrm{s,d}}^{\mathrm{es}} \\ \Delta v_{\mathrm{s,q}}^{\mathrm{es}} \end{bmatrix} \tag{3-25}$$

其中，定义矩阵 $\boldsymbol{Z}_{\mathrm{vs}}$ 如下：

$$\boldsymbol{Z}_{\mathrm{vs}} = \begin{bmatrix} 0 & Z_{\mathrm{pll}}v_{\mathrm{s,q}}^{\mathrm{es}} \\ 0 & -Z_{\mathrm{pll}}v_{\mathrm{s,d}}^{\mathrm{es}} \end{bmatrix} \tag{3-26}$$

本章 3.2.1节中的式(3-2)对滤波器系统进行了计算，此处不再赘述。至此，已分析了包括电流控制内环与功率控制外环的变流器系统动态，其各组成部分表示为小信号的形式。进一步，变流器的阻抗公式可表示为并网点实际电气系统变量 $\Delta v_{s,dq}^{es}$ 和 $\Delta i_{g,dq}^{es}$ 的小信号关系式：

$$
(\mathbf{E} + \mathbf{Z}_{vg} - \mathbf{Z}_{out}\mathbf{Z}_{ig} - \mathbf{Z}_{out}\mathbf{Z}_{is0}\mathbf{Z}_{vs} - \mathbf{Z}_{out}\mathbf{Z}_{vs0}\mathbf{Z}_{ig}) \begin{bmatrix} \Delta v_{s,d}^{es} \\ \Delta v_{s,q}^{es} \end{bmatrix}
$$
$$
= (\mathbf{Z}_{gsc} + \mathbf{Z}_{out}\mathbf{Z}_{vs0} + \mathbf{Z}_g) \begin{bmatrix} \Delta i_{g,d}^{es} \\ \Delta i_{g,q}^{es} \end{bmatrix} \tag{3-27}
$$

本节的推导是基于电流向外的假设，但在转换为阻抗模型时，工程中常基于电流从外向内流对阻抗进行分析。因此，引入一个负号，得到阻抗表达式：

$$
\mathbf{Z}_{inv} = -(\mathbf{E} + \mathbf{Z}_{vg} - \mathbf{Z}_{out}\mathbf{Z}_{ig} - \mathbf{Z}_{out}\mathbf{Z}_{is0}\mathbf{Z}_{vs} - \mathbf{Z}_{out}\mathbf{Z}_{vs0}\mathbf{Z}_{ig})^{-1} (\mathbf{Z}_{gsc} + \mathbf{Z}_{out}\mathbf{Z}_{vs0} + \mathbf{Z}_g) \tag{3-28}
$$

对于考虑功率控制外环的并网变流器，将其阻抗理论模型的结果与阻抗测量的结果进行对比，如图 3-5 所示。图中含功率外环的逆变器阻抗模型与阻抗测量模型有高度一致性，表明本节介绍的含功率外环控制的变流器阻抗模型的准确性。

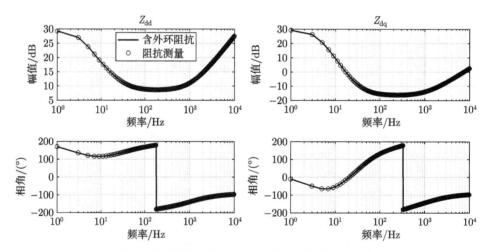

图 3-5　含功率外环的并网变流器阻抗扫频验证

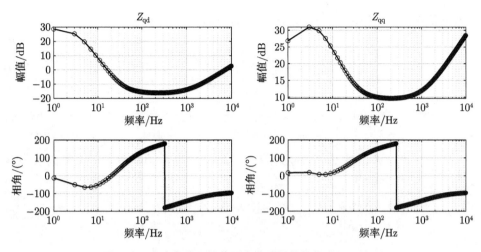

图 3-5　含功率外环的并网变流器阻抗扫频验证（续）

3.3　dq 阻抗法与其他常用阻抗分析方法的转换

在电力电子设备和系统的建模和稳定性分析中，不同的阻抗分析方法有其独特的适用场景和优势。通过讨论这些方法之间的转换关系，有助于统一理论基础，增强方法的灵活性和适用性。dq 阻抗法计算简单，物理意义较为明确，在稳定性分析领域得到广泛应用。为了进一步提升分析的实用性，了解 dq 阻抗法与其他常用阻抗分析方法的转换关系显得尤为重要。本节将重点讨论 dq 坐标系与 $\alpha\beta$ 坐标系之间的阻抗转换关系，以及状态空间法与 dq 阻抗法之间的转换。

3.3.1　dq 坐标系与 $\alpha\beta$ 坐标系的阻抗模型转换

在 $\alpha\beta$ 坐标系下，得益于谐波线性化方法的运用，阻抗分析展现出其独特的优势与灵活性。该方法不仅适配于三相平衡系统，还能有效应对不平衡或内部谐波成分复杂多变的系统场景[32]。通过 Clarke 变换，原本复杂的三相交流信号被转换为两个相互正交的交流分量。这一过程极大地简化了三相系统的分析复杂度，同时保留了系统的关键瞬时特性。这一转换不仅便于研究人员开展实时的动态分析，还能深入探究系统的瞬态响应特性，为优化系统设计提供了有力的分析工具。此外，在该坐标系下，频域分析与傅里叶变换的运用变得尤为便捷[33]。这不仅促进了控制算法设计的简化，还显著提升了系统的响应速度与控制精度，为风电场及其他电力系统的稳定运行与性能优化提供了坚实的理论基础与技术支撑。

在 dq 坐标系下，阻抗模型作为频域内的实矢量矩阵表述，精确反映了电力

电子设备在 dq 控制策略下的动态特性，具体通用表达式如下：

$$\begin{bmatrix} v_{\mathrm{d}} \\ v_{\mathrm{q}} \end{bmatrix} = \begin{bmatrix} Z_{\mathrm{dd}}(s) & Z_{\mathrm{dq}}(s) \\ Z_{\mathrm{qd}}(s) & Z_{\mathrm{qq}}(s) \end{bmatrix} \begin{bmatrix} i_{\mathrm{d}} \\ i_{\mathrm{q}} \end{bmatrix} \tag{3-29}$$

式中，s 作为复频域变量，其频率成分表征 dq 坐标系下的频率，与同步转速 ω_{s} 之间的相对偏差 $\omega - \omega_{\mathrm{s}}$。在理想对称系统条件下，频率耦合现象将不复存在。

在 dq 坐标系下的实矢量矩阵模型，可以变换为同坐标系下的复矢量矩阵模型：

$$\begin{bmatrix} \boldsymbol{v}_{\mathrm{dq}} \\ \boldsymbol{v}_{\mathrm{dq}}^* \end{bmatrix} = \begin{bmatrix} \boldsymbol{Z}_{+,\mathrm{dq}}(s) & \boldsymbol{Z}_{-,\mathrm{dq}}(s) \\ \boldsymbol{Z}_{-,\mathrm{dq}}^*(s) & \boldsymbol{Z}_{+,\mathrm{dq}}^*(s) \end{bmatrix} \begin{bmatrix} \boldsymbol{i}_{\mathrm{dq}} \\ \boldsymbol{i}_{\mathrm{dq}}^* \end{bmatrix} \tag{3-30}$$

其中，

$$\begin{aligned} \boldsymbol{Z}_{+,\mathrm{dq}}(s) &= \frac{Z_{\mathrm{dd}}(s) + Z_{\mathrm{qq}}(s)}{2} + \mathrm{j}\frac{Z_{\mathrm{qd}}(s) - Z_{\mathrm{dq}}(s)}{2}, \\ \boldsymbol{Z}_{-,\mathrm{dq}}(s) &= \frac{Z_{\mathrm{dd}}(s) - Z_{\mathrm{qq}}(s)}{2} + \mathrm{j}\frac{Z_{\mathrm{qd}}(s) + Z_{\mathrm{dq}}(s)}{2} \end{aligned} \tag{3-31}$$

$$\begin{aligned} \boldsymbol{Z}_{+,\mathrm{dq}}^*(s) &= \frac{Z_{\mathrm{dd}}(s) + Z_{\mathrm{qq}}(s)}{2} - \mathrm{j}\frac{Z_{\mathrm{qd}}(s) - Z_{\mathrm{dq}}(s)}{2}, \\ \boldsymbol{Z}_{-,\mathrm{dq}}^*(s) &= \frac{Z_{\mathrm{dd}}(s) - Z_{\mathrm{qq}}(s)}{2} - \mathrm{j}\frac{Z_{\mathrm{qd}}(s) + Z_{\mathrm{dq}}(s)}{2} \end{aligned} \tag{3-32}$$

式中，$\boldsymbol{v}_{\mathrm{dq}} = v_{\mathrm{d}} + \mathrm{j}v_{\mathrm{q}}$、$\boldsymbol{i}_{\mathrm{dq}} = i_{\mathrm{d}} + \mathrm{j}i_{\mathrm{q}}$ 分别为 dq 坐标系下的电压和电流；s 为 dq 坐标系下的频率，表征 $\omega - \omega_{\mathrm{s}}$ 频率下的响应特性；$\boldsymbol{v}_{\mathrm{dq}}^*$ 和 $\boldsymbol{i}_{\mathrm{dq}}^*$ 是 $\boldsymbol{v}_{\mathrm{dq}}$ 和 $\boldsymbol{i}_{\mathrm{dq}}$ 的复共轭，表示 $\omega_{\mathrm{s}} - \omega$ 频率下的响应特性。模型中的共轭量间接地反映了系统频率耦合现象。

如果系统是对称的，则不存在频率耦合，反映在 dq 复矢量阻抗模型上即为 $\boldsymbol{Z}_{-,\mathrm{dq}}(s) = 0$。由于 dq 复矢量阻抗模型中不会出现共轭分量，复矢量矩阵模型由式 (3-30) 变为式 (3-33)：

$$\boldsymbol{v}_{\mathrm{dq}} = \boldsymbol{Z}_{+,\mathrm{dq}}(s)\, \boldsymbol{i}_{\mathrm{dq}} \tag{3-33}$$

其中，

$$\boldsymbol{Z}_{+,\mathrm{dq}}(s) = Z_{\mathrm{dd}}(s) + \mathrm{j}Z_{\mathrm{qd}}(s) \tag{3-34}$$

变流器的 dq 坐标系下的复矢量矩阵模型可以进一步变换到 $\alpha\beta$ 坐标系，可得：

$$\begin{bmatrix} v_{\alpha\beta} \\ \mathrm{e}^{\mathrm{j}2\theta} v_{\alpha\beta}^* \end{bmatrix} = \begin{bmatrix} \boldsymbol{Z}_{+,\alpha\beta}(s) & \boldsymbol{Z}_{-,\alpha\beta}(s) \\ \boldsymbol{Z}_{-,\alpha\beta}^*(s) & \boldsymbol{Z}_{+,\alpha\beta}^*(s) \end{bmatrix} \begin{bmatrix} i_{\alpha\beta} \\ \mathrm{e}^{\mathrm{j}2\theta} i_{\alpha\beta}^* \end{bmatrix} \tag{3-35}$$

其中，$\alpha\beta$ 坐标系下阻抗与 dq 坐标系下阻抗转换关系为

$$\boldsymbol{Z}_{+,\alpha\beta}(s) = Z_{+,\mathrm{dq}}(s-\mathrm{j}\omega_\mathrm{s}), \quad \boldsymbol{Z}_{-,\alpha\beta}(s) = Z_{-\mathrm{dq}}(s-\mathrm{j}\omega_\mathrm{s}) \tag{3-36}$$

$$\boldsymbol{Z}_{+,\alpha\beta}^*(s) = Z_{+,\mathrm{dq}}^*(s-\mathrm{j}\omega_\mathrm{s}), \quad \boldsymbol{Z}_{-,\alpha\beta}^*(s) = Z_{-,\mathrm{dq}}^*(s-\mathrm{j}\omega_\mathrm{s}) \tag{3-37}$$

式中，$\theta = \omega_\mathrm{s}t + \varphi_1$，$\varphi_1$ 为 PCC 电压初始角度。综上所述，dq 坐标系下阻抗公式(3-29)可由式(3-35)~ 式(3-37)转换至 $\alpha\beta$ 坐标系下。

由于 θ 的影响，式(3-35)中电压和电流复矢量中包含时域分量 t。可以通过拉普拉斯变换进行时频域转换，消除时域变量 t 对频域分析的影响，将式(3-35)转换为以下形式：

$$\begin{bmatrix} \boldsymbol{V}_{\alpha\beta}(s) \\ \boldsymbol{V}_{\alpha\beta}^*(s-\mathrm{j}2\omega_\mathrm{s}) \end{bmatrix} = \begin{bmatrix} \boldsymbol{Z}_{+,\alpha\beta}(s) & \boldsymbol{Z}_{-,\alpha\beta}(s)\mathrm{e}^{\mathrm{j}2\varphi_1} \\ \boldsymbol{Z}_{-,\alpha\beta}^*(s)\mathrm{e}^{-\mathrm{j}2\varphi_1} & \boldsymbol{Z}_{+,\alpha\beta}^*(s) \end{bmatrix} \begin{bmatrix} \boldsymbol{I}_{\alpha\beta}(s) \\ \boldsymbol{I}_{\alpha\beta}^*(s-\mathrm{j}2\omega_\mathrm{s}) \end{bmatrix}$$
$$\tag{3-38}$$

式中，s 为 $\alpha\beta$ 坐标系下的频域算子。从上述的频率变换过程可以得到，对于一个正序频率为 ω 的物理量，它所耦合出来的是频率为 $\omega - 2\omega_\mathrm{s}$ 的物理量。至此，可实现 dq 坐标系下阻抗向 $\alpha\beta$ 坐标系下阻抗转换。

阻抗在 dq 坐标系和极坐标系下均存在耦合特性，其矩阵是二维的。考虑耦合的二维阻抗不方便现场阻抗测量，也难以使用 SISO 系统稳定判据。因此，以下结合电网阻抗，构造一维的阻抗形式。

电网侧 dq 坐标系下的阻抗模型如式 (3-13) 所示。依照上面的过程，可以将其变换到 $\alpha\beta$ 坐标系下得到复矢量阻抗模型，如下所示：

$$\begin{bmatrix} \boldsymbol{V}_{\alpha\beta}(s) \\ \boldsymbol{V}_{\alpha\beta}^*(s-\mathrm{j}2\omega_\mathrm{s}) \end{bmatrix} = \begin{bmatrix} R_{\mathrm{grid}} + sL_{\mathrm{grid}} & 0 \\ 0 & R_{\mathrm{grid}} + (s-\mathrm{j}2\omega_\mathrm{s})L_{\mathrm{grid}} \end{bmatrix} \begin{bmatrix} \boldsymbol{I}_{\alpha\beta}(s) \\ \boldsymbol{I}_{\alpha\beta}^*(s-\mathrm{j}2\omega_\mathrm{s}) \end{bmatrix}$$
$$\tag{3-39}$$

定义：

$$\boldsymbol{Z}_{+,\mathrm{grid},\alpha\beta}(s) = R_{\mathrm{grid}} + sL_{\mathrm{grid}} \tag{3-40}$$

$$\boldsymbol{Z}_{-,\mathrm{grid},\alpha\beta}(s) = R_{\mathrm{grid}} + (s-\mathrm{j}2\omega_\mathrm{s})L_{\mathrm{grid}} \tag{3-41}$$

结合式 (3-38) 和式 (3-39)，可以推导得到分别在 ω 和 $\omega - 2\omega_\mathrm{s}$ 两个频率下的变流器 SISO 模型：

$$\boldsymbol{Z}_{\mathrm{vsc}}^\mathrm{s}(s) = \frac{\boldsymbol{V}_{\alpha\beta}(s)}{\boldsymbol{I}_{\alpha\beta}(s)} = \boldsymbol{Z}_{+,\alpha\beta}(s) + \frac{\boldsymbol{Z}_{-,\alpha\beta}(s)\,\mathrm{e}^{\mathrm{j}2\varphi_1}\boldsymbol{Z}_{-,\alpha\beta}^*(s)\,\mathrm{e}^{-\mathrm{j}2\varphi_1}}{\boldsymbol{Z}_{-,\mathrm{grid},\alpha\beta}(s) - \boldsymbol{Z}_{+,\alpha\beta}^*(s)} \tag{3-42}$$

$$\boldsymbol{Z}_{\mathrm{vsc}}^{\mathrm{s-j}2\omega_\mathrm{s}}(s) = \frac{\boldsymbol{V}_{\alpha\beta}^*(s-\mathrm{j}2\omega_\mathrm{s})}{\boldsymbol{I}_{\alpha\beta}^*(s-\mathrm{j}2\omega_\mathrm{s})} = \boldsymbol{Z}_{+,\alpha\beta}^*(s) + \frac{\boldsymbol{Z}_{-,\alpha\beta}(s)\mathrm{e}^{\mathrm{j}2\varphi_1}\boldsymbol{Z}_{-,\alpha\beta}^*(s)\mathrm{e}^{-\mathrm{j}2\varphi_1}}{\boldsymbol{Z}_{+,\mathrm{grid},\alpha\beta}(s) - \boldsymbol{Z}_{+,\alpha\beta}(s)} \tag{3-43}$$

3.3.2 不同坐标系下阻抗转换实例分析

对 3.2.1 节中仅含电流控制内环的变流器进行 $\alpha\beta$ 坐标系下的扫频分析，模型参数见表 3-2。注入正序三相对称谐波电压，对 PCC 处电压电流的 $\alpha\beta$ 分量进行快速傅里叶分析。计算扰动频率下的扫频阻抗，与理论推导的阻抗模型式 (3-42) 进行对比。理论结合和扫频结果具有较好的一致性，证明理论阻抗模型具有较高的准确性。

表 3-2　$\alpha\beta$ 坐标系阻抗分析并网变流器系统参数

符号	描述	数值
v_{grid}	电网线电压	380V
ω_{s}	基波角频率	314rad/s
R_{grid}	电网电阻	0.504Ω
L_{grid}	电网电感	9.1mH
R_{f}	滤波电阻	0.12Ω
L_{f}	滤波电感	6mH
f_{sw}	开关频率	20kHz
f_{sa}	采样频率	20kHz
k_{p}	电流控制比例系数	380
k_{i}	电流控制积分系数	10000
$k_{\text{p,pll}}$	锁相环比例系数	1.5
$k_{\text{i,pll}}$	锁相环积分系数	130

图 3-6 所示为扰动频率下不含锁相环的解耦阻抗模型扫频。该图表明，转换到 $\alpha\beta$ 坐标系下阻抗与 dq 坐标系下通过扫频分析获得的阻抗高度重合。证明从 dq 坐标系到 $\alpha\beta$ 坐标系的阻抗转换方法有良好的准确性。

进一步地，图 3-7 所示为扰动频率下含锁相环的解耦阻抗模型扫频。由于锁相环的引入，系统模型在 $\alpha\beta$ 坐标系下表现出了一定的耦合特性 [见式 (3-42) 右侧]，这使得阻抗分析变得更加复杂。然而，通过扫频分析与理论推导的对比，两种坐标系下的阻抗在主要特征上能够基本对应，100Hz 内阻抗差异由耦合问题导致，可认为本节所介绍的阻抗模型转换方法在面对实际系统复杂动态时的有效性和准确性。

3.3.3 状态空间方程与 dq 坐标系下阻抗方程的转换

状态空间法提供了一个统一的数学框架，能够同时描述系统的动态行为和输入输出关系。状态空间法特别适合 MIMO 系统的问题处理，在这些系统中，各个输入和输出之间的相互关系复杂，通过状态空间法可以进行系统化的分析和设计。风力发电系统普遍存在非线性特性，状态空间方法展现了其独特的处理优势。将状态空间模型转换为频域形式，便于开展频域分析工作。频域分析可以直观地揭示系统的频率响应特性，并据此计算出输入阻抗与输出阻抗等关键电气参数。

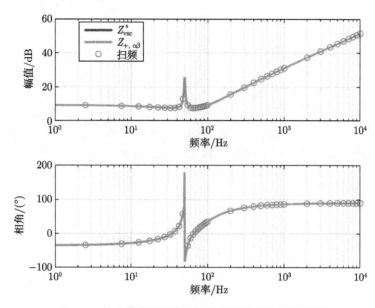

图 3-6 扰动频率下不含锁相环的解耦阻抗模型扫频

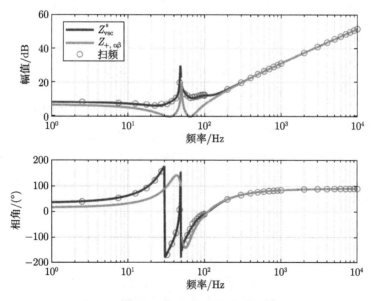

图 3-7 扰动频率下含锁相环的解耦阻抗模型扫频

针对图 3-1 所示的并网变流器，其时域小信号状态空间方程可以表示为如下的通用形式：

$$\Delta \dot{x} = A\Delta x + B\Delta u$$
$$\Delta y = C\Delta x \tag{3-44}$$

其中，输入矩阵 Δu 和输出矩阵 Δy 定义为

$$\Delta u = \left[\begin{array}{c} \Delta v_{s,d}^{es} \\ \Delta v_{s,q}^{es} \end{array} \right], \qquad \Delta y = \left[\begin{array}{c} \Delta i_{g,d}^{es} \\ \Delta i_{g,q}^{es} \end{array} \right] \tag{3-45}$$

式中，Δu 为 PCC 处电压小扰动的 dq 轴分量 $\Delta v_{s,d}^{es}$ 和 $\Delta v_{s,q}^{es}$；Δy 为 PCC 处电流小扰动的 dq 轴分量 $\Delta i_{g,d}^{es}$ 和 $\Delta i_{g,q}^{es}$。

对式(3-44)进行拉普拉斯变换，整理可得：

$$\Delta Y(s) = C(s\mathbf{E} - A)^{-1}B\Delta U(s) \tag{3-46}$$

其中，定义 Y_{tr} 为状态空间方程到导纳的转换矩阵：

$$Y_{tr} = C(s\mathbf{E} - A)^{-1}B \tag{3-47}$$

3.3.4 状态空间转阻抗实例及分析

针对 3.2 节中描述的仅含电流控制内环的变流器，本节推导了其状态空间方程。进一步，进行了状态空间矩阵与阻抗矩阵转换的实例分析。首先，基于变流器的电气和控制特性，构建其状态空间方程，以精确描述系统的动态行为。为避免章节冗余，本节未给出详细的表达式。其次，在稳态工作点附近，对非线性方程实施线性化处理，以简化分析并聚焦于小信号特性。最后，利用状态空间方程到导纳的转换矩阵表达式(3-47)，计算得到系统阻抗模型。

列写式(3-44)给出的状态空间方程，需要确定状态空间变量。针对含电流控制内环的变流器，设置其状态空间变量为

$$x = \left[\begin{array}{cccccc} \Delta x_{\omega}^{cs} & \theta & \Delta x_{id}^{cs} & \Delta x_{iq}^{cs} & \Delta i_{g,d}^{es} & \Delta i_{g,q}^{es} \end{array} \right]^{T} \tag{3-48}$$

式中，Δx_{ω}^{cs} 为锁相环 PI 环节中积分环节状态变量，如图 3-1 所示；Δx_{id}^{cs} 和 Δx_{iq}^{cs} 为电流控制内环 dq 轴 PI 环节中积分环节状态变量，如图 3-2 所示。

根据 3.2.1 节的讨论，电网角度测量值和实际值存在一个角度动态偏差。考虑锁相环动态，电气系统和控制系统下的 PCC 电压满足如下关系式：

$$
\begin{bmatrix} \Delta v_{s,d}^{cs} \\ \Delta v_{s,q}^{cs} \end{bmatrix} = \begin{bmatrix} \cos\Delta\theta & \sin\Delta\theta \\ -\sin\Delta\theta & \cos\Delta\theta \end{bmatrix} \begin{bmatrix} \Delta v_{g,d}^{es} \\ \Delta v_{g,q}^{es} \end{bmatrix}
$$
$$
\begin{bmatrix} \Delta i_{g,d}^{cs} \\ \Delta i_{g,q}^{cs} \end{bmatrix} = \begin{bmatrix} \cos\Delta\theta & \sin\Delta\theta \\ -\sin\Delta\theta & \cos\Delta\theta \end{bmatrix} \begin{bmatrix} \Delta i_{g,d}^{es} \\ \Delta i_{g,q}^{es} \end{bmatrix}
\tag{3-49}
$$

根据图 3-1 所示的锁相环原理图可以得到锁相环的方程：

$$
\frac{\mathrm{d}\Delta x_\omega^{cs}}{\mathrm{d}t} = k_{i,pll}\Delta v_{s,q}^{cs} \tag{3-50}
$$

$$
\frac{\mathrm{d}\theta}{\mathrm{d}t} = k_{p,pll}\Delta v_{s,q}^{cs} + \Delta x_\omega^{cs} \tag{3-51}
$$

基于图 3-2 所示的电流内环控制系统框图可以得到下列电流和电压公式：

$$
\frac{\mathrm{d}\Delta x_{id}^{cs}}{\mathrm{d}t} = k_i\left(\Delta i_{g,d,ref}^{cs} - \Delta i_{g,d}^{cs}\right) \tag{3-52}
$$

$$
\frac{\mathrm{d}\Delta x_{iq}^{cs}}{\mathrm{d}t} = k_i\left(\Delta i_{g,q,ref}^{cs} - \Delta i_{g,q}^{cs}\right) \tag{3-53}
$$

$$
\Delta v_{g,d}^{cs} = -k_p\left(\Delta i_{g,d,ref}^{cs} - \Delta i_{g,d}^{cs}\right) - \Delta x_{id}^{cs} + \omega_s L_f\Delta i_{g,q}^{cs} \tag{3-54}
$$

$$
\Delta v_{g,q}^{cs} = -k_p\left(\Delta i_{g,q,ref}^{cs} - \Delta i_{g,q}^{cs}\right) - \Delta x_{iq}^{cs} + \omega_s L_f\Delta i_{g,d}^{cs} \tag{3-55}
$$

变流器控制环节输出电压经过 Park 反变换处理，得到实际电气环节电压。因此电压实际值的获得需要经过如下公式：

$$
\begin{bmatrix} \Delta v_{g,d}^{es} \\ \Delta v_{g,q}^{es} \end{bmatrix} = \begin{bmatrix} \cos\Delta\theta & -\sin\Delta\theta \\ \sin\Delta\theta & \cos\Delta\theta \end{bmatrix} \begin{bmatrix} \Delta v_{s,d}^{cs} \\ \Delta v_{s,q}^{cs} \end{bmatrix} \tag{3-56}
$$

参考图 3-1 所示的变流器主电路拓扑结构，可以得到主电路小信号方程：

$$
\frac{\mathrm{d}\Delta i_{g,d}^{es}}{\mathrm{d}t} = \frac{1}{L_f}\left(\Delta v_{g,d}^{es} - \Delta v_{s,d}^{es} - R_f\Delta i_{g,d}^{es} + \omega_s L_f\Delta i_{g,q}^{es}\right) \tag{3-57}
$$

$$
\frac{\mathrm{d}\Delta i_{g,q}^{es}}{\mathrm{d}t} = \frac{1}{L_f}\left(\Delta v_{g,q}^{es} - \Delta v_{s,q}^{es} - R_f\Delta i_{g,q}^{es} - \omega_s L_f\Delta i_{g,d}^{es}\right) \tag{3-58}
$$

基于以上在稳态运行工作点处线性化的公式，可以得到如下变流器并网状态空间表达式：

$$\frac{\mathrm{d}\Delta \boldsymbol{x}}{\mathrm{d}t} = \boldsymbol{A}\Delta \boldsymbol{x} + \boldsymbol{B}\left[\begin{array}{c} \Delta v_{\mathrm{s,d}}^{\mathrm{es}} \\ \Delta v_{\mathrm{s,q}}^{\mathrm{es}} \end{array}\right]$$

$$\left[\begin{array}{c} \Delta i_{\mathrm{g,d}}^{\mathrm{es}} \\ \Delta i_{\mathrm{g,q}}^{\mathrm{es}} \end{array}\right] = \boldsymbol{C}\Delta \boldsymbol{x} \tag{3-59}$$

其中，$\boldsymbol{A}$、$\boldsymbol{B}$ 和 $\boldsymbol{C}$ 矩阵分别为

$$\boldsymbol{A} = \left[\begin{array}{cccccc} 0 & -v_{\mathrm{g,d}}^{\mathrm{es}}k_{\mathrm{i,pll}} & 0 & 0 & 0 & 0 \\ 1 & -v_{\mathrm{g,d}}^{\mathrm{es}}k_{\mathrm{p,pll}} & 0 & 0 & 0 & 0 \\ 0 & -i_{\mathrm{g,q}}^{\mathrm{es}}k_{\mathrm{i}} & 0 & 0 & -k_{\mathrm{i}} & 0 \\ 0 & i_{\mathrm{g,d}}^{\mathrm{es}}k_{\mathrm{i}} & 0 & 0 & 0 & -k_{\mathrm{i}} \\ 0 & \dfrac{v_{\mathrm{g,q}}^{\mathrm{es}} - \omega_{\mathrm{s}}L_{\mathrm{f}}i_{\mathrm{g,d}}^{\mathrm{es}} - i_{\mathrm{g,q}}^{\mathrm{es}}k_{\mathrm{p}}}{L_{\mathrm{f}}} & \dfrac{1}{L_{\mathrm{f}}} & 0 & \dfrac{-k_{\mathrm{p}} - R_{\mathrm{f}}}{L_{\mathrm{f}}} & \omega - \omega_{\mathrm{s}} \\ 0 & \dfrac{-v_{\mathrm{g,d}}^{\mathrm{es}} + \omega_{\mathrm{s}}L_{\mathrm{f}}i_{\mathrm{g,q}}^{\mathrm{es}} - i_{\mathrm{g,d}}^{\mathrm{es}}k_{\mathrm{p}}}{L_{\mathrm{f}}} & 0 & \dfrac{1}{L_{\mathrm{f}}} & \omega_{\mathrm{s}} - \omega & \dfrac{-k_{\mathrm{p}} - R_{\mathrm{f}}}{L_{\mathrm{f}}} \end{array}\right] \tag{3-60}$$

$$\boldsymbol{B} = \left[\begin{array}{cc} 0 & k_{\mathrm{i,pll}} \\ 0 & k_{\mathrm{p,pll}} \\ 0 & 0 \\ 0 & 0 \\ \dfrac{1}{L_{\mathrm{f}}} & 0 \\ 0 & \dfrac{1}{L_{\mathrm{f}}} \end{array}\right], \qquad \boldsymbol{C} = \left[\begin{array}{cccccc} 0 & 0 & 0 & 0 & 1 & 0 \\ 0 & 0 & 0 & 0 & 0 & 1 \end{array}\right] \tag{3-61}$$

针对 3.2.1 节中只考虑电流控制内环的并网变流器，将其状态空间方程按照式(3-47)转换得到 dq 坐标系下的阻抗模型。对比转换得到的阻抗模型和直接推导得到的 dq 坐标系下的阻抗模型，结果如图 3-8 所示。图中直接推导得到的 dq 阻抗与转换得到的阻抗在全频段均表现出高度一致性，表明本节讨论的 dq 阻抗与状态空间模型转换的正确性。由于变流器电流内环控制具有解耦特性，且单位功率因数的情况下无功功率为零。因此，本工况下的 dq 通道下 Z_{dq} 项阻抗和 qd 通道下 Z_{qd} 项阻抗幅值很小。其中 Z_{qd} 项由于阻抗数值过小，在仿真分析中不必考虑。

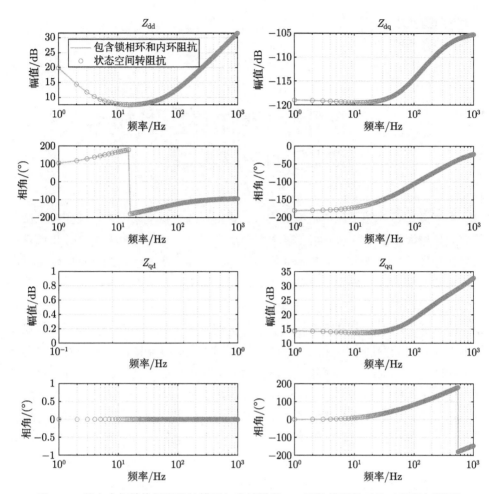

图 3-8　状态空间转换所得阻抗模型与直接推导 dq 阻抗模型的对比（见彩色插页）

第 4 章

双馈风电机组阻抗全 ←←←
动态阻抗模型

本书第 1 章介绍了风电机组的构成，特别对风力机空气动力学模型与机械系统双质量块模型做了特别介绍；第 2 章介绍了阻抗扫描的理论方法；第 3 章对小信号建模和阻抗构造的理论基础进行了论述，与前一章所示的扫频对比后可检验阻抗构造的准确性。至此，我们已经搭建起了阻抗模型分析的框架。

双馈感应发电机（Doubly Fed Induction Generator, DFIG）具有换流容量小、成本低、发电能力灵活等优点，目前得到了广泛应用。由于不同厂家的双馈风力发电系统的控制参数和电路参数可能不同，会导致双馈风力发电系统的动态特性存在差异。因此，深入分析双馈风力发电系统的稳定性变得越来越重要。本章构建双馈风电机组的全动态阻抗模型。阻抗模型考虑的全动态体现在以下两个方面：第一，该阻抗建模框架具有通用性和模块化设计特点，考虑了不同的控制模式，如电磁转矩控制和桨距角调节。第二，考虑电气和机械系统的耦合，对转速、桨距动态进行了深入分析，使得所介绍的阻抗具备了分析低频振荡的能力。

本章具体安排如下：4.1 节和 4.2 节将介绍基于双馈风电机组的工作原理和网侧变流器小信号模型。4.3 节将介绍双馈感应发电机小信号建模。4.4 节将考虑不同的运行模式，并介绍其通用小信号模型。4.5 节构建了机组整体阻抗模型。4.6 节将用扫频结果验证所建立的阻抗模型，并研究了不同风速下双馈风电机组的阻抗特性。

4.1 双馈风电机组的基本工作原理

双馈风电机组是非全功率型，其电路拓扑和控制框图如图 4-1所示。定子直接连接至公共连接点（PCC）的变压器，转子由双向背对背变换器系统供电。采用矢量控制技术，网侧变流器（Grid Side Converter, GSC）调节直流侧电压，转子侧变流器（Rotor Side Converter, RSC）负责有功功率或转子转速的控制。电气系统中变量的实际值用上标"es"表示，而控制系统的变量用上标"cs"表示。对于图 4-1 中所示的 DFIG 系统，可以在各种仿真软件的元件库中找到相应的模型。这些模型非常适用于测试和分析系统时域行为。针对频域响应特性，本章介绍的小信号模型和系统阻抗是评估风力机并网稳定性至关重要的手段。

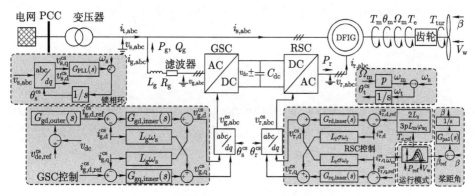

图 4-1 双馈风电机组的电路拓扑和控制框图

4.1.1 空气动力学和传动链动态方程

风电机组的基本工作原理和数学模型已在第 1 章作了介绍，这里仅作简述。根据空气动力学模型，机械转矩 T_{tur} 可表示为风速和桨距角的函数：

$$T_{\text{tur}} = \frac{1}{2}\pi\rho r^3 V_{\text{w}}^2 C_{\text{T}}(\lambda, \beta) \tag{4-1}$$

式中，r 为叶片长度；V_{w} 为风速；λ 为叶尖速比；$C_{\text{T}}(\lambda, \beta)$ 为转矩系数。转矩系数与功率系数 $C_{\text{P}}(\lambda, \beta)$ 相关，满足 $C_{\text{P}}(\lambda, \beta) = \lambda C_{\text{T}}(\lambda, \beta)$。风力机功率曲线 $C_{\text{P}}(\lambda, \beta)$ 可表示为如下通用形式：

$$C_{\text{P}}(\lambda, \beta) = k_1 \left(\frac{k_2}{\lambda + k_8\beta} - k_3\beta - k_4\beta^{k_5} - k_6 \right) e^{\frac{k_7}{\lambda + k_8\beta}} \tag{4-2}$$

式中，$k_1 \sim k_8$ 是常数，由制造商根据现场测试数据拟合得到 [34]。

双馈风力机含有齿轮箱，用于连接高速轴和低速轴。从高速轴视角分析传动链动态，机械系统的双质量块模型的运动方程如下所示：

$$J_{\text{t}}\frac{\mathrm{d}\Omega_{\text{t}}}{\mathrm{d}t} = T_{\text{tur}}/N - T_{\text{tm}} - D_{\text{t}}\Omega_{\text{t}} \tag{4-3}$$

$$J_{\text{m}}\frac{\mathrm{d}\Omega_{\text{m}}}{\mathrm{d}t} = T_{\text{tm}} + T_{\text{e}} - D_{\text{m}}\Omega_{\text{m}} \tag{4-4}$$

$$\frac{\mathrm{d}T_{\mathrm{tm}}}{\mathrm{d}t} = K_{\mathrm{tm}}(\Omega_{\mathrm{t}} - \Omega_{\mathrm{m}}) + D_{\mathrm{tm}}\left(\frac{\mathrm{d}\Omega_{\mathrm{t}}}{\mathrm{d}t} - \frac{\mathrm{d}\Omega_{\mathrm{m}}}{\mathrm{d}t}\right) \tag{4-5}$$

式中，N 为齿轮箱传动比；Ω_{t} 和 Ω_{m} 分别为风力机高速轴转速和发电机转速；惯量 J_{t} 涉及风力机侧质量；而 J_{m} 涉及电机侧质量；K_{tm} 和 D_{tm} 为在两个惯性体之间柔性耦合的刚度系数和阻尼系数；摩擦系数 D_{t} 和 D_{m} 则反映了旋转运动中摩擦造成的机械损失。

4.1.2 双馈风电机组的不同运行模式

风力机可在最大功率点跟踪（Maximum Power Point Tracking，MPPT）模式或减载模式下运行，如图 4-2 所示。在 MPPT 模式下，通过调节电磁转矩可使 DFIG 以优化转速 $\omega_{\mathrm{m,opt}}$ 运行，实现风能的最大化利用。

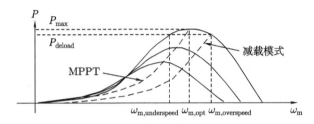

图 4-2　不同运行模式下的功率与转速关系

风力机也可在非最大功率点运行，以支持电网频率和有功功率调节。为此，可采用减载操作，其可通过电磁转矩控制或桨距角控制来实现。由于桨距角控制存在执行器响应慢、无动能积累、造成叶片磨损等缺点，电磁转矩控制相对于桨距角控制通常具有更高的优先级。

4.2　网侧变流器小信号模型

在第 3 章中，详细介绍了采用矢量控制变流器的阻抗建模方法，为 DFIG 的阻抗建模和稳定性分析提供了重要的参考和指导。在 dq 坐标系下，变量统一定义为

$$\boldsymbol{x}_{\mathrm{dq}} = \begin{bmatrix} x_{\mathrm{d}} & x_{\mathrm{q}} \end{bmatrix}^{\mathrm{T}} \tag{4-6}$$

式中，x 表示变量，如电压和电流。

4.2.1 锁相环及 Park 变换

同步参考坐标系锁相环（Synchronous-Reference Frame Phase Locked Loop, SRF-PLL）是应用最广泛的电压相位跟踪方法。如图 4-1 所示，q 轴上的电压 $v_{\mathrm{s,q}}^{\mathrm{cs}}$ 由 $G_{\mathrm{PLL}}(s)$ 调节以进行相位跟踪。非对称控制方案使得阻抗模型在旋转 dq 坐标系下具有非对称性。由于小信号干扰通常不会导致饱和，因此锁相环不考虑饱和模块。

锁相环在稳态下能很好地同步电压相位。然而，电压相位在扰动下无法精确同步，导致电压相位的偏差 $\Delta\theta_{\mathrm{s}}^{\mathrm{es}}$。将图 4-1 中的锁相环线性化得到电压相位：

$$\Delta\theta_{\mathrm{s}}^{\mathrm{es}} = H_{\mathrm{PLL}}(s)\Delta v_{\mathrm{s,q}}^{\mathrm{es}} \tag{4-7}$$

其中，

$$H_{\mathrm{PLL}}(s) = \frac{G_{\mathrm{PLL}}(s)}{s + v_{\mathrm{s,d}}^{\mathrm{es}} G_{\mathrm{PLL}}(s)} \tag{4-8}$$

若锁相环中 $G_{\mathrm{PLL}}(s)$ 使用 PI 控制策略，则 SRF-PLL 线性化为二阶动态系统。

电压相位的偏差 $\Delta\theta_{\mathrm{s}}^{\mathrm{es}}$ 涉及 Park 变换。在不失通用性的前提下，以 $v_{\mathrm{s,abc}}$ 的 Park 变换为例。电气系统中的实际扰动 $\Delta v_{\mathrm{s,dq}}^{\mathrm{es}}$ 影响到控制系统的 $\Delta v_{\mathrm{s,dq}}^{\mathrm{cs}}$，其关系式满足

$$\Delta \boldsymbol{v}_{\mathrm{s,dq}}^{\mathrm{cs}} = \Delta \boldsymbol{v}_{\mathrm{s,dq}}^{\mathrm{es}} + \Delta\theta_{\mathrm{s}}^{\mathrm{es}} \begin{bmatrix} 0 & v_{\mathrm{s,q}}^{\mathrm{es}} \\ 0 & -v_{\mathrm{s,d}}^{\mathrm{es}} \end{bmatrix} \tag{4-9}$$

将式(4-7)代入式(4-9)中，得到：

$$\Delta \boldsymbol{v}_{\mathrm{s,dq}}^{\mathrm{cs}} = \Delta \boldsymbol{v}_{\mathrm{s,dq}}^{\mathrm{es}} + \boldsymbol{G}_{\mathrm{vs}}\Delta \boldsymbol{v}_{\mathrm{s,dq}}^{\mathrm{es}} \tag{4-10}$$

其中，

$$\boldsymbol{G}_{\mathrm{vs}} = \begin{bmatrix} 0 & H_{\mathrm{PLL}} v_{\mathrm{s,q}}^{\mathrm{es}} \\ 0 & -H_{\mathrm{PLL}} v_{\mathrm{s,d}}^{\mathrm{es}} \end{bmatrix} \tag{4-11}$$

在式(4-10)中，$\boldsymbol{G}_{\mathrm{vs}}\Delta \boldsymbol{v}_{\mathrm{s,dq}}^{\mathrm{es}}$ 表示 SRF-PLL 的动态行为，$\boldsymbol{G}_{\mathrm{vs}}$ 受定子电压稳态工作点影响。

上述分析以 $v_{\mathrm{s,abc}}$ 的 Park 变换为例，推广到一般的形式，Park 变换的小信号模型可描述为

$$\Delta \boldsymbol{x}_{\mathrm{dq}}^{\mathrm{cs}} = \Delta \boldsymbol{x}_{\mathrm{dq}}^{\mathrm{es}} + \boldsymbol{G}_{x}\Delta \boldsymbol{v}_{\mathrm{s,dq}}^{\mathrm{es}} \tag{4-12}$$

其中，

$$G_x = H_{\text{PLL}} \begin{bmatrix} 0 & x_{\text{q}}^{\text{es}} \\ 0 & -x_{\text{d}}^{\text{es}} \end{bmatrix} \tag{4-13}$$

式中，Park 变换的一般模型考虑了锁相环的动态特性，建立了电气系统变量与控制系统变量之间的桥梁。

4.2.2　主电路小信号模型

参考图 4-1 中 GSC 的交流端，流经滤波器 R_{g} 和 L_{g} 的电流为 $i_{\text{g,abc}}$，滤波器端电压为 $v_{\text{g,abc}}$ 和 $v_{\text{s,abc}}$。由此，GSC 滤波器在 dq 坐标系中的小信号模型如下：

$$\Delta v_{\text{s,dq}}^{\text{es}} = Z_{\text{g}} \Delta i_{\text{g,dq}}^{\text{es}} + \Delta v_{\text{g,dq}}^{\text{es}} \tag{4-14}$$

其中，

$$Z_{\text{g}} = - \begin{bmatrix} R_{\text{g}} + sL_{\text{g}} & -L_{\text{g}}\omega_{\text{s}} \\ L_{\text{g}}\omega_{\text{s}} & R_{\text{g}} + sL_{\text{g}} \end{bmatrix} \tag{4-15}$$

直流端电压 v_{dc} 会影响变换器的交流端子电压，并最终影响系统阻抗，所以要考虑其动态特性。直流电压的小信号模型如下所示：

$$\Delta v_{\text{dc}} = Z_{\text{vg0}} \Delta i_{\text{g,dq}}^{\text{es}} + Z_{\text{ig0}} \Delta v_{\text{g,dq}}^{\text{es}} + Z_{\text{vr0}} \Delta i_{\text{r,dq}}^{\text{es}} + Z_{\text{ir0}} \Delta v_{\text{r,dq}}^{\text{es}} \tag{4-16}$$

其中，

$$\Delta v_{\text{dc}} = \begin{bmatrix} \Delta v_{\text{dc}} & 0 \end{bmatrix}^{\text{T}} \tag{4-17}$$

$$Z_{\text{vg0}} = \frac{-3}{2sC_{\text{dc}}v_{\text{dc}}} \begin{bmatrix} v_{\text{g,d}}^{\text{es}} & v_{\text{g,q}}^{\text{es}} \\ 0 & 0 \end{bmatrix}, Z_{\text{ig0}} = \frac{-3}{2sC_{\text{dc}}v_{\text{dc}}} \begin{bmatrix} i_{\text{g,d}}^{\text{es}} & i_{\text{g,q}}^{\text{es}} \\ 0 & 0 \end{bmatrix} \tag{4-18}$$

$$Z_{\text{vr0}} = \frac{-3}{2sC_{\text{dc}}v_{\text{dc}}} \begin{bmatrix} v_{\text{r,d}}^{\text{es}} & v_{\text{r,q}}^{\text{es}} \\ 0 & 0 \end{bmatrix}, Z_{\text{ir0}} = \frac{-3}{2sC_{\text{dc}}v_{\text{dc}}} \begin{bmatrix} i_{\text{r,d}}^{\text{es}} & i_{\text{r,q}}^{\text{es}} \\ 0 & 0 \end{bmatrix} \tag{4-19}$$

4.2.3　控制器的小信号模型

网侧变流器 GSC 采用矢量控制，如图 4-1 所示。内环电流控制器调节 $i_{\text{g,dq}}^{\text{cs}}$ 跟随电流参考值 $i_{\text{g,dq,ref}}^{\text{cs}}$，而外部回路负责直流电压控制。因此，GSC 控制系统的小信号模型如下所示：

$$\Delta v_{\text{g,dq}}^{\text{cs}} = Z_{\text{gic}} \Delta i_{\text{g,dq}}^{\text{cs}} + G_{\text{gsc,outer}} \Delta v_{\text{dc}} \tag{4-20}$$

其中，

$$\boldsymbol{Z}_{\text{gic}} = - \begin{bmatrix} G_{\text{gd,inner}}(s) & L_{\text{g}}\omega_{\text{s}} \\ -L_{\text{g}}\omega_{\text{s}} & G_{\text{gq,inner}}(s) \end{bmatrix} \qquad (4\text{-}21)$$

$$\boldsymbol{G}_{\text{gsc,outer}} = \begin{bmatrix} -G_{\text{gd,outer}}(s)G_{\text{d,inner}}(s) & 0 \\ 0 & 1 \end{bmatrix} \qquad (4\text{-}22)$$

式中，$\boldsymbol{Z}_{\text{gic}}$ 和 $\boldsymbol{G}_{\text{gsc,outer}}$ 为与内外环 PI 控制参数相关的矩阵；$\Delta\boldsymbol{v}_{\text{dc}}$ 由式(4-17)给出；参考图 4-1 中的 GSC 控制器，$G_{\text{gd,inner}}(s)$ 和 $G_{\text{gq,inner}}(s)$ 为内环电流控制传递函数；$G_{\text{gd,outer}}(s)$ 为直流电压控制传递函数；$L_{\text{g}}\omega_{\text{s}}$ 和 $-L_{\text{g}}\omega_{\text{s}}$ 为旋转坐标系下矢量控制的解耦项。

4.3 双馈感应发电机及机侧变流器小信号模型

本节将推导旋转坐标系下双馈感应发电机和机侧变流器的小信号模型，并考虑转子转速和桨距角动态特性。通过对涡轮-转子相互作用过程进行小信号建模，小信号模型涵盖了电气和机械系统之间的耦合。

4.3.1 双馈感应发电机小信号模型

双馈感应发电机在 dq 坐标系下的等效电路图如图 4-3 所示。以下为双馈感应发电机定子侧电路方程的小信号模型，定子电压 $\Delta\boldsymbol{v}_{\text{s,dq}}^{\text{es}}$ 表示为定子电流 $\Delta\boldsymbol{i}_{\text{s,dq}}^{\text{es}}$ 和转子电流 $\Delta\boldsymbol{i}_{\text{r,dq}}^{\text{es}}$ 的函数：

$$\Delta\boldsymbol{v}_{\text{s,dq}}^{\text{es}} = \boldsymbol{Z}_{\text{ess}}\Delta\boldsymbol{i}_{\text{s,dq}}^{\text{es}} + \boldsymbol{Z}_{\text{esr}}\Delta\boldsymbol{i}_{\text{r,dq}}^{\text{es}} \qquad (4\text{-}23)$$

其中，

$$\boldsymbol{Z}_{\text{ess}} = \begin{bmatrix} R_{\text{s}} + sL_{\text{s}} & -L_{\text{s}}\omega_{\text{s}} \\ L_{\text{s}}\omega_{\text{s}} & R_{\text{s}} + sL_{\text{s}} \end{bmatrix} \qquad (4\text{-}24)$$

$$\boldsymbol{Z}_{\text{esr}} = \begin{bmatrix} sL_{\text{m}} & -\omega_{\text{s}}L_{\text{m}} \\ \omega_{\text{s}}L_{\text{m}} & sL_{\text{m}} \end{bmatrix} \qquad (4\text{-}25)$$

式中，$L_{\text{s}} = L_{\text{ls}} + L_{\text{m}}$ 为定子电感；ω_{s} 为定子电压的角频率。

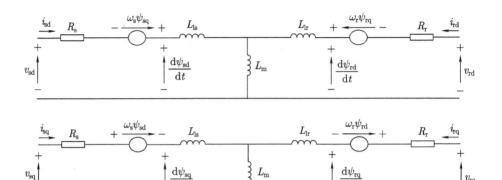

图 4-3 双馈感应发电机在 dq 坐标系下的等效电路图

考虑到风力机转速在实际运行中是变化的，双馈感应发电机转子侧小信号模型需计及转子转速的动态特性。转子转速 ω_{m} 与转子绕组电压和电流的角频率 ω_{r} 的关系为 $\omega_{\mathrm{r}} = \omega_{\mathrm{s}} - \omega_{\mathrm{m}}$，相应的小信号模型为

$$\Delta\omega_{\mathrm{r}} = -\Delta\omega_{\mathrm{m}} \tag{4-26}$$

为了表示转子动态特性，将转子绕组电压和电流的角速度 ω_{r} 的小信号定义为

$$\Delta\boldsymbol{W}_{\mathrm{r,dq}} = \begin{bmatrix} \Delta\omega_{\mathrm{r}} & \Delta\omega_{\mathrm{r}} \end{bmatrix}^{\mathrm{T}} \tag{4-27}$$

式中，$\Delta\omega_{\mathrm{r}}$ 由后续 4.3.3 节中的风力机和转子相互作用过程获得。

考虑双馈感应发电机转子的动态特性，转子电压 $v_{\mathrm{r,dq}}^{\mathrm{es}}$ 可用转子电流 $i_{\mathrm{r,dq}}^{\mathrm{es}}$、定子电流 $i_{\mathrm{s,dq}}^{\mathrm{es}}$ 和角速度 ω_{r} 的函数来表示。因此，双馈感应发电机转子侧电路方程的小信号模型为

$$\Delta\boldsymbol{v}_{\mathrm{r,dq}}^{\mathrm{es}} = \boldsymbol{Z}_{\mathrm{err}}\Delta\boldsymbol{i}_{\mathrm{r,dq}}^{\mathrm{es}} + \boldsymbol{Z}_{\mathrm{ers}}\Delta\boldsymbol{i}_{\mathrm{s,dq}}^{\mathrm{es}} + \boldsymbol{G}_{\mathrm{w}}\Delta\boldsymbol{W}_{\mathrm{r,dq}} \tag{4-28}$$

其中，

$$\boldsymbol{Z}_{\mathrm{err}} = \begin{bmatrix} R_{\mathrm{r}} + sL_{\mathrm{r}} & -L_{\mathrm{r}}\omega_{\mathrm{r}} \\ L_{\mathrm{r}}\omega_{\mathrm{r}} & R_{\mathrm{r}} + sL_{\mathrm{r}} \end{bmatrix} \tag{4-29}$$

$$\boldsymbol{Z}_{\mathrm{ers}} = \begin{bmatrix} sL_{\mathrm{m}} & -\omega_{\mathrm{r}}L_{\mathrm{m}} \\ \omega_{\mathrm{r}}L_{\mathrm{m}} & sL_{\mathrm{m}} \end{bmatrix} \tag{4-30}$$

$$\boldsymbol{G}_{\mathrm{w}} = \begin{bmatrix} -L_{\mathrm{r}}i_{\mathrm{r,q}}^{\mathrm{es}} - L_{\mathrm{m}}i_{\mathrm{s,q}}^{\mathrm{es}} & 0 \\ 0 & L_{\mathrm{r}}i_{\mathrm{r,d}}^{\mathrm{es}} + L_{\mathrm{m}}i_{\mathrm{s,d}}^{\mathrm{es}} \end{bmatrix} \tag{4-31}$$

式中，$L_r = L_{lr} + L_m$ 为转子电感；ω_r 为转子绕组电压和电流的角频率。由于在式(4-28) 中考虑了转子转速的动态特性，这更有利于双馈风电机组宽频动态性能评估，尤其是有助于提高低频段分析的准确性。

4.3.2　机侧变流器小信号模型

机侧变流器 RSC 的控制图如图 4-1 所示。采用双环控制，内环调节转子电流，外环进行电磁转矩控制。与 GSC 控制器相比，RSC 考虑了桨距角和转速的动态特性。

电磁转矩 T_e 与定子磁链和转子电流有关，其表达式如下：

$$T_e = \frac{3}{2}p\frac{L_m}{L_s}\left(\psi_{sq}i_{rd} - \psi_{sd}i_{rq}\right) \tag{4-32}$$

式中，p 为磁极对数；ψ_{sd} 和 ψ_{sq} 为定子磁通。由于锁相环采用电网电压定向，可得 $\psi_{sd} \approx 0$ 和 $\psi_{sq} \approx -\hat{V}_s/\omega_s$。上述电磁转矩表达式可简化为

$$T_e = \frac{3}{2}p\frac{L_m}{L_s}\left(\psi_{sq}i_{rd}\right) \tag{4-33}$$

进一步，可得直轴电流参考值的小信号模型：

$$\Delta i_{r,d,ref}^{cs} = \Delta T_{e,ref}/\left(\frac{3}{2}p\frac{L_m}{L_s}\psi_{sq}\right) \tag{4-34}$$

式中，$\Delta T_{e,ref}$ 为电磁转矩参考值的小信号；磁通 $\psi_{sq} \approx -\hat{V}_s/\omega_s$。结果表明，电流参考值小信号 $\Delta i_{r,d,ref}^{cs}$ 与转矩参考值小信号 $\Delta T_{e,ref}$ 成正比，比例系数取决于稳态工作点和主电路参数。

如图 4-1 所示，电流内环 q 轴分量的电流参考值 $i_{r,q,ref}^{cs}$ 是常量，其小信号为 $\Delta i_{r,q,ref}^{cs} = 0$。结合式(4-34) 中的电流参考值 $\Delta i_{r,d,ref}^{cs}$，电流内环控制的参考信号为

$$\Delta i_{rdq,ref}^{cs} = G_{rsc,iref}\Delta T_{e,ref} \tag{4-35}$$

其中，

$$G_{rsc,iref} = \begin{bmatrix} \dfrac{2L_s}{3pL_m\psi_{sq}} & 0 \\ 0 & 0 \end{bmatrix} \tag{4-36}$$

值得注意的是，电磁转矩的小信号 $\Delta T_{e,ref}$ 可能因风力发电机的运行模式而异。$\Delta T_{e,ref}$ 的详细建模将在 4.4.1 节中介绍。

已知内环电流控制的参考值小信号表达式(4-35)，进一步计算内环电流控制的小信号模型。RSC 的内环电流控制类似于 GSC 的内环电流控制，如图 4-1 所示。主要区别之一是角频率 ω_{r} 的动态行为涉及解耦项 $L_{\mathrm{r}}\sigma\omega_{\mathrm{r}}$。电感 $L_{\mathrm{r}}\sigma$ 为转子的瞬态电感，等于 $L_{\mathrm{r}}+L_{\mathrm{m}}^2/L_{\mathrm{s}}$，它是将并联磁化产生的转子漏感和定子漏感串联的结果。

电流内环控制回路的输入为定子电流 $\boldsymbol{i}_{\mathrm{r,dq}}^{\mathrm{cs}}$ 及其参考值 $\boldsymbol{i}_{\mathrm{rdq,ref}}^{\mathrm{cs}}$，输出为 RSC 的交流端电压。考虑转子转速 $\Delta\boldsymbol{W}_{\mathrm{r,dq}}$ 的动态行为，内环电流控制的小信号如下所示：

$$\Delta\boldsymbol{v}_{\mathrm{r,dq}}^{\mathrm{cs}}=\boldsymbol{Z}_{\mathrm{rsc,inner}}\Delta\boldsymbol{i}_{\mathrm{r,dq}}^{\mathrm{cs}}+\boldsymbol{Z}_{\mathrm{rsc,innerPI}}\Delta\boldsymbol{i}_{\mathrm{rdq,ref}}^{\mathrm{cs}}-\boldsymbol{G}_{\mathrm{innerwr}}\Delta\boldsymbol{W}_{\mathrm{r,dq}} \tag{4-37}$$

其中，

$$\boldsymbol{Z}_{\mathrm{rsc,inner}}=-\begin{bmatrix} G_{\mathrm{rd,inner}}(s) & L_{\mathrm{r}}\sigma\omega_{\mathrm{r}} \\ -L_{\mathrm{r}}\omega_{\mathrm{r}}\sigma & G_{\mathrm{rq,inner}}(s) \end{bmatrix} \tag{4-38}$$

$$\boldsymbol{Z}_{\mathrm{rsc,innerPI}}=\begin{bmatrix} G_{\mathrm{rd,inner}}(s) & 0 \\ 0 & G_{\mathrm{rq,inner}}(s) \end{bmatrix} \tag{4-39}$$

$$\boldsymbol{G}_{\mathrm{innerwr}}=\begin{bmatrix} L_{\mathrm{r}}\sigma i_{\mathrm{r,q}}^{\mathrm{cs}} & 0 \\ -L_{\mathrm{r}}\sigma i_{\mathrm{r,d}}^{\mathrm{cs}} & 0 \end{bmatrix} \tag{4-40}$$

4.3.3　机械动态小信号模型

式(4-28) 和式(4-37) 中的转子速度动态行为取决于风力机-转子相互作用过程。这个过程可由一个双质量块模型的运动方程描述，它是机械转矩和电磁转矩的函数。在此基础上，分别建立机械转矩 T_{tur}、电磁转矩 T_{e} 及其相互作用过程的小信号模型。

风力机的空气动力学模型在 4.1.1 节中给出。参考式(4-1) ～ 式(4-2)，风力机机械转矩的小信号模型 ΔT_{tur} 由下式给出：

$$\begin{aligned} \Delta T_{\mathrm{tur}}=&\frac{1}{2}\pi\rho r^3\left(V_{\mathrm{w}}^2\frac{\partial C_{\mathrm{T}}}{\partial\omega_{\mathrm{m}}}\Delta\omega_{\mathrm{m}}+V_{\mathrm{w}}^2\frac{\partial C_{\mathrm{T}}}{\partial\beta}\Delta\beta\right)+\\ &\frac{1}{2}\pi\rho r^3\left(2C_{\mathrm{T}}V_{\mathrm{w}}+\frac{\partial C_{\mathrm{T}}}{\partial V_{\mathrm{w}}}V_{\mathrm{w}}^2\right)\Delta V_{\mathrm{w}} \end{aligned} \tag{4-41}$$

其中，风力机机械转矩的小信号涉及桨距角 β 的动态行为。参考图 4-1，桨距角执行器的传递函数为 $G_{\mathrm{pa1}}(s)/s$。对桨距角执行器进行线性化，可得：

$$\Delta\beta = \frac{G_{\mathrm{pa1}}(s)}{G_{\mathrm{pa1}}(s)+s}\Delta\beta_{\mathrm{ref}} \tag{4-42}$$

式中，β_{ref} 为桨距角参考值，不同运行模式下的桨距角参考值将在 4.4 节中讨论。

针对式(4-32) 中的电磁转矩 T_{e}，线性化可得：

$$\Delta T_{\mathrm{e}} = \frac{3}{2}p\frac{L_{\mathrm{m}}}{L_{\mathrm{s}}}\left(i_{\mathrm{rd}}\Delta\psi_{\mathrm{sq}}+\psi_{\mathrm{sq}}\Delta i_{\mathrm{rd}}-i_{\mathrm{rq}}\Delta\psi_{\mathrm{sd}}-\psi_{\mathrm{sd}}\Delta i_{\mathrm{rq}}\right) \tag{4-43}$$

其中，磁通的小信号为

$$\Delta\psi_{\mathrm{sd}} = L_{\mathrm{s}}\Delta i_{\mathrm{sd}} + L_{\mathrm{m}}\Delta i_{\mathrm{rd}} \tag{4-44}$$

$$\Delta\psi_{\mathrm{sq}} = L_{\mathrm{s}}\Delta i_{\mathrm{sq}} + L_{\mathrm{m}}\Delta i_{\mathrm{rq}} \tag{4-45}$$

将式(4-44)和式(4-45)代入式(4-43)，得到电磁转矩小信号模型：

$$\Delta\boldsymbol{T}_{\mathrm{e,dq}} = \boldsymbol{G}_{\mathrm{Te1}}\Delta\boldsymbol{i}_{\mathrm{s,dq}}^{\mathrm{es}} + \boldsymbol{G}_{\mathrm{Te2}}\Delta\boldsymbol{i}_{\mathrm{r,dq}}^{\mathrm{es}} \tag{4-46}$$

其中，

$$\Delta\boldsymbol{T}_{\mathrm{e,dq}} = \begin{bmatrix} \Delta T_{\mathrm{e}} & \Delta T_{\mathrm{e}} \end{bmatrix}^{\mathrm{T}} \tag{4-47}$$

$$\boldsymbol{G}_{\mathrm{Te1}} = \frac{3}{2}p\frac{L_{\mathrm{m}}}{L_{\mathrm{s}}}\begin{bmatrix} -L_{\mathrm{s}}i_{\mathrm{rq}} & L_{\mathrm{s}}i_{\mathrm{rd}} \\ -L_{\mathrm{s}}i_{\mathrm{rq}} & L_{\mathrm{s}}i_{\mathrm{rd}} \end{bmatrix} \tag{4-48}$$

$$\boldsymbol{G}_{\mathrm{Te2}} = \frac{3}{2}p\frac{L_{\mathrm{m}}}{L_{\mathrm{s}}}\begin{bmatrix} \psi_{\mathrm{sq}}-L_{\mathrm{m}}i_{\mathrm{rq}} & L_{\mathrm{m}}i_{\mathrm{rd}}-\psi_{\mathrm{sd}} \\ \psi_{\mathrm{sq}}-L_{\mathrm{m}}i_{\mathrm{rq}} & L_{\mathrm{m}}i_{\mathrm{rd}}-\psi_{\mathrm{sd}} \end{bmatrix} \tag{4-49}$$

因此，$\Delta\boldsymbol{T}_{\mathrm{e,dq}}$ 是定子电流小信号 $\Delta\boldsymbol{i}_{\mathrm{s,dq}}^{\mathrm{es}}$ 和转子电流小信号 $\Delta\boldsymbol{i}_{\mathrm{r,dq}}^{\mathrm{es}}$ 的函数。相应的传递函数 $\boldsymbol{G}_{\mathrm{Te1}}$ 和 $\boldsymbol{G}_{\mathrm{Te2}}$ 取决于双馈风电机组的稳态工作点和电路参数。

式(4-41) 中机械转矩 ΔT_{tur} 和式(4-46) 中电磁转矩 ΔT_{e} 的相互作用影响转子速度的动态特性。机械-电磁动态过程可由式(4-3)～ 式(4-5) 所示的运动方程表示。将双质量块模型的运动方程线性化，可得：

$$J_{\mathrm{t}}\frac{\mathrm{d}\Delta\varOmega_{\mathrm{t}}}{\mathrm{d}t} = \Delta T_{\mathrm{tur}}/N - \Delta T_{\mathrm{tm}} - D_{\mathrm{t}}\Delta\varOmega_{\mathrm{t}} \tag{4-50}$$

$$\frac{J_{\mathrm{m}}}{p}\frac{\mathrm{d}\Delta\omega_{\mathrm{m}}}{\mathrm{d}t} = \Delta T_{\mathrm{tm}} + \Delta T_{\mathrm{e}} - D_{\mathrm{m}}\frac{\Delta\omega_{\mathrm{m}}}{p} \tag{4-51}$$

$$\frac{\mathrm{d}\Delta T_{\mathrm{tm}}}{\mathrm{d}t} = K_{\mathrm{tm}}\left(\Delta\Omega_{\mathrm{t}} - \frac{\Delta\omega_{\mathrm{m}}}{p}\right) + D_{\mathrm{tm}}\left(\frac{\mathrm{d}\Delta\Omega_{\mathrm{t}}}{\mathrm{d}t} - \frac{\mathrm{d}\Delta\omega_{\mathrm{m}}}{p\mathrm{d}t}\right) \tag{4-52}$$

考虑到式(4-41) 中的 ΔT_{tur} 和恒定风速，对式(4-50)～ 式(4-52)进行拉普拉斯变换，整理可得：

$$\Delta\omega_{\mathrm{m}} = \frac{p}{J_{\mathrm{m}}}\frac{1}{s + \tau_{\mathrm{t}}(s)}\Delta T_{\mathrm{e}} + \frac{\left(\dfrac{K_{\mathrm{tm}}}{s} + D_{\mathrm{tm}}\right)\dfrac{\pi\rho r^3 V_{\mathrm{w}}^2}{2N}\dfrac{\partial C_{\mathrm{T}}}{\partial\beta}}{\left[J_{\mathrm{t}}s - \dfrac{\pi\rho r^3 V_{\mathrm{w}}^2}{2N}\dfrac{\partial C_{\mathrm{T}}}{\partial\Omega_{\mathrm{t}}} + \left(\dfrac{K_{\mathrm{tm}}}{s} + D_{\mathrm{tm}}\right) + D_{\mathrm{t}}\right]}\frac{\Delta\beta}{s + \tau_{\mathrm{t}}(s)} \tag{4-53}$$

其中，定义指标 $\tau_{\mathrm{t}}(s)$ 以评估 ΔT_{e} 和 $\Delta\beta_{\mathrm{ref}}$ 对转子角速度 $\Delta\omega_{\mathrm{m}}$ 的影响：

$$\tau_{\mathrm{t}}(s) = \frac{-J_{\mathrm{m}}\left(\dfrac{K_{\mathrm{tm}}}{s} + D_{\mathrm{tm}}\right)^2}{\left[J_{\mathrm{t}}s - \dfrac{\pi\rho r^3 V_{\mathrm{w}}^2}{2N}\dfrac{\partial C_{\mathrm{T}}}{\partial\Omega_{\mathrm{t}}} + \left(\dfrac{K_{\mathrm{tm}}}{s} + D_{\mathrm{tm}}\right) + D_{\mathrm{t}}\right]} + J_{\mathrm{m}}\left(\frac{K_{\mathrm{tm}}}{s} + D_{\mathrm{tm}}\right) + J_{\mathrm{m}}D_{\mathrm{m}} \tag{4-54}$$

式中，$\tau_{\mathrm{t}}(s)$ 主要受传动链参数、风速 V_{w} 和风力机转速 Ω_{t} 的影响。

4.4 不同运行模式的通用小信号模型

风电机组可在 MPPT 模式或减载模式下运行，如图 4-2 所示。这些模式可以通过电磁转矩控制或桨距角控制来实现，参见 4.1.1 节末尾的讨论。电磁转矩和桨距角在不同工作模式下的参考值将在 4.4.1 节和 4.4.2 节中推导，并分别建立了通用的参考值模型。

4.4.1 不同运行模式下电磁转矩小信号通用模型

电磁转矩参考值由转速控制给出，如图 4-4 所示。控制器 $G_{\mathrm{wm}}(s)$ 调节转子速度 ω_{m}，其输出值为电磁转矩参考值 $T_{\mathrm{e,ref}}$。电磁转矩参考值受其额定值 $T_{\mathrm{e,rated}}$ 限制，转子速度参考 $\omega_{\mathrm{m,ref}}$ 需限制在 $\omega_{\mathrm{m,min}} \sim \omega_{\mathrm{m,max}}$ 的范围内，以避免与风塔发生共振和过载损坏。考虑到恒定风速，转子速度参考的小信号为 $\Delta\omega_{\mathrm{m,ref}} = 0$。在正常运行范围内，电磁转矩参考值小信号模型如下所示：

$$\Delta T_{\mathrm{e,ref}} = -G_{\mathrm{wm}}(s)\Delta\omega_{\mathrm{m}} \tag{4-55}$$

值得注意的是，当电磁转矩参考值达到其额定值 $T_{\mathrm{e,rated}}$ 时，参考值变为常数。在这种情况下，$\Delta T_{\mathrm{e,ref}} = 0$，可令 $G_{\mathrm{wm}}(s) = 0$ 以保证式(4-55)的通用性。

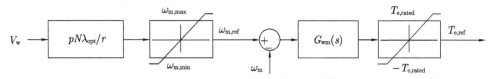

图 4-4 电磁转矩参考值的控制环节

4.4.2 不同运行模式下桨距角小信号模型

在风速较大时，为限制有功功率和转矩，通常需要启动桨距角调节功能。图4-5显示了桨距角控制器和执行器的框图[34]。执行器采用通用开环传递函数 $G_{\mathrm{pa1}}(s)/s$ 建模。控制器依据所需转子旋转速度计算出参考桨距角 β_{ref}。桨距角参考值通常由调节转子速度的控制器 $G_{\mathrm{pa2}}(s)$ 获得。

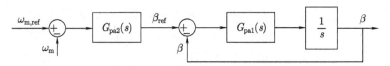

图 4-5 桨距角控制器和执行器的框图

桨距角参考值的小信号模型表示如下：

$$\Delta\beta_{\mathrm{ref}} = -G_{\mathrm{pa2}}(s)\Delta\omega_{\mathrm{m}} \tag{4-56}$$

值得注意的是，可采用恒定桨距角参考值，即 $G_{\mathrm{pa2}}(s) = 0$，$\Delta\beta_{\mathrm{ref}} = 0$。将式(4-56)代入式(4-42) 中，得到桨距角控制器和执行器的小信号模型：

$$\Delta\beta = \frac{-G_{\mathrm{pa1}}(s)G_{\mathrm{pa2}}(s)}{G_{\mathrm{pa1}}(s) + s}\Delta\omega_{\mathrm{m}} \tag{4-57}$$

将式(4-57)代入式(4-53) 中，并考虑式(4-26)，得到桨距角调节的风力机-转子相互作用过程：

$$\Delta\omega_{\mathrm{r}} = -\frac{p/J_{\mathrm{m}}}{\tau_\omega(s) + s}\Delta T_{\mathrm{e}} \tag{4-58}$$

定义指标 $\tau_\omega(s)$ 如下：

$$\tau_\omega(s) = J_{\mathrm{m}}\left(\frac{K_{\mathrm{tm}}}{s} + D_{\mathrm{tm}}\right) + J_{\mathrm{m}}D_{\mathrm{m}} +$$

$$\frac{\dfrac{\pi\rho r^3 V_{\mathrm{w}}^2}{2N}\dfrac{\partial C_{\mathrm{T}}}{\partial \beta}\dfrac{G_{\mathrm{pa1}}(s)G_{\mathrm{pa2}}(s)}{G_{\mathrm{pa1}}(s)+s} - J_{\mathrm{m}}\left(\dfrac{K_{\mathrm{tm}}}{s} + D_{\mathrm{tm}}\right)}{\dfrac{s}{K_{\mathrm{tm}}+sD_{\mathrm{tm}}}\left(J_{\mathrm{t}}s - \dfrac{\pi\rho r^3 V_{\mathrm{w}}^2}{2N}\dfrac{\partial C_{\mathrm{T}}}{\partial \Omega_{\mathrm{t}}} + \dfrac{K_{\mathrm{tm}}}{s} + D_{\mathrm{tm}} + D_{\mathrm{t}}\right)} \tag{4-59}$$

值得注意的是，桨距角控制未使能时，$\partial C_{\mathrm{T}}/\partial\beta = 0$，此时 $\tau_\omega(s)$ 退化为 $\tau_{\mathrm{t}}(s)$，见式(4-54)。

4.5 构造风电机组整体阻抗

将 4.3 节和 4.4 节中介绍的主电路和控制器的小信号模型综合成一个紧凑的整体阻抗模型。该整体模型适用于风电机组的各种运行模式。

4.5.1 风电机组小信号整体模型

双馈风电机组的综合小信号模型如图 4-6 所示。在定义的 $\Delta \boldsymbol{W}_{\mathrm{r,dq}}$ 中考虑了转子绕组中电压和电流的角频率 ω_{r} 的动态特性。桨距角 β 的动态行为包含在所定义的 $\tau_\omega(s)$ 中。该整体小信号模型展示了双馈风电机组的关键动态特性。

所介绍的整体小信号模型是紧凑的，考虑了风电机组不同的运行模式。不同的运行模式通常由桨距角控制和电磁转矩控制来决定，如 4.1.1 节和 4.4 节所述。桨距角的动态特性由 $\tau_\omega(s)$ 描述，见式(4-58) 和式(4-59)。电磁转矩控制的动态行为由 $G_{\mathrm{wm}}(s)$ 刻画，见式(4-55)。因此，不同运行模式的动态特性由 $\tau_\omega(s)$ 和 $G_{\mathrm{wm}}(s)$ 刻画，而整体小信号模型的其余部分对于各种运行模式是相同的。这种通用小信号模型为构造不同运行模式和运行点下的风电场阻抗提供了良好的基础。

4.5.2 构造双馈风电机组整体阻抗

双馈风电机组输出电流 $i_{\mathrm{sys,abc}}$ 由定子电流 $i_{\mathrm{s,abc}}$ 和 GSC 输出电流 $i_{\mathrm{g,abc}}$ 并联获得，如图 4-1 所示。因此，系统阻抗可由两个阻抗的并联表示，相应的阻抗定义为 $\boldsymbol{Z}_{\mathrm{stator}}$ 和 $\boldsymbol{Z}_{\mathrm{gsc}}$。

定子电压 $\Delta \boldsymbol{v}_{\mathrm{s,dq}}^{\mathrm{es}}$ 取决于定子电流 $\Delta \boldsymbol{i}_{\mathrm{s,dq}}^{\mathrm{es}}$ 和转子电流 $\Delta \boldsymbol{i}_{\mathrm{r,dq}}^{\mathrm{es}}$，见式(4-23)。利用控制器和主电路的小信号模型，将转子侧变量表示为定子侧变量。由此，将转子电流 $\Delta \boldsymbol{i}_{\mathrm{r,dq}}^{\mathrm{es}}$ 用定子电压和电流表示：

$$\Delta \boldsymbol{i}_{\mathrm{r,dq}}^{\mathrm{es}} = \boldsymbol{Z}_{\mathrm{rg1}}\Delta \boldsymbol{v}_{\mathrm{s,dq}}^{\mathrm{es}} + \boldsymbol{Z}_{\mathrm{rg2}}\Delta \boldsymbol{i}_{\mathrm{s,dq}}^{\mathrm{es}} \tag{4-60}$$

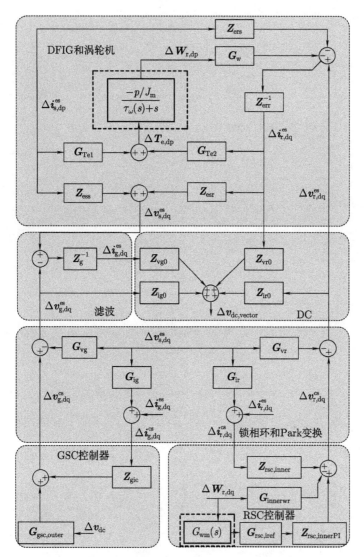

图 4-6 双馈风电机组的综合小信号模型

式中，矩阵 $\boldsymbol{Z}_{rg1}$ 和 $\boldsymbol{Z}_{rg2}$ 的推导过程参考图 4-6，具体结果见式(4-64)和式(4-65)。在这些矩阵中，转子速度动态行为的影响通过以下矩阵进行评估：

$$\boldsymbol{G}_{Te3} = \frac{-\dfrac{p}{J}\tau_{\omega}(s)}{1 + s\tau_{\omega}(s)}\boldsymbol{G}_{w} \tag{4-61}$$

$$\boldsymbol{G}_{wm1} = \frac{\dfrac{p}{J}\tau_{\omega}(s)}{1 + s\tau_{\omega}(s)}\frac{3}{2}p\frac{L_{m}}{L_{s}}\begin{bmatrix} -L_{s}i_{rq} & L_{s}i_{rd} \\ 0 & 0 \end{bmatrix} \tag{4-62}$$

$$G_{wm2} = \frac{\frac{p}{J}\tau_{\omega}(s)}{1+s\tau_{\omega}(s)}\frac{3}{2}p\frac{L_m}{L_s}\begin{bmatrix} \psi_{sq}-L_m i_{rq} & L_m i_{rd}-\psi_{sd} \\ 0 & 0 \end{bmatrix} \tag{4-63}$$

$$\begin{aligned} Z_{rg1} = &\left(E - (Z_{err} + G_{Te3}G_{Te2})^{-1}(Z_{rsc,innerPI}G_{rsc,iref}G_{wm2} + \right. \\ & \left. G_{innerwr}G_{wm2} + Z_{rsc,inner})\right)^{-1} \\ & (Z_{err} + G_{Te3}G_{Te2})^{-1}(Z_{rsc,inner}G_{ir} - G_{vr}) \end{aligned} \tag{4-64}$$

$$\begin{aligned} Z_{rg2} = &\left(E - (Z_{err} + Z_{Te3}G_{Te2})^{-1}(Z_{rsc,innerPI}G_{rsc,iref}G_{wm2} + \right. \\ & \left. G_{innerwr}Z_{wm2} + Z_{rsc,inner})\right)^{-1} \\ & ((Z_{err} + G_{Te3}G_{Te2})^{-1}(Z_{rsc,innerPI}G_{rsc,iref}G_{wm1} + G_{innerwr}G_{wm1}) - \\ & (Z_{err} + G_{Te3}G_{Te2})^{-1}(Z_{ers} + G_{Te3}G_{Te1})) \end{aligned} \tag{4-65}$$

参考式(4-23) 和式(4-60)，可通过消除转子侧变量获得定子电压和定子电流之间的关系：

$$(E - Z_{esr}Z_{rg1})\Delta v_{s,dq}^{es} = (Z_{ess} + Z_{esr}Z_{rg2})\Delta i_{s,dq}^{es} \tag{4-66}$$

因此，定子侧阻抗公式如下：

$$Z_{stator} = (E - Z_{esr}Z_{rg1})^{-1}(Z_{ess} + Z_{esr}Z_{rg2}) \tag{4-67}$$

根据 GSC 滤波器的电路方程，定子电压 $\Delta v_{s,dq}^{es}$ 与 GSC 电流 $\Delta i_{g,dq}^{es}$ 及其端电压 $\Delta v_{g,dq}^{es}$ 有关，见式(4-14)。为了消除 $\Delta v_{g,dq}^{es}$，将 $\Delta v_{g,dq}^{es}$ 用交流电流 $\Delta i_{g,dq}^{es}$ 和定子电压 $\Delta v_{s,dq}^{es}$ 表示：

$$\Delta v_{g,dq}^{es} = Z_{gg1}\Delta v_{s,dq}^{es} + Z_{gg2}\Delta i_{g,dq}^{es} \tag{4-68}$$

式中，矩阵 Z_{gg1} 和 Z_{gg2} 的推导过程参考图 4-6，具体结果见式(4-69)和式(4-70)。

$$\begin{aligned} Z_{gg1} = &G_{gsc,outer}(Z_{ir0}(Z_{ers} + G_{Te3}G_{Te1} - (Z_{err} + G_{Te3}G_{Te2})Z_{esr}^{-1}Z_{ess}) - \\ & Z_{vr0}Z_{esr}^{-1}Z_{ess})Z_{gsc}^{-1} + Z_{gic}G_{ig} - G_{vg} + \\ & G_{gsc,outer}(Z_{ig0} + Z_{vr0}Z_{esr}^{-1} + Z_{ir0}(Z_{err} + G_{Te1}G_{Te3})Z_{esr}^{-1}) \end{aligned} \tag{4-69}$$

$$Z_{gg2} = Z_{gic} + G_{gsc,outer}(Z_{vg0} - Z_{ig0}Z_g) \tag{4-70}$$

根据式(4-14) 和式(4-68)，GSC 的定子电压 $\Delta v_{s,dq}^{es}$ 和交流电流 $\Delta i_{g,dq}^{es}$ 关系为

$$(E - Z_{gg1}) \Delta v_{s,dq}^{es} = (Z_g + Z_{gg2}) \Delta i_{g,dq}^{es} \tag{4-71}$$

得到 GSC 侧阻抗为

$$Z_{gsc} = (E - Z_{gg1})^{-1} (Z_g + Z_{gg2}) \tag{4-72}$$

最终，并联定子侧阻抗 Z_{stator} 和转子侧阻抗 Z_{gsc}，得到双馈风电机组的阻抗表达式：

$$Z_{sys} = (Z_{stator}^{-1} + Z_{gsc}^{-1})^{-1} \tag{4-73}$$

由于控制器和锁相环的不对称性，系统阻抗矩阵为非对角矩阵。

4.6　双馈风电机组阻抗特性分析

本节将利用扫频法验证基于双馈风电机组阻抗模型的准确性。基于阻抗模型，采用广义奈奎斯特判据分析了系统的稳定性能，并进行了时域仿真验证。将本章提出的综合阻抗模型与忽略机械动力学的常用模型进行比较，说明了考虑机电动态的必要性。在应用层面上，本节将利用该阻抗模型研究不同风速下双馈风电机组的阻抗特性。

4.6.1　双馈风电机组阻抗扫频分析

算例分析采用图 4-1 所示的双馈风电机组，其主电路参数见表 4-1。风电机组额定功率为 3 MW，定子额定电压为 690 V，直流额定电压为 1050 V，直流侧电容为 20000μF。在机械系统中，转子的惯性为 150 kg·m²。

风速设定为 12 m/s，采用 MPPT 策略，即 $\partial C_T / \partial \beta = 0$。因此，图 4-6 中的 $\tau_\omega(s)$ 退化为 $\tau_t(s)$，见式(4-54)。采用扫频的方式，注入 1~1000 Hz 的电压扰动，测量相应频率下的系统阻抗。所介绍的阻抗表达式分析结果和扫频测量结果具有较高的一致性，如图 4-7 所示。因此，本章介绍的阻抗解析模型是准确且可靠的。

表 4-1　双馈风电机组主电路参数

符号	变量	数值
P_s	额定功率	3 MW
v_s	定子额定电压	690 V
f_s	电网频率	50 Hz
p	极对数	2
v_{dc}	直流侧电压	1050 V
C_{dc}	直流侧电容	20000 μF
L_{ls}	定子漏电感	0.06 mH
L_{lr}	转子漏电感	0.087 mH
L_m	互感	2.5 mH
R_s	定子电阻	2 mΩ
R_r	转子电阻	2 mΩ
J	转动惯量	150 kg·m²
R_{grid}	电网电阻	0.06 Ω
L_{grid}	电网电感	0.2 mH

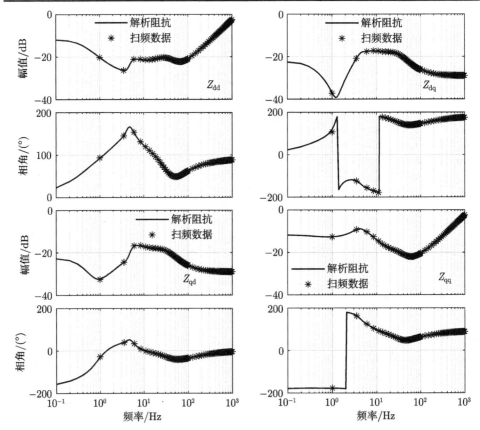

图 4-7　阻抗解析模型和扫频测量结果对比图

阻抗矩阵在高频段由对角元素主导，其中非对角元素 Z_{dq} 和 Z_{qd} 比对角元素 Z_{dd} 和 Z_{qq} 小得多。在高频范围内，阻抗特性由 RSC 和 GSC 控制器内环电流控制主导。内环控制采用电流反馈项乘以 GSC 侧 $L_g\omega_s$ 和 RSC 侧 $L_r\sigma\omega_r$ 进行解耦，得到相对较小的 Z_{dq} 和 Z_{qd}。在低频范围内，阻抗主要受外部控制回路和锁相环的影响。这些控制块是不对称的，导致耦合现象。因此，在低频范围内，阻抗矩阵不能简化为 SISO 系统。需特别注意的是 Z_{qq}，其在低频范围内表现为负电阻。这种特性主要受锁相环的影响，并可能在低频范围内引起不稳定[35]。

4.6.2　双馈风电机组小扰动稳定性分析

风电机组并网稳定特性受电网强度的影响，通常在弱电网下出现失稳的风险。假设系统为感性三相平衡的交流电网，则电网阻抗矩阵 $\boldsymbol{Z}_{grid}$ 为

$$\boldsymbol{Z}_{grid} = \begin{bmatrix} R_{grid} + sL_{grid} & -L_{grid}\omega_s \\ L_{grid}\omega_s & R_{grid} + sL_{grid} \end{bmatrix} \tag{4-74}$$

对于 MIMO 系统，应用广义奈奎斯特判据到回比矩阵 $\boldsymbol{Z}_{grid}\boldsymbol{Z}_{sys}^{-1}$，可分析双馈风电机组并网稳定性[36]。

实际电网强度在运行中是变化的，考虑两种不同电网阻抗 $\boldsymbol{Z}_{grid}$ 下的稳定特性。在第一种情况下，电网电阻和电感设置为 0.06Ω 和 $0.2\ mH$。电阻增加到 $0.065\ \Omega$，以表示第二种情况下的较弱的电网。回比矩阵 $\boldsymbol{Z}_{grid}\boldsymbol{Z}_{sys}^{-1}$ 特征值 λ_1 和 λ_2 的奈奎斯特图如图 4-8 所示。第一种情况下的奈奎斯特曲线用蓝色标记。λ_1 与水平轴的交点远离临界稳定点 $(-1, j0)$。在 λ_2 的奈奎斯特图的放大图中，λ_2 与水平轴的交点接近 $(-1, j0)$。然而，奈奎斯特图并未包围该临界点，这表示系统是稳定的。对于本算例采用的双馈风电机组，并网临界稳定对应的电网阻抗为 0.062Ω 和 $0.2\ mH$。相应的短路比等于 1.79，属于弱电网场景。若电网电阻进一步增加到 0.065Ω，相应的奈奎斯特曲线用红色标记。特征值 λ_2 的奈奎斯特曲线包围了 $(-1, j0)$，证明系统是不稳定的。特征值 λ_2 与单位圆的交点表示主导振荡频率，分别为 $-2.93\ Hz$ 和 $2.93\ Hz$。

为了验证稳定性判断结果是否准确，需进行时域仿真。在 $5\ s$ 时，电网电阻从 $0.06\ \Omega$ 变化到 $0.065\ \Omega$。时域模拟结果如图 4-9 所示。当电网电阻为 $0.06\ \Omega$ 时，系统是稳定的。电网在 5s 时变弱，系统开始振荡。振荡幅度呈现增大趋势，导致运行不稳定。振荡频率显示为 $3\ Hz$，符合图 4-9 中的奈奎斯特图曲线对应的主导振荡频率。

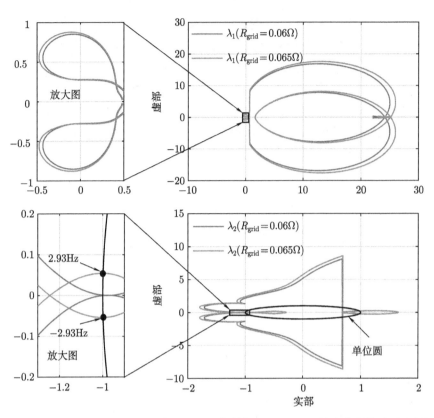

图 4-8　不同电网强度下回比矩阵 $Z_{\mathrm{grid}}Z_{\mathrm{sys}}^{-1}$ 特征值 λ_1 和 λ_2 的奈奎斯特图（见彩色插页）

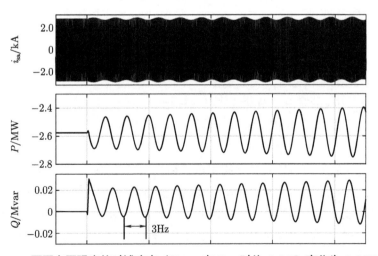

图 4-9　不同电网强度的时域响应（R_{grid} 在 5 s 时从 0.06Ω 变化为 0.065Ω）

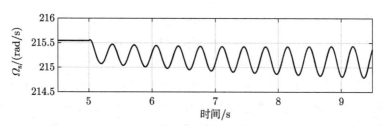

图 4-9 不同电网强度的时域响应（R_{grid} 在 5 s 时从 0.06Ω 变化为 0.065Ω）（续）

4.6.3 机械动态对阻抗特性的影响

将本章介绍的双馈风电机组全动态阻抗模型与忽略机电耦合的常用模型进行比较，考虑了两个简化模型。第一种方法忽略了转子的动态特性，而第二种方法忽略了转子的动态特性和直流电压控制回路。

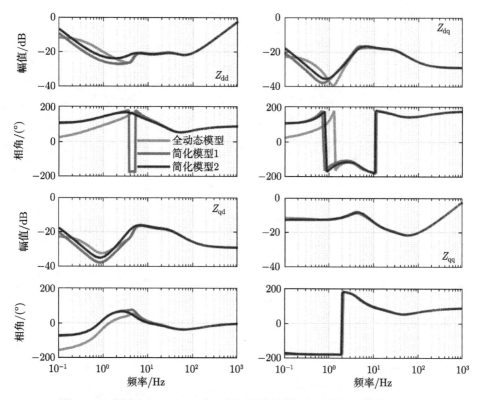

图 4-10 风速为 12 m/s 时三种阻抗模型的奈奎斯特图（见彩色插页）

双馈风电机组的风速设为 12 m/s，其他参数如上所述。对比全动态模型和两个简化模型的阻抗特性，如图 4-10 所示。在次同步频率下观察到三种阻抗模型之间的差异。在此范围内，转子动态和外环控制不可忽略。在超同步频率下，三种阻抗模型则基本相同。在该频段内，内环控制对阻抗特性有较大的影响。因此，简化的阻抗模型仅在相对较高的频段下才有效。值得注意的是，三种模型对应的 Z_{qq} 在整个频率范围内具有较高的一致性。这种现象可以用两个原因来解释。首先，转子动力学和有功功率控制主要涉及 d 轴控制，而不涉及 q 轴控制。其次，参考图 4-1 中的无功控制，由于 q 轴外环采用开环控制，因此其小信号模型可以忽略。

4.6.4 不同风速下的阻抗特性对比

当 DFIG 以 MPPT 模式运行时，转子最优转速由风速确定。风速分别设置为 12 m/s、10 m/s、8 m/s 和 6 m/s，双馈风电机组在不同风速下的阻抗特性如图 4-11 所示。

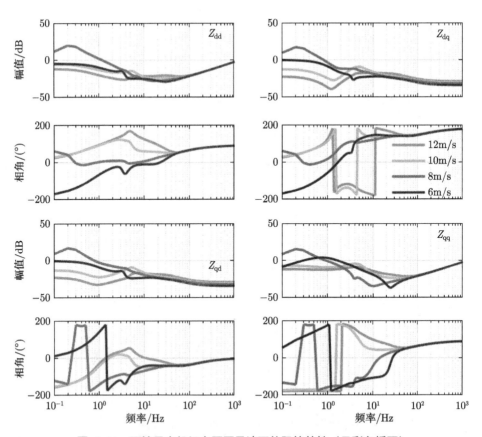

图 4-11　双馈风电机组在不同风速下的阻抗特性（见彩色插页）

在相对较低的频率范围内，双馈风电机组阻抗主要取决于稳态工作点，而稳态工作点又取决于 MPPT 模式下的风速。在低频范围内，矢量双闭环控制的直流电压动态特性是不可忽略的，导致阻抗受稳态工作点的影响。在相对较高的频率范围内，对角元素 Z_{dd} 和 Z_{qq} 在不同的风速下是相同的。非对角元素 Z_{dq} 和 Z_{qd} 的幅值随风速的减小而减小，相角变化不大。非对角元素越小，则二维阻抗的耦合越小。换句话说，在相对较高的频率范围内，风速越小，则耦合越小。

双馈风电机组在不同风速下的奈奎斯特图如图 4-12 所示。结果表明，随着风速的减小，给定算例的双馈风电机组的小干扰稳定性增强。

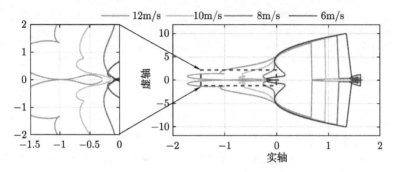

图 4-12　双馈风电机组在不同风速下的奈奎斯特图（见彩色插页）

Chapter 5
第5章

全功率型风电机组阻抗建模

5.1 引言

基于阻抗法分析新能源发电系统稳定性的重要前提是建立系统阻抗模型。本书的第3章以并网变流器为例详细介绍了阻抗建模推导流程，可以作为电力电子发电设备阻抗建模的基础。针对风电机组，按照所用电力电子变流器相对于发电机的功率大小，可分为部分功率变换机组和全功率型风电机组。第4章将轴系动态考虑在内建立了部分功率变换的双馈风电机组阻抗模型，并对阻抗特性进行了分析。本章将针对全功率型风电机组建立阻抗模型并进行稳定性分析。

全功率型风电机组分类如图5-1所示。依据发电机组类型的不同可细分为同步发电机和异步发电机。在同步发电机中，按照机械传动系统的不同可分为无齿轮箱的直驱风电机组、单级齿轮箱的半直驱风电机组以及多级齿轮箱风电机组三类。对于常见的直驱风电机组，按照转子励磁方式的不同可分为电励磁同步发电机和永磁同步发电机 (Permanent Magnet Synchronous Generator, PMSG) 两类。近年来，海上风电发展迅速，永磁直驱风电机组凭借其容量大、无需齿轮箱、能量效率高等优点成为首选。由于海上风电离岸距离远，具有接入弱电网的特性。永磁直驱风电场与交流弱电网以及串补线路之间的交互造成多起严重振荡事故，严重威胁电力系统安全稳定运行。

本章将以永磁直驱风电机组为例进行全功率型风电机组阻抗建模及特性分析。具体章节安排如下：5.2.1节将介绍直驱风电机组的基本工作原理；5.2.2节将介绍直驱风电机组的典型控制策略；5.3节将分简化阻抗模型以及详细阻抗模型详细介绍 dq 坐标系下直驱风电机组阻抗建模，其中5.3.1节将介绍简化阻抗模型，5.3.2节将介绍考虑机侧动态的详细阻抗建模；5.4节将对所得的阻抗模型进行扫频验证，并进行特性分析。

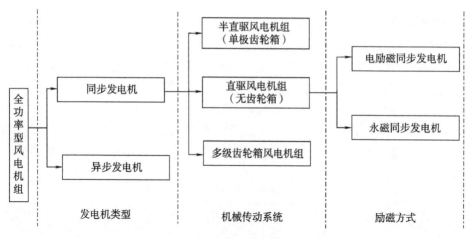

图 5-1 全功率型风电机组分类

5.2 全功率型风电机组的基本知识

5.2.1 基本工作原理

全功率型风电机组的定子通过机侧变流器（Machine Side Converter, MSC）和网侧变流器（Grid Side Converter, GSC）实现并网发电，其典型拓扑结构如图 5-2 所示。MSC 与 GSC 的控制目标不同，控制策略也有所区别。连接 MSC 与 GSC 的直流母线为非理想电压源，为 MSC 与 GSC 的小信号提供耦合通路。机组在运行过程中风速驱动发电机转子转速变化，定子绕组输出频率取决于转子转速。为保证 PMSG 机组输出额定频率的交流电，需先由 MSC 将交流电转换为直流电，再由 GSC 将直流电转换为额定频率的交流电，以此来实现 PMSG 机组的变速恒频运行。

风力机是 PMSG 机组中能量转换的首要环节，用于将风能转换为机械能。为了尽可能地实现风能的最大化利用，可控制 PMSG 机组运行在最大功率点跟踪 (Maximum Power Point Tracking, MPPT) 区、恒转速区及恒功率区。在 MPPT 区，风速较低，PMSG 机组转速和输出功率均未达到额定值，实行最大风能追踪控制。此时，桨距角保持为最小值 0，风能利用系数保持最大且恒定。在恒转速区，PMSG 机组的转速达到最高转速，但其输出功率尚未达到额定值，所以在该区域，PMSG 机组将不再以最大风能追踪的方式运行，而是维持转速在最大值恒速运行。同时，随着风速的增大，PMSG 机组输出功率将继续增大。在恒功率区，PMSG 机组的转子转速保持在最大值。随着风速的增大，PMSG 机组输出功率将会超过额定值，此时将通过桨距角调节，维持其在额定功率运行。

PMSG 机组风速、转子转速和功率指令值存在一定的对应关系，通过获取风速或者转子转速即可得到功率指令值。以国内某厂家 2.0MW PMSG 机组为例，该 PMSG 机组的切入风速为 3m/s，切出风速为 20m/s。当风速为 3~9m/s、转子转速为 5~14r/min 时，PMSG 机组运行于 MPPT 区，对应的输出功率范围分别为 70kW~1.5MW。随着风速的增大，PMSG 机组进入恒转速区，转子转速维持在 14r/min。输出功率继续增加，直至输出功率达到 2.0MW 时，PMSG 机组进入恒功率区。此时，转子转速维持在 14r/min，输出功率保持 2.0MW 不变。

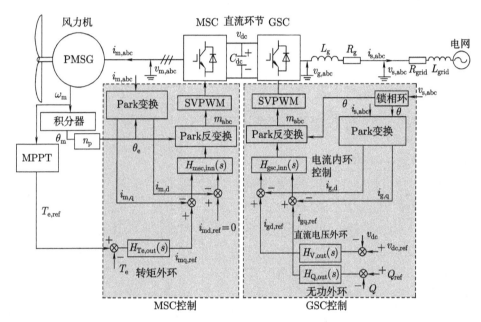

图 5-2　直驱风电机组典型拓扑结构图

5.2.2　典型控制结构

全功率型风电机组通过 MSC 和 GSC 的控制来实现变速恒频运行和功率控制。通过控制直流侧电容充放电，GSC 控制可维持直流母线电压恒定，MSC 控制目标是实现有功功率控制。

（1）GSC 典型控制策略

类似于 4.1 节介绍的双馈风电机组的 GSC 控制策略，直驱风电机组的 GSC 典型控制策略采用直流电压、无功功率外环和电流内环的双环控制结构，是工业生产中常用的典型控制系统。直流环节电压取决于 MSC 和 GSC 有功功率平衡，通过控制 GSC 交流侧有功功率实现直流电压恒定。无功功率外环可控制 GSC 并网点处的无功功率。GSC 通过 RL 滤波器 R_g 和 L_g 后接入电网。

（2）MSC 典型控制策略

在永磁同步机侧，转子机械转速 ω_m 测量后作为 MPPT 环节的输入，MPPT 的输出为电磁转矩的指令值 $T_{e,ref}$。风力机拖动发电机转子转动，机械转子角 θ_m 可以由机械转速 ω_m 通过积分器获得。若永磁同步发电机含有 n_p 对极，则其电气转子角可表示为 $\theta_e = \theta_m n_p$。

MSC 采用电磁转矩外环控制和零 d 轴电流控制，即电磁转矩指令值通过 PI 控制后得到 $i_{mq,ref}$，同时有 $i_{md,ref} = 0$。同样也是工程实际中常用的发电机经典控制方式。采用 $i_{md,ref} = 0$ 控制策略，忽略定子绕组电阻，通过控制定子绕组 q 轴电流分量 $i_{m,q}$，即可控制 PMSG 的有功功率。

5.3 直驱风电机组阻抗建模

5.3.1 直驱风电机组简化阻抗模型

在 PMSG 早期阻抗建模中，多基于直流环节电容无穷大导致机侧和电网侧动态可以解耦的假设。采用忽略机侧动态的简化模型，将 MSC 和永磁同步发电机简化为恒功率负载，此时 PMSG 的动态将由 GSC 决定[37]。在 3.2 节中已经详细介绍了功率外环控制 VSC 的阻抗建模，其中滤波器、电流内环控制和锁相环的小信号建模与直驱风电机组简化模型一致。不同之处在于，直驱风电机组简化得到的变流器模型采用直流电压外环控制。下面将着重针对电压外环控制进行小信号建模。

（1）RL 滤波器建模

滤波器小信号模型已在 3.2 节中进行了详细介绍，此处不再深入展开。参照式 (3-2) 有：

$$
\begin{bmatrix} \Delta v_{g,d}^{es} \\ \Delta v_{g,q}^{es} \end{bmatrix} = \begin{bmatrix} \Delta v_{s,d}^{es} \\ \Delta v_{s,q}^{es} \end{bmatrix} + \boldsymbol{Z}_g \begin{bmatrix} \Delta i_{g,d}^{es} \\ \Delta i_{g,q}^{es} \end{bmatrix} \tag{5-1}
$$

其中，

$$
\boldsymbol{Z}_g = \begin{bmatrix} R_g + sL_g & -\omega_s L_g \\ \omega_s L_g & R_g + sL_g \end{bmatrix} \tag{5-2}
$$

式中，上标 es 代表实际坐标系；ω_s 为电网同步角速度。

（2）GSC 内环控制建模

根据 3.2 节中详细介绍的 GSC 内环控制小信号建模，参照式 (3-5) 有：

$$
\begin{bmatrix} \Delta v_{g,d}^{cs} \\ \Delta v_{g,q}^{cs} \end{bmatrix} = \boldsymbol{Z}_{gic} \begin{bmatrix} \Delta i_{g,d}^{cs} \\ \Delta i_{g,q}^{cs} \end{bmatrix} \tag{5-3}
$$

其中，

$$
\boldsymbol{Z}_{gic} = \begin{bmatrix} -G_{gd,inner}(s) & -\omega_s L_g \\ \omega_s L_g & -G_{gq,inner}(s) \end{bmatrix} \tag{5-4}
$$

式中，上标 cs 代表控制坐标系中的物理量；$G_{gd,inner}(s) = G_{gq,inner}(s) = k_{p,gsc,inn} + \dfrac{k_{i,gsc,inn}}{s}$ 为内环电流 PI 控制的传递函数；$\boldsymbol{Z}_{gic}$ 表征 GSC 电流内环控制动态。

（3）锁相环建模

GSC 控制依赖锁相环跟踪并网点产生的电网角度，在阻抗建模时须考虑其影响。在考虑小扰动时，锁相环产生的控制坐标系与系统实际坐标系存在角度差。参照式 (3-10)，网侧变流器电流小信号在控制坐标系下可表示为

$$
\begin{bmatrix} \Delta i_{g,d}^{cs} \\ \Delta i_{g,q}^{cs} \end{bmatrix} = \begin{bmatrix} \Delta i_{g,d}^{es} \\ \Delta i_{g,q}^{es} \end{bmatrix} + \boldsymbol{G}_{ig} \begin{bmatrix} \Delta v_{s,d}^{es} \\ \Delta v_{s,q}^{es} \end{bmatrix} \tag{5-5}
$$

参照式 (3-9)，电压小信号在控制坐标系下可表示为

$$
\begin{bmatrix} \Delta v_{g,d}^{cs} \\ \Delta v_{g,q}^{cs} \end{bmatrix} = \begin{bmatrix} \Delta v_{g,d}^{es} \\ \Delta v_{g,q}^{es} \end{bmatrix} + \boldsymbol{G}_{vg} \begin{bmatrix} \Delta v_{s,d}^{es} \\ \Delta v_{s,q}^{es} \end{bmatrix} \tag{5-6}
$$

其中，

$$
\boldsymbol{G}_{ig} = \begin{bmatrix} 0 & i_{g,q}^{es} H_{pll} \\ 0 & -i_{g,d}^{es} H_{pll} \end{bmatrix}, \boldsymbol{G}_{vg} = \begin{bmatrix} 0 & v_{g,q}^{es} H_{pll} \\ 0 & -v_{g,d}^{es} H_{pll} \end{bmatrix} \tag{5-7}
$$

$$
H_{pll} = \frac{s k_{p,pll} + k_{i,pll}}{s^2 + s v_{s,d}^{es} k_{p,pll} + v_{s,d}^{es} k_{i,pll}} \tag{5-8}
$$

式中，H_{pll} 为锁相环的二阶传递函数。

（4）直流电压外环建模

考虑直流电压外环，GSC 的控制方程可以表达为

$$
v_{g,d}^{cs} = \left[(v_{dc,ref} - v_{dc}) G_{gd,outer}(s) - i_{g,d}^{cs} \right] G_{gd,inner}(s) - \omega_s L_g i_{g,q}^{cs} \tag{5-9}
$$

$$v_{\mathrm{g,q}}^{\mathrm{cs}} = (i_{\mathrm{gq,ref}} - i_{\mathrm{g,q}}^{\mathrm{cs}})G_{\mathrm{gq,inner}}(s) + \omega_{\mathrm{s}}L_{\mathrm{g}}i_{\mathrm{g,d}}^{\mathrm{cs}} \tag{5-10}$$

对式(5-9)和式(5-10)取小信号后可得：

$$\begin{bmatrix} \Delta v_{\mathrm{g,d}}^{\mathrm{cs}} \\ \Delta v_{\mathrm{g,q}}^{\mathrm{cs}} \end{bmatrix} = -G_{\mathrm{gdq,inner}}G_{\mathrm{gd,outer}} \begin{bmatrix} \Delta v_{\mathrm{dc}} \\ 0 \end{bmatrix} + \boldsymbol{Z}_{\mathrm{gic}} \begin{bmatrix} \Delta i_{\mathrm{g,d}}^{\mathrm{cs}} \\ \Delta i_{\mathrm{g,q}}^{\mathrm{cs}} \end{bmatrix} \tag{5-11}$$

式中，$G_{\mathrm{gd,outer}}(s) = k_{\mathrm{p,V,out}} + \dfrac{k_{\mathrm{i,V,out}}}{s}$ 为 GSC 直流电压外环 PI 控制传递函数；$\boldsymbol{Z}_{\mathrm{gic}}$ 表征内环电流控制动态。

（5）直流电容建模

考虑电压外环时，需要对直流电容动态建模。直流环节电容功率平衡可表示为

$$C_{\mathrm{dc}}v_{\mathrm{dc}}\frac{\mathrm{d}v_{\mathrm{dc}}}{\mathrm{d}t} = -P_{\mathrm{gsc}} - P_{\mathrm{msc}} \tag{5-12}$$

$$P_{\mathrm{gsc}} = \frac{3}{2}\left(v_{\mathrm{g,d}}i_{\mathrm{g,d}} + v_{\mathrm{g,q}}i_{\mathrm{g,q}}\right) \tag{5-13}$$

式中，$C_{\mathrm{dc}}v_{\mathrm{dc}}\dfrac{\mathrm{d}v_{\mathrm{dc}}}{\mathrm{d}t}$ 为电容的充电功率；P_{gsc} 为 GSC 作为变流器流入电网的有功功率，两者之间功率流向相反。由于建立 PMSG 简化阻抗模型，故只考虑 GSC 有功动态。不考虑 MSC 有功动态，可将 P_{msc} 考虑为恒功率负载。

对式(5-12)式(5-13)取小信号线性化可得：

$$\begin{bmatrix} \Delta v_{\mathrm{dc}} \\ 0 \end{bmatrix} = \boldsymbol{Z}_{\mathrm{vg0}} \begin{bmatrix} \Delta i_{\mathrm{g,d}}^{\mathrm{es}} \\ \Delta i_{\mathrm{g,q}}^{\mathrm{es}} \end{bmatrix} + \boldsymbol{Z}_{\mathrm{ig0}} \begin{bmatrix} \Delta v_{\mathrm{g,d}}^{\mathrm{es}} \\ \Delta v_{\mathrm{g,q}}^{\mathrm{es}} \end{bmatrix} \tag{5-14}$$

其中，

$$\boldsymbol{Z}_{\mathrm{vg0}} = \frac{-3}{2sC_{\mathrm{dc}}v_{\mathrm{dc}}} \begin{bmatrix} v_{\mathrm{g,d}}^{\mathrm{es}} & v_{\mathrm{g,q}}^{\mathrm{es}} \\ 0 & 0 \end{bmatrix}, \boldsymbol{Z}_{\mathrm{ig0}} = \frac{-3}{2sC_{\mathrm{dc}}v_{\mathrm{dc}}} \begin{bmatrix} i_{\mathrm{g,d}}^{\mathrm{es}} & i_{\mathrm{g,q}}^{\mathrm{es}} \\ 0 & 0 \end{bmatrix} \tag{5-15}$$

联立式(5-1)、式(5-5)、式(5-6)、式(5-11)和式(5-14)，不考虑无功外环控制，可得只有电压外环控制的 GSC 阻抗：

$$\boldsymbol{Z}_{\mathrm{GSC,outloop}} = (\boldsymbol{Z}_{\mathrm{g}} - \boldsymbol{Z}_{\mathrm{gic}} + G_{\mathrm{gdq,inner}}G_{\mathrm{gd,outer}}\boldsymbol{Z}_{\mathrm{vg0}} + G_{\mathrm{gdq,inner}}G_{\mathrm{gd,outer}}\boldsymbol{Z}_{\mathrm{ig0}}\boldsymbol{Z}_{\mathrm{g}})^{-1}$$
$$(\boldsymbol{Z}_{\mathrm{gic}}\boldsymbol{Z}_{\mathrm{ig}} - \mathbf{E} - \boldsymbol{Z}_{\mathrm{vg}} - G_{\mathrm{gdq,inner}}G_{\mathrm{gd,outer}}\boldsymbol{Z}_{\mathrm{ig0}})$$

$$\tag{5-16}$$

（6）外环考虑直流电压、无功功率控制的 GSC 阻抗模型

当 GSC 外环控制直流电压和无功外环时，GSC 的外环控制传递函数可表示为

$$v_{g,d}^{cs} = \left[\left(v_{dc,ref} - v_{dc} \right) G_{gd,outer}(s) - i_{g,d}^{cs} \right] G_{gdq,inner}(s) - \omega_s L_g i_{g,q}^{cs} \tag{5-17}$$

$$v_{g,q}^{cs} = \left[\left(Q_{ref} - Q \right) G_{gq,outer}(s) - i_{g,q}^{cs} \right] G_{gdq,inner}(s) + \omega_s L_g i_{g,d}^{cs} \tag{5-18}$$

对式(5-17)和式(5-18)取小扰动后可得：

$$\begin{bmatrix} \Delta v_{g,d}^{cs} \\ \Delta v_{g,q}^{cs} \end{bmatrix} = - G_{gdq,inner} G_{gd,outer} \begin{bmatrix} \Delta V_{dc} \\ 0 \end{bmatrix} -$$

$$G_{gdq,inner} G_{gq,outer} \begin{bmatrix} 0 \\ \Delta Q \end{bmatrix} + \boldsymbol{Z}_{gic} \begin{bmatrix} \Delta i_{g,d}^{cs} \\ \Delta i_{g,q}^{cs} \end{bmatrix} \tag{5-19}$$

式中，Q 为并网点的无功功率，其计算公式如下：

$$Q = \frac{3}{2} \left(v_{s,d} i_{g,q} - v_{s,q} i_{g,d} \right) \tag{5-20}$$

对式(5-20)取小信号可得：

$$\begin{bmatrix} 0 \\ \Delta Q \end{bmatrix} = \boldsymbol{N}_1 \begin{bmatrix} \Delta i_{g,d}^{cs} \\ \Delta i_{g,q}^{cs} \end{bmatrix} + \boldsymbol{N}_2 \begin{bmatrix} \Delta v_{s,d}^{cs} \\ \Delta v_{s,q}^{cs} \end{bmatrix} \tag{5-21}$$

其中，

$$\boldsymbol{N}_1 = \frac{3}{2} \begin{bmatrix} 0 & 0 \\ -v_{s,q}^{es} & v_{s,d}^{es} \end{bmatrix}, \boldsymbol{N}_2 = \frac{3}{2} \begin{bmatrix} 0 & 0 \\ i_{g,q}^{es} & -i_{g,d}^{es} \end{bmatrix} \tag{5-22}$$

并网点的无功功率 Q 需利用锁相环变换之后的电气量进行计算，所以在考虑小扰动时需要考虑锁相环对控制坐标系并网点电气量的影响。参照式 (3-25) 有：

$$\begin{bmatrix} \Delta v_{s,d}^{cs} \\ \Delta v_{s,q}^{cs} \end{bmatrix} = \begin{bmatrix} \Delta v_{s,d}^{es} \\ \Delta v_{s,q}^{es} \end{bmatrix} + \boldsymbol{G}_{vs} \begin{bmatrix} \Delta v_{s,d}^{es} \\ \Delta v_{s,q}^{es} \end{bmatrix} \tag{5-23}$$

其中，

$$\boldsymbol{G}_{vs} = \begin{bmatrix} 0 & v_{s,q}^{es} H_{pll} \\ 0 & -v_{s,d}^{es} H_{pll} \end{bmatrix} \tag{5-24}$$

联立式(5-1)、式(5-5)、式(5-6)、式(5-11)、式(5-14)、式(5-21)、式(5-19)和式(5-23)，可得外环考虑直流电压和无功功率控制的 GSC 整体阻抗如下：

$$\boldsymbol{Z}_{\text{GSC,outloop}} = (\boldsymbol{M}_3 + \boldsymbol{Z}_{\text{gic}}\boldsymbol{G}_{\text{ig}} - \boldsymbol{E} - \boldsymbol{G}_{\text{vg}})^{-1}(\boldsymbol{Z}_{\text{g}} - \boldsymbol{Z}_{\text{gic}} - \boldsymbol{M}_1 - \boldsymbol{M}_2) \tag{5-25}$$

其中，

$$\boldsymbol{M}_1 = -G_{\text{gdq,inner}}(G_{\text{gd,outer}}\boldsymbol{Z}_{\text{vg0}} + G_{\text{gq,outer}}\boldsymbol{N}_1) \tag{5-26}$$

$$\boldsymbol{M}_2 = -G_{\text{gdq,inner}}G_{\text{gd,outer}}\boldsymbol{Z}_{\text{ig0}}\boldsymbol{Z}_{\text{g}} \tag{5-27}$$

$$\boldsymbol{M}_3 = -G_{\text{gdq,inner}}(G_{\text{gd,outer}}\boldsymbol{Z}_{\text{ig0}} + G_{\text{gq,outer}}(\boldsymbol{N}_1\boldsymbol{Z}_{\text{ig}} + \boldsymbol{N}_2\boldsymbol{E} + \boldsymbol{N}_2\boldsymbol{G}_{\text{vs}})) \tag{5-28}$$

5.3.2　考虑机侧动态的 PMSG 阻抗建模

在 5.3.1 节中已经介绍了 PMSG 阻抗简化模型，这种简化方法主要基于一种假设，即当直流环节电容足够大时会导致机侧和电网侧动态可以解耦。然而，在实际应用中，这种简化可能并不成立。厂家为满足空间和成本需求，需要减小电容。因此，在直驱风电机组阻抗建模过程中通常不应忽略机侧系统动态，否则可能导致稳定性分析误差[30]。在本节中，将介绍考虑 MSC、同步发电机等机侧动态的 PMSG 阻抗建模。

（1）永磁同步发电机小信号建模

永磁同步发电机没有转子励磁绕组，通过内置永磁体来提供励磁。在转子磁链定向的 dq 同步坐标系中，永磁同步发电机的数学模型可表示为

$$\begin{bmatrix} v_{\text{m,d}}^{\text{es}} \\ v_{\text{m,q}}^{\text{es}} \end{bmatrix} = \begin{bmatrix} R_{\text{s}} + sL_{\text{d}} & -\omega_{\text{e}}L_{\text{q}} \\ \omega_{\text{e}}L_{\text{d}} & R_{\text{s}} + sL_{\text{q}} \end{bmatrix} \begin{bmatrix} i_{\text{m,d}}^{\text{es}} \\ i_{\text{m,q}}^{\text{es}} \end{bmatrix} + \omega_{\text{e}} \begin{bmatrix} 0 \\ \psi_{\text{r}} \end{bmatrix} \tag{5-29}$$

式中，ω_{e} 为发电机电气转速，且 $\omega_{\text{e}} = n_{\text{p}}\omega_{\text{m}}$；$R_{\text{s}}$ 为发电机定子电阻；L_{d} 和 L_{q} 分别为发电机定子电感的 dq 轴分量；ψ_{r} 为发电机永磁体磁链；n_{p} 为发电机磁对数。在稳态工作点，对式(5-29)取小信号线性化可得：

$$\begin{bmatrix} \Delta v_{\text{m,d}}^{\text{es}} \\ \Delta v_{\text{m,q}}^{\text{es}} \end{bmatrix} = \begin{bmatrix} R_{\text{s}} + sL_{\text{d}} & -\omega_{\text{e}}L_{\text{q}} \\ \omega_{\text{e}}L_{\text{d}} & R_{\text{s}} + sL_{\text{q}} \end{bmatrix} \begin{bmatrix} \Delta i_{\text{m,d}}^{\text{es}} \\ \Delta i_{\text{m,q}}^{\text{es}} \end{bmatrix} \tag{5-30}$$

定义

$$\boldsymbol{Z}_{\text{gen}} = \begin{bmatrix} R_{\text{s}} + sL_{\text{d}} & -\omega_{\text{e}}L_{\text{q}} \\ \omega_{\text{e}}L_{\text{d}} & R_{\text{s}} + sL_{\text{q}} \end{bmatrix} \tag{5-31}$$

（2）MSC 控制小信号建模

假定 MSC 采用零 d 轴电流控制和转矩外环控制，如图 5-2 所示。控制系统的数学模型可表示为

$$\left(0 - i_{\text{m,d}}^{\text{cs}}\right) G_{\text{mdq,inner}}(s) - \omega_{\text{e}} L_{\text{q}} i_{\text{m,q}}^{\text{cs}} = v_{\text{m,d}}^{\text{cs}} \tag{5-32}$$

$$\left(\left(T_{\text{e,ref}} - T_{\text{e}}\right) G_{\text{Te,outer}}(s) - i_{\text{m,q}}^{\text{cs}}\right) G_{\text{mdq,inner}}(s) + \omega_{\text{e}} L_{\text{d}} i_{\text{m,d}}^{\text{cs}} = v_{\text{m,q}}^{\text{cs}} \tag{5-33}$$

在 MSC 控制中，Park 变换所用的角度为发电机转子电角度，而非锁相环追踪电网产生的角度。控制坐标系与实际坐标系相同，即上标 cs 和上标 es 所表示的同一变量保持吻合。对式(5-32)和式(5-33)取小信号线性化，可得：

$$\begin{bmatrix} \Delta v_{\text{m,d}}^{\text{es}} \\ \Delta v_{\text{m,q}}^{\text{es}} \end{bmatrix} = \begin{bmatrix} G_{\text{mdq,inner}} & \omega_{\text{e}} L_{\text{q}} \\ -\omega_{\text{e}} L_{\text{d}} & G_{\text{mdq,inner}} G_{\text{Te,outer}} \left(\dfrac{3}{2} n_{\text{p}} \psi_{\text{r}}\right) + G_{\text{mdq,inner}} \end{bmatrix} \begin{bmatrix} \Delta i_{\text{m,d}}^{\text{es}} \\ \Delta i_{\text{m,q}}^{\text{es}} \end{bmatrix} \tag{5-34}$$

定义 MSC 控制动态传递函数：

$$\mathbf{Z}_{\text{msc}} = \begin{bmatrix} G_{\text{mdq,inner}} & \omega_{\text{e}} L_{\text{q}} \\ -\omega_{\text{e}} L_{\text{d}} & G_{\text{mdq,inner}} G_{\text{Te,outer}} \left(\dfrac{3}{2} n_{\text{p}} \psi_{\text{r}}\right) + G_{\text{mdq,inner}} \end{bmatrix} \tag{5-35}$$

由于调制信号多采用峰值范围为 ± 1 的 PWM 波形，电流控制器的输出信号需要除以直流电压的一半，即 $v_{\text{dc}}/2$。当采用直接调制（Direct Modulation, DM）时，使用预先设定的额定直流电压作为调制因子，即 $v_{\text{dc,0}}/2$。当采用补偿调制（Compensated Modulation, CM）时，采用实时测量直流电压 $v_{\text{dc}}/2$ 作为调制因子。若考虑平均值模型，忽略电力电子设备的开关过程，受控电压源的控制信号可以用参考信号乘以 $v_{\text{dc}}/2$ 来表示：

$$\text{DM:} \qquad \begin{bmatrix} v_{\text{m,d}}^{\text{es}} \\ v_{\text{m,q}}^{\text{es}} \end{bmatrix} = \frac{v_{\text{dc}}/2}{v_{\text{dc,0}}/2} \begin{bmatrix} v_{\text{m,d,PWM}}^{\text{es}} \\ v_{\text{m,q,PWM}}^{\text{es}} \end{bmatrix} \tag{5-36}$$

$$\text{CM:} \qquad \begin{bmatrix} v_{\text{m,d}}^{\text{es}} \\ v_{\text{m,q}}^{\text{es}} \end{bmatrix} = \frac{v_{\text{dc}}/2}{v_{\text{dc}}/2} \begin{bmatrix} v_{\text{m,d,PWM}}^{\text{es}} \\ v_{\text{m,q,PWM}}^{\text{es}} \end{bmatrix} \tag{5-37}$$

式中，$v_{\text{m,d,PWM}}^{\text{es}}$ 和 $v_{\text{m,q,PWM}}^{\text{es}}$ 代表已经经过反 Park 变换，尚未经过调制 MSC 输出控制信号。此电压信号即是平均值模型的受控电压源。

当采用补偿调制时，式(5-37) 中的分子分母可以约分。发电机和 MSC 动态无法传递到网侧，采用 PMSG 简化模型是准确的。若采用直接调制，式(5-36) 中的分子分母则无法约分，将机侧系统简化为恒功率源将会产生误差。换句话说，MSC 采用直接调制是机侧动态与电网侧耦合的根本原因[38]。

对式(5-36)取小信号，并将式(5-34)代入可得：

$$\left[\begin{array}{c} \Delta i_{m,d}^{es} \\ \Delta i_{m,q}^{es} \end{array}\right] = \boldsymbol{Z}_{msc}^{-1} \left[\begin{array}{c} \Delta v_{m,d}^{es} \\ \Delta v_{m,q}^{es} \end{array}\right] + \boldsymbol{Z}_{msc}^{-1} \boldsymbol{Z}_{md} \left[\begin{array}{c} \Delta v_{dc} \\ 0 \end{array}\right] \tag{5-38}$$

其中，

$$\boldsymbol{Z}_{md} = \left[\begin{array}{cc} \dfrac{v_{m,d}^{es}}{v_{dc}} & 0 \\ \dfrac{v_{m,q}^{es}}{v_{dc}} & 0 \end{array}\right] \tag{5-39}$$

（3）直流电容小信号建模

下面将对连接 GSC 和 MSC 的直流电容进行小信号分析。直流母线功率平衡方程可表示为

$$C_{dc} v_{dc} \frac{\mathrm{d}v_{dc}}{\mathrm{d}t} = -P_{gsc} - P_{msc} \tag{5-40}$$

$$P_{gsc} = \frac{3}{2}\left(v_{g,d} i_{g,d} + v_{g,q} i_{g,q}\right) \tag{5-41}$$

$$P_{msc} = \frac{3}{2}\left(v_{m,d} i_{m,d} + v_{m,q} i_{m,q}\right) \tag{5-42}$$

式中，$C_{dc} v_{dc} \dfrac{\mathrm{d}v_{dc}}{\mathrm{d}t}$ 为直流电容的充电功率；P_{gsc} 为 GSC 作为变流器并入电网的有功功率；P_{msc} 的正方向为 MSC 作为变流器流入发电机的有功功率。两者与电容的充电功率流向相反，故加负号。

对式(5-40)取小信号线性化，可得：

$$\left[\begin{array}{c} \Delta v_{dc} \\ 0 \end{array}\right] = \boldsymbol{Z}_{vg0}\left[\begin{array}{c} \Delta i_{g,d}^{es} \\ \Delta i_{g,q}^{es} \end{array}\right] + \boldsymbol{Z}_{ig0}\left[\begin{array}{c} \Delta v_{g,d}^{es} \\ \Delta v_{g,q}^{es} \end{array}\right] + \boldsymbol{Z}_{vm0}\left[\begin{array}{c} \Delta i_{m,d}^{es} \\ \Delta i_{m,q}^{es} \end{array}\right] + \boldsymbol{Z}_{im0}\left[\begin{array}{c} \Delta v_{m,d}^{es} \\ \Delta v_{m,q}^{es} \end{array}\right]$$
$$\tag{5-43}$$

其中，

$$\boldsymbol{Z}_{vg0} = \frac{-3}{2sC_{dc}v_{dc}}\left[\begin{array}{cc} v_{g,d}^{es} & v_{g,q}^{es} \\ 0 & 0 \end{array}\right], \qquad \boldsymbol{Z}_{ig0} = \frac{-3}{2sC_{dc}v_{dc}}\left[\begin{array}{cc} i_{g,d}^{es} & i_{g,q}^{es} \\ 0 & 0 \end{array}\right] \tag{5-44}$$

$$Z_{vm0} = \frac{-3}{2sC_{dc}v_{dc}} \begin{bmatrix} v_{m,d}^{es} & v_{m,q}^{es} \\ 0 & 0 \end{bmatrix}, \qquad Z_{im0} = \frac{-3}{2sC_{dc}v_{dc}} \begin{bmatrix} i_{m,d}^{es} & i_{m,q}^{es} \\ 0 & 0 \end{bmatrix} \tag{5-45}$$

将式(5-30)和式(5-38)代入式(5-43)可得：

$$Z_M \begin{bmatrix} \Delta v_{dc} \\ 0 \end{bmatrix} = Z_{vg0} \begin{bmatrix} \Delta i_{g,d}^{es} \\ \Delta i_{g,q}^{es} \end{bmatrix} + Z_{ig0} \begin{bmatrix} \Delta v_{g,d}^{es} \\ \Delta v_{g,q}^{es} \end{bmatrix} \tag{5-46}$$

其中，

$$Z_M = (\mathbf{E} - (Z_{vm0} + Z_{im0}Z_{gen})(Z_{gen} + Z_{msc})^{-1}Z_{md}) \tag{5-47}$$

通过推导式(5-46)，已经将机侧动态体现为对直流电压 Δv_{dc} 的影响。

（4）考虑调制过程的 GSC 建模

下面将在 GSC 建模中考虑调制过程，从而能够体现 PMSG 和 MSC 对系统动态特性的影响。在控制坐标系中，考虑直流电压外环控制，GSC 控制环节的小信号表达式为

$$\begin{bmatrix} \Delta v_{g,d}^{cs} \\ \Delta v_{g,q}^{cs} \end{bmatrix} = -G_{gdq,inner}G_{gd,outer} \begin{bmatrix} \Delta v_{dc} \\ 0 \end{bmatrix} + Z_{gic} \begin{bmatrix} \Delta i_{g,d}^{cs} \\ \Delta i_{g,q}^{cs} \end{bmatrix} \tag{5-48}$$

参照式(5-36)，考虑直接调制过程，可得：

$$\begin{bmatrix} v_{g,d}^{es} \\ v_{g,q}^{es} \end{bmatrix} = \frac{v_{dc}/2}{v_{dc,0}/2} \begin{bmatrix} v_{g,d,PWM}^{es} \\ v_{g,q,PWM}^{es} \end{bmatrix} \tag{5-49}$$

式中，$v_{g,d,PWM}^{es}$ 和 $v_{g,q,PWM}^{es}$ 代表 GSC 控制器已经经过反 Park 变换，尚未经过调制的输出信号。对式(5-49)取小信号线性化，可得：

$$\begin{bmatrix} \Delta v_{g,d}^{es} \\ \Delta v_{g,q}^{es} \end{bmatrix} = \frac{\Delta v_{dc}}{v_{dc,0}} \begin{bmatrix} v_{g,d}^{es} \\ v_{g,q}^{es} \end{bmatrix} + \begin{bmatrix} \Delta v_{g,d,PWM}^{es} \\ \Delta v_{g,q,PWM}^{es} \end{bmatrix} \tag{5-50}$$

GSC 阻抗建模流程已在 5.3.1 节中进行阐述，此处不再赘述。将式(5-46)代入 GSC 的阻抗建模中消去中间变量即可得到 PMSG 完整阻抗模型：

$$\begin{bmatrix} \Delta v_{s,d}^{es} \\ \Delta v_{s,q}^{es} \end{bmatrix} = Z_{PMSG} \begin{bmatrix} \Delta i_{g,d}^{es} \\ \Delta i_{g,q}^{es} \end{bmatrix} \tag{5-51}$$

其中，

$$Z_{PMSG} = (\mathbf{E} - Z_{dc}Z_M^{-1}Z_{ig0} + G_{vg} - Z_{gic}G_{ig})^{-1}$$
$$(Z_{gic} + Z_{dc}Z_M^{-1}Z_{vm0} - Z_g + Z_{dc}Z_M^{-1}Z_{ig0}Z_g) \tag{5-52}$$

5.4 算例分析

5.4.1 阻抗模型验证

在推导得到 PMSG 阻抗公式之后，需要对所推导得到的阻抗公式进行扫频验证。关于扫频的知识已在第 2 章中进行了详细的介绍。简要来说就是向风电机组注入不同频率的谐波，然后采集系统响应，通过快速傅里叶变换后计算相应频率下的系统阻抗。对上述推导公式(5-52)进行扫频验证，结果如图 5-3 所示。推导公式与扫频数据吻合较好，证明了建立的 PMSG 阻抗模型的正确性。

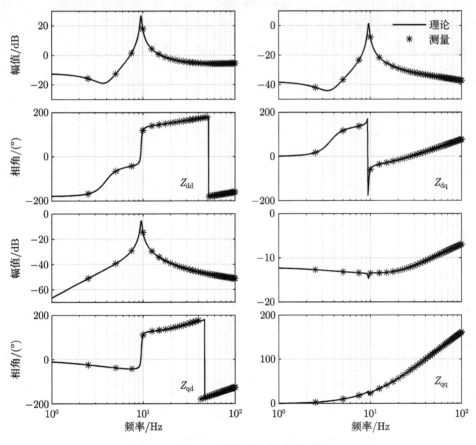

图 5-3 扫频验证结果图

所推导的 PMSG 阻抗模型在低频段主要受外环控制、稳态工作点以及锁相环的影响。这些控制往往是不对称的，造成 d 轴和 q 轴之间的耦合。在中高频段主要受电流内环控制的影响。主电路 RL 滤波器以及控制延时环节是高频段的主要影响因素 [2]。

5.4.2　弱电网稳定性分析

在验证了阻抗的正确性之后，接下来对单台直驱风电机组并网系统进行稳定性分析。已经有大量的研究表明，直驱风电机组并入弱电网时发生小信号失稳的风险将会变大。在 dq 轴下的电网阻抗和风电机组阻抗均为 MIMO 系统，电网阻抗和风电机组阻抗构成的回比矩阵利用广义奈奎斯特稳定判据，即可判断这个交互系统的稳定性。

在 MATLAB/Simulink 仿真平台中搭建了如图 5-2 所示的单台直驱风电机组并网系统，当电网短路比为 1.75 时，广义奈奎斯特图如图 5-4 所示。此时，广义奈奎斯特曲线 λ_2 与实轴的交点在 $(-1, \mathrm{j}0)$ 点的右侧，不包围 $(-1, \mathrm{j}0)$ 点，这表明系统稳定。当电网短路比为 1.6 时，广义奈奎斯特图如图 5-5 所示。此时，广义奈奎斯特曲线 λ_2 与实轴的交点在 $(-1, \mathrm{j}0)$ 点的左侧，包围 $(-1, \mathrm{j}0)$ 点，此时系统不稳定。通过以上对比可以得出结论，弱电网会减小直驱风电机组等跟网型设备的稳定裕度。当短路比小到一定程度时，此时并网系统发生小信号失稳。

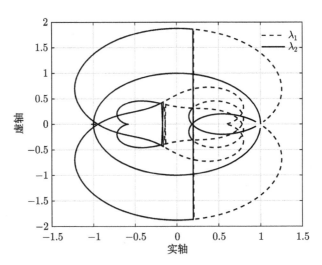

图 5-4　短路比为 1.75 时的广义奈奎斯特图（见彩色插页）

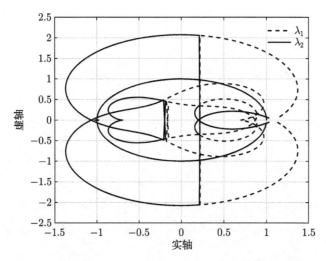

图 5-5 短路比为 1.6 时的广义奈奎斯特图（见彩色插页）

5.4.3 不同风速下的阻抗特性对比

在 5.2.1 节中提到当风速为 3~9m/s 之间时，PMSG 机组处于 MPPT 区，此时转子转速由 C_p 曲线的最优叶尖速比 λ_{opt} 确定。风速分别设置为 6 m/s、7 m/s、8 m/s 和 9 m/s。PMSG 在不同风速下的阻抗如图 5-6 所示。

在相对较低频率的范围内，PMSG 在 dq 坐标系下的阻抗取决于转速、功率等稳态工作点。在 MPPT 模式下，转速、功率等稳态工作点又取决于风速。在低频范围内，PMSG 阻抗取决于 GSC 和 MSC 控制器外环特性以及直流电压动态。在相对较高的频率范围内，对角元素 Z_{dd} 和 Z_{qq} 在不同的风速下是相同的，非对角元素 Z_{qd} 的幅值随风速的减小而减小，相角则几乎相同。从图中可以看出，风速对于超同步频段影响很小，可以忽略不计。这是因为 PMSG 在超同步频段的阻抗主要取决于锁相环动态以及控制器内环动态。

5.4.4 简化阻抗模型和详细阻抗模型稳定性分析对比

在 5.3.1 节中介绍了 PMSG 简化阻抗模型。简化阻抗模型通常忽略 MSC 以及永磁同步发电机的动态，用带恒功率源的 GSC 阻抗模型来代替直驱风电机组。但 PMSG 的准确阻抗模型对确保稳定性评估的精确性至关重要，简化阻抗模型在稳定性判断存在误差。本节将对比式(5-25) 所示的直驱风电机组简化阻抗以及式(5-52) 所示的考虑机侧动态的详细阻抗，并分析两种模型在稳定性判断方面的差异。

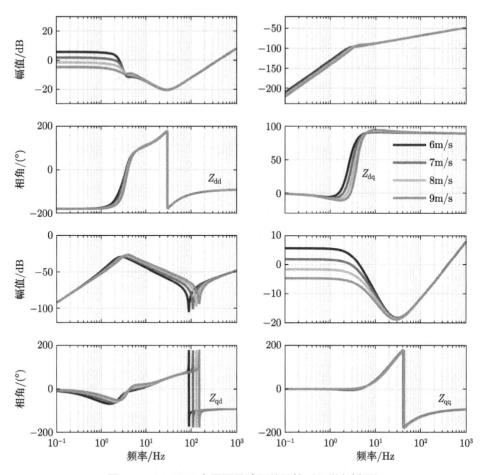

图 5-6 PMSG 在不同风速下的阻抗（见彩色插页）

简化阻抗模型与详细阻抗模型之间的对比如图 5-7 所示。从图中可以看出，简化阻抗模型与详细阻抗模型之间的差异主要集中于次/超同步频段以及高频段，对低频段的影响可以忽略 [2]。目前已有研究表明，MSC 的高带宽控制以及直流大电容会减小 PMSG 并网系统的稳定裕度，缩小简化阻抗模型和详细阻抗模型之间的差异 [39]。若降低 MSC 控制响应速度，会增大并网系统的稳定裕度，有利于系统的稳定性。由于发电机转子惯量较大，MPPT 控制不需要高带宽来进行快速响应，这在实际应用中是可行的。

在分析不同频段的差异之后进行稳定性对比，设置短路比为 1.7 的弱电网，利用上述所建立的简化阻抗模型以及详细阻抗模型进行稳定性对比。可以利用广义奈奎斯特判据判断并网稳定性，简化阻抗模型的奈奎斯特图如图 5-8 所示。广义奈奎斯特图中 λ_2 曲线已经包围 $(-1, j0)$ 点，这表明简化阻抗模型在 SCR=1.7

的弱电网下判断系统已经失稳。详细阻抗模型的奈奎斯特图如图 5-9 所示，回比矩阵特征根 λ_2 曲线并不包围 $(-1, j0)$ 点，判断系统在当前短路比下是稳定的。这说明将机侧动态等效为恒功率源的简化模型在稳定性判断方面可能会给出保守结论，造成稳定性判断误差。

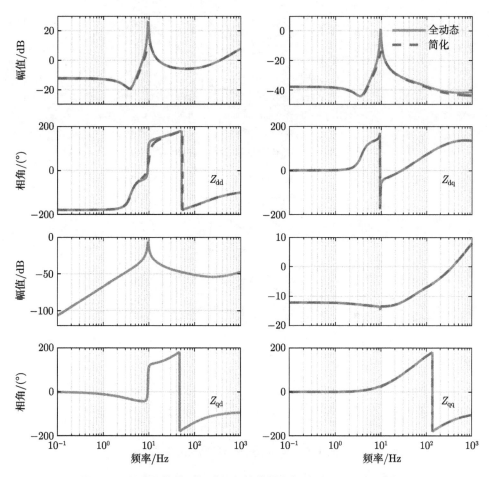

图 5-7　简化阻抗模型与详细阻抗模型之间的对比（见彩色插页）

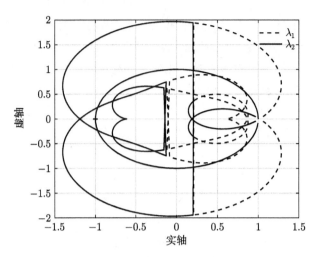

图 5-8　简化阻抗模型的奈奎斯特图

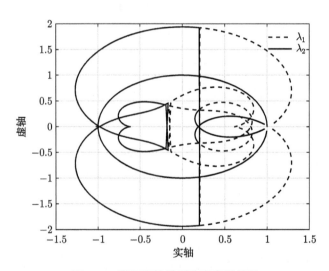

图 5-9　详细阻抗模型的奈奎斯特图

第 6 章

阻抗模型降阶理论

6.1 引言

第 4 章和第 5 章分别推导了双馈风电机组和直驱风电机组的阻抗模型。以双馈风电机组为例，风电机组阻抗的元素是高阶的，其频域算子 s 的阶数达到 18 阶。由于风电机组和风电场阻抗是高阶且时变的，目前阻抗计算存在效率低的问题。若运行点发生变化时，需要重新计算阻抗。此外，由于阻抗的解析表达式复杂，运行点的变化对于阻抗值的影响难以显式表达。

考虑含有 M 台风电机组和 N 条集电线路的风电场，其阻抗阶数可达到 $(18M + N)$。若风电机组数量超过 50 台，阻抗元素阶数将达到上千阶，计算复杂度显著上升。此外，s 的高次方计算在高频段可能会使数值溢出，导致阻抗无解。因此，亟需研究风电机组和风电场阻抗在线快速计算方法。为快速计算风电机组阻抗，大部分学者忽略部分影响小的动态过程从而降低阻抗元素阶数，比如忽略直流母线的动态。为快速计算风电场阻抗，大部分学者采用了等值的方案，将风电场等值为一台机或多台机。单机等值多采用容量加权的原则，多机等值方案通常需要动态调整等值机参数。

本章将聚焦风电场阻抗的降阶计算方法，介绍基于分段仿射的阻抗模型。首先，在 6.2 节中，在风电机组运行点和频域算子 s 的高维参数空间内构造了阻抗数据集。由于风电机组阻抗在参数空间内是非线性，数据集的密度是变化的。其次，在 6.3 节中采用聚合层次聚类方法对阻抗数据集分类，并采用多类鲁棒线性规划方法求解数据分类的分界面系数。由此，确定了运行点和频域算子 s 高维参数空间的优化分区。在 6.4 节中，在分区内通过线性计算获取风电机组阻抗值，极大地降低了计算复杂度。最后，在 6.5 节中基于风电机组分段仿射阻抗模型，充分考虑集电线路的拓扑结构，构造风电场阻抗模型。对于含有 M 台风电机组和 N 条集电线路的风电场，其阻抗元素阶数由 $(18M + N)$ 阶简化为 $(M + N)$ 阶。因此，所得到的风电场和风电场阻抗元素阶数显著降低，能够实现在线快速计算。

6.2　分段仿射系统及其对风电机组阻抗的适用性

分段仿射通过采用一组线性子模型及与其相应的分区域表示非线性系统[40]：

$$
y(\boldsymbol{x}) = \begin{cases}
\boldsymbol{\alpha}_1 \begin{bmatrix} \boldsymbol{x} & 1 \end{bmatrix}^{\mathrm{T}}, \boldsymbol{x} \in \chi_1 \\
\quad\quad\quad\vdots \\
\boldsymbol{\alpha}_n \begin{bmatrix} \boldsymbol{x} & 1 \end{bmatrix}^{\mathrm{T}}, \boldsymbol{x} \in \chi_n \\
\quad\quad\quad\vdots \\
\boldsymbol{\alpha}_N \begin{bmatrix} \boldsymbol{x} & 1 \end{bmatrix}^{\mathrm{T}}, \boldsymbol{x} \in \chi_N
\end{cases}
\tag{6-1}
$$

式中，$\boldsymbol{x}$ 为输入变量；$y(\boldsymbol{x})$ 为输出变量；$\boldsymbol{\alpha}_n$ 为仿射子模型参数向量；多参数的输入变量 $\boldsymbol{x}$ 构成高维参数空间，定义为 χ；将参数空间分为 N 个区域，得到有界多面体 χ_n。

分段仿射建模方法的难点在于：如何划分参数空间分区 χ_n 和在分区内如何获取仿射模型参数向量 $\boldsymbol{\alpha}_n$。接下来，将介绍分段仿射建模的基本步骤并分析分段仿射建模对于风电机组阻抗模型的适用性。

6.2.1　分段仿射建模的步骤

步骤 1：建立数据集

为对参数空间 χ 进行合理分区，需构造目标系统模型的输入输出数据集，即 $\{\boldsymbol{x}, y(\boldsymbol{x})\}$。根据物理限制，限定输入变量 $\boldsymbol{x}$ 的范围。在输入变量范围内，计算不同输入变量 $\boldsymbol{x}_i$ 对应的输出变量 $y(\boldsymbol{x}_i)$，其中 i 为数据集中样本的序号。

步骤 2：参数空间优化分区方法

一个合理划分的参数空间有助于平衡分段仿射模型的效率和准确性。通常可采用规则网格方法划分参数空间。考虑数据集 $\{\boldsymbol{x}, y(\boldsymbol{x})\}$ 的非线性特性，可根据聚类的方法获得优化的分区 χ_n。常用的多类别分类算法包括多类别鲁棒线性规划、支持向量分类和近端支持向量分类等方法[41-42]。

步骤 3：仿射子模型参数估计

基于分区内的样本数据，采用参数辨识的方法，辨识出子模型参数向量 $\boldsymbol{\alpha}_n$。分区的大小和分区内数据的数量是影响仿射精度和效率的主要因素。合理的分区可以显著减少分区量并提高仿射精度。

6.2.2　分段仿射对于风电机组阻抗建模的适用性

根据式(6-1)，分段仿射建模应选取输入变量 x 和输出变量 $y(x)$。输入变量为运行点和频域算子 s，输出变量为风电机组阻抗值。风电机组运行工作点参数众多，但多参数之间存在耦合。有功功率 P_{WT} 和无功功率 Q_{WT} 由风电场调控指令确定。风速 V_w 是时变的随机变量。若发电机端口电压 v_s 已知，则可进一步明确风电机组的全部电压和电流状态。因此，风电机组运行状态可由如下运行工作点 x_{WT} 决定：

$$x_{WT} = \begin{bmatrix} P_{WT} & Q_{WT} & V_w & v_s \end{bmatrix} \tag{6-2}$$

给定工作点下的风电机组阻抗可表示为 dq 坐标系下的二维矩阵通用表达式：

$$Z_{WT}(x_{WT}, s) = \begin{bmatrix} Z_{dd}(x_{WT}, s) & Z_{dq}(x_{WT}, s) \\ Z_{qd}(x_{WT}, s) & Z_{qq}(x_{WT}, s) \end{bmatrix} \tag{6-3}$$

其中，阻抗元素 Z_{dd} 的详细模型可表示为关于频域算子 s 的高阶有理式：

$$Z_{dd}(x_{WT}, s) = \frac{a_m s^m + a_{m-1} s^{m-1} + \cdots + a_0}{b_n s^n + b_{n-1} s^{n-1} + \cdots + b_0} \tag{6-4}$$

类似地，风电机组阻抗元素 Z_{dq}、Z_{qd}、Z_{qq} 同样是关于 s 的高阶有理式。

根据上节介绍的分段仿射步骤，构造风电机组阻抗分段仿射阻抗模型。首先，建立详细的阻抗数据集，其中输入变量为 (x_{WT}, s)，输出变量为 $Z_{dd}(x_{WT}, s)$。其次，考虑分段仿射的精度和效率，对变量 (x_{WT}, s) 所在的参数空间进行优化分区。最后，在分区 χ_n 内构造风电机组仿射线性阻抗模型。第 n 个分区的风电机组仿射阻抗模型 $Z_{dd,n}^{PWA}(x_{WT}, s)$ 可表示为

$$Z_{dd,n}^{PWA}(x_{WT}, s) = \alpha_n \begin{bmatrix} x_{WT} & s & 1 \end{bmatrix}^T, \{x_{WT}, s\} \in \chi_n \tag{6-5}$$

式中，n 表示第 n 个分区；x_{WT} 表示运行工作点；s 表示频域算子；α_n 为仿射子模型参数向量；χ_n 表示第 n 个分区的参数空间。

6.3　参数空间分区优化方法

风电机组阻抗在高维参数空间 χ 内呈现强非线性和高阶性，使得难以在线计算阻抗。考虑宽频阻抗的非线性，合理的参数空间分区能够极大地提高分段仿射模型效率。为此，首先定义了线性度指标，并基于此构造了参数空间内变密度的

阻抗数据集。其次,根据阻抗数据集样本分布特性,对数据进行聚合层次聚类。最后,针对多中心的数据类,采用多类别鲁棒线性规划,建立数据分区的边界超平面。

6.3.1 阻抗数据集构造方法

分段仿射方法依赖于阻抗样本的数据集。样本点的密度决定了仿射模型的精度和计算效率。提高样本密度可提高仿射模型的精度,但增加了计算量,因此会影响构造仿射模型的效率。所以,选取样本密度需要同时兼顾模型精度和计算效率。

全动态阻抗模型的非线性程度是决定样本点疏密程度的主要因素。在线性度高的范围内,可以降低样本密度,从而提高仿射模型的计算效率;在线性度低的范围内,可以提高样本密度,从而保证仿射模型的精度。对于一定数目的样本数,它们所在范围的大小决定了样本的密度。因此,需要合理划分运行工作点状态变量和复数状态变量 s 范围,从而优化样本密度。

全动态阻抗表达式(6-3)关于运行状态变量 P_{WT}、Q_{WT}、v_{s}、V_{w} 以及复数状态变量 s 具有不同的线性度。以阻抗元素 Z_{dd} 对 s 的线性度为例,定义线性度指标为

$$r(s) = \frac{\mathrm{Cov}\left(\mathrm{Re}(Z_{\mathrm{dd}}(s)), \mathrm{Im}(Z_{\mathrm{dd}}(s))\right)}{\sqrt{\mathrm{Var}(\mathrm{Re}(Z_{\mathrm{dd}}(s)))\,\mathrm{Var}(\mathrm{Im}(Z_{\mathrm{dd}}(s)))}} \tag{6-6}$$

式中,Cov 为协方差计算符号;Var 为标准差计算符号。线性相关系数的分子为 $Z_{\mathrm{dd}}(s)$ 实部和虚部协方差,用来表观测量相对其各自均值所造成的共同偏差。协方差值越大,则表明两个变量在一系列数据点范围内的取值所呈现出的趋势就越相近。线性相关系数的分母为 $Z_{\mathrm{dd}}(s)$ 实部和虚部各自的标准差的乘积。线性相关系数在 0~1 之间,其越接近 1,则表明两个变量的线性度越高。

以第 4 章介绍的双馈风电机组为例,可以画出阻抗值随 s 和频率变化的曲线,如图 6-1 所示。从图中可以看出,阻抗值随频率的变化在低频时非常大,而在高频时变化较小,特别是在 100 Hz 以上时,阻抗值的变化范围很小且线性度较高。根据式(6-6),分析阻抗关于复数状态变量 s 的线性度。选取稳态运行工作点。以 $Z_{\mathrm{dd}}(s)$ 为例,在 100~200 Hz, 200~300 Hz, $\cdots$, 900~1000 Hz 的范围内,100~200 Hz 的线性度 $r(s)$ 最小为 0.9707。在 10~20 Hz, 20~30 Hz, $\cdots$, 90~100 Hz 的范围内,10~20 Hz 的线性度 $r(s)$ 最小为 0.9862。在 1~2 Hz, 2~3 Hz, $\cdots$, 9~10 Hz 的范围内,1~2 Hz 的线性度 $r(s)$ 为 0.8947,2~3 Hz 的线性度 $r(s)$ 为 0.9283,3~4 Hz 的线性度 $r(s)$ 为 0.9457,其余都大于 0.95。

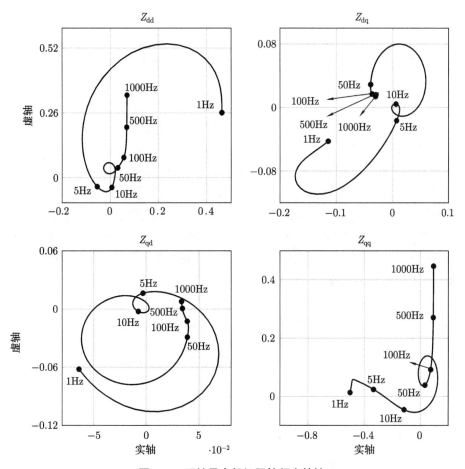

图 6-1 双馈风电机组阻抗频率特性

根据线性度的定义，线性度大于 0.95 的数据可以用线性函数来拟合。阻抗数据集范围选取原则如下：若阻抗对状态变量线性度高，则可以取相对大的状态变量数据集范围；若阻抗对状态变量线性度低，则需取相对小的状态变量数据集范围。根据图 6-1 和阻抗关于 s 的线性度结果，复数状态变量 s 范围划分的精度可以选取如下：在 $0\sim4\,\mathrm{Hz}$ 的范围内，以 $0.1\,\mathrm{Hz}$ 为间隔提供数据集，在 $4\sim10\,\mathrm{Hz}$ 的范围内，以 $1\,\mathrm{Hz}$ 为间隔提供数据集，在 $10\sim100\,\mathrm{Hz}$ 的范围内，以 $10\,\mathrm{Hz}$ 为间隔提供数据集，在 $100\sim1000\,\mathrm{Hz}$ 的范围内，以 $100\,\mathrm{Hz}$ 为间隔提供数据集。类似于分析阻抗关于 s 的线性度，可以分析阻抗关于运行工作点的线性度。根据线性度分析，可以划分运行工作点状态变量的取值范围。

根据上述给出的状态变量取值范围，对稳态工作点状态变量 x 和复数状态变量 s 随机撒点。计算每个状态变量样本点原始阻抗值。每个数据集取值范围内的状态变量样本点及其对应的原始阻抗值组成一个数据集。以双馈风电机组为例，根据阻抗线性度分析，复数状态变量 s 划分为 64 个频率段，而对稳态工作点状态变量不划分取值范围。因此，总共可以构造 64 个数据集。

6.3.2 阻抗数据集层次聚类算法

风电机组在高维参数空间 χ 内的阻抗数据集的密度不均匀。若采用均分的网格化分区方法，可能会出现部分分区内样本数据稀疏或者过于稠密的问题。为此，采用聚类的方法将一个数据集空间划分为多个不相交的子集，每个子集内的样本密度考虑了阻抗的线性度，由此实现了参数空间分区的优化预处理。

基于 K-means 的传统统计数据聚类方法以中心点为划分类的依据，通过计算数据与中心点之间的距离来判断，但是聚类中心的数目和聚类中心的初始选择都将对聚类结果产生重大影响。因此，本节将采用聚合层次聚类，将每个数据都视为一类。按照一定的距离度量方法来计算每个类之间的距离。每次聚合距离最近的两个类或多个类，不受初始聚类中心的影响。采取欧几里得距离来计算样本类 S_1, S_2 间的距离，并以两类之间距离最远的样本间的距离作为真实距离 $D(S_1, S_2)$：

$$D(S_1, S_2) = \max \ d((x_1, s_1, Z_{dd}(x_1, s_1)), (x_2, s_2, Z_{dd}(x_2, s_2)))$$

$$\text{subject to:} \quad (x_1, s_1) \in S_1; (x_2, s_2) \in S_2$$

(6-7)

由于 x 中的不同状态变量和 s，分别具有不同的单位，不能直接对比相互之间的距离。所以，先将所有数据标准化，以 s 为例，对其中的一个样本 s_i 进行标准化：

$$s_i^* = \frac{s_i - \overline{s}}{\text{Var}(s)}$$

(6-8)

式中，上标 $*$ 表示标准量。将所有 s 样本的平均值变为 0，标准差变为 1，并对其余状态变量的样本也同样处理。以 $Z_{dd}(x, s)$ 为例，其样本 $(x_1, s_1), (x_2, s_2)$ 间的欧几里得距离如下所示：

$$d^2 = (Z_{dd}^*(x_1, s_1) - Z_{dd}^*(x_2, s_2))^2 + (x_1^* - x_2^*)(x_1^* - x_2^*)^{\text{T}} + (s_1^* - s_2^*)(s_1^* - s_2^*)$$

(6-9)

以 8 个样本为例，聚合层次聚类过程如图 6-2 所示。样本用空心圆圈表示。首先，把单个样本定义为一类，定义为 $S_7 \sim S_{14}$。根据式(6-7)计算不同类之间的距离。若两个类之间的距离小于阈值 ψ，即可合为一类。比如，如果 $D(S_7, S_8) < \psi$，则 S_7 与 S_8 聚合为 S_3；如果 $D(S_9, S_{10}) < \psi$，则 S_9 与 S_{10} 聚合为 S_4。依次类

推，$S_7 \sim S_{14}$ 聚合为 4 个类，分别为 $S_3 \sim S_6$。其次，对 $S_3 \sim S_6$ 进行聚类。如果 $D(S_3, S_4) < \psi$ 和 $D(S_5, S_6) < \psi$，得到新的类 S_1 和 S_2。最后，计算 S_1 和 S_2 的距离。若距离超过阈值 ψ，则停止聚类。因此，可以通过调节阈值 ψ 来调整聚类的数目和精度。

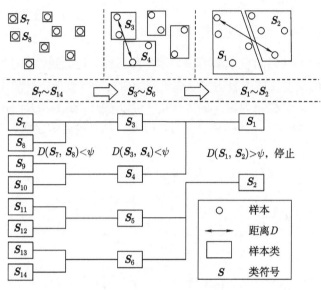

图 6-2 聚合层次聚类过程

根据聚类集合中的样本点，可以进一步求解相邻聚类的分解面系数矩阵。以 χ_n 表示分段仿射模型工作区域 x 的分区，下标 n 表示分区的编号，分界面的表达式可以表示为

$$\chi_n = \left\{ \boldsymbol{F}_n \begin{bmatrix} \boldsymbol{x}_{\mathrm{WT}} & s \end{bmatrix}^{\mathrm{T}} + \boldsymbol{g}_n \leqslant 0 \right\} \tag{6-10}$$

式中，$\boldsymbol{F}_n$ 和 $\boldsymbol{g}_n$ 为分界面系数矩阵。本节将采用多类鲁棒线性规划完成分界面系数求解。针对含有 5 个状态变量的阻抗表达式(6-3)，所有分区要求在 5 维的空间内将聚类完全分离，且分区间不能有重叠或空隙。

6.4 分段仿射阻抗计算方法

基于上一节介绍的风电机组分段仿射分区，本节将构造仿射线性阻抗模型。首先，基于分区内的阻抗样本数据，计算风电机组仿射子模型参数。分段仿射阻抗模型表述为关于运行工作点 $\boldsymbol{x}_{\mathrm{WT}}$ 和频域算子 s 的线性表达式。线性模型极大地提高了阻抗计算效率，并可显式表示运行工作点在全频段内对阻抗特性的影响。其次，基于风电机组分段仿射阻抗模型，考虑集电线路的拓扑结构，构造了大规模风电场阻抗模型。所得到的风电场阻抗元素阶数显著降低，能够实现在线快速计算。最后，总结了风电场分段仿射阻抗建模方法，并分析了参数空间分区对分段仿射阻抗模型的精度影响。

6.4.1 风电机组仿射子模型参数估计

每个分区内的仿射阻抗模型可以采用多种形式，比如线性表达式或者多项式形式。仿射阻抗模型的适用表达式取决于原始阻抗的线性度。根据式(6-6)中原始全动态阻抗在不同数据集内对 s 的线性度，可以得到，在 $1 \sim 2\,\mathrm{Hz}, 10 \sim 20\,\mathrm{Hz}, 100 \sim 200\,\mathrm{Hz}$ 等各个刻度的范围内，r 都在 0.9 以上，具有较高的线性。同理也分析了其他变量对于阻抗值的线性影响程度，综合考虑了拟合精度和计算效率，最终选择在每个分区内采用线性仿射子模型来拟合数据。以 Z_{dd} 为例，PWA 模型形式通常表示为

$$Z_{\mathrm{dd}}^{\mathrm{PWA}}(\boldsymbol{x}_{\mathrm{WT}}, s) = \begin{cases} \boldsymbol{\alpha}_1 [\ \boldsymbol{x}_{\mathrm{WT}} \quad s \quad 1\ ]^{\mathrm{T}}, \{\boldsymbol{x}_{\mathrm{WT}}, s\} \in \boldsymbol{\chi}_1 \\ \qquad\qquad\vdots \\ \boldsymbol{\alpha}_n [\ \boldsymbol{x}_{\mathrm{WT}} \quad s \quad 1\ ]^{\mathrm{T}}, \{\boldsymbol{x}_{\mathrm{WT}}, s\} \in \boldsymbol{\chi}_n \\ \qquad\qquad\vdots \\ \boldsymbol{\alpha}_N [\ \boldsymbol{x}_{\mathrm{WT}} \quad s \quad 1\ ]^{\mathrm{T}}, \{\boldsymbol{x}_{\mathrm{WT}}, s\} \in \boldsymbol{\chi}_N \end{cases} \tag{6-11}$$

式中，$Z_{\mathrm{dd}}^{\mathrm{PWA}}$ 为 PWA 系统的输出；$\boldsymbol{x}_{\mathrm{WT}}$ 为风电机组运行工作点；$\boldsymbol{\alpha}_n$ 为第 n 个仿射子模型的参数向量；$\boldsymbol{\chi}_n$ 为第 n 个状态变量分区空间；N 为状态参数空间中分区的总个数。

利用最小二乘算法，可以实现阻抗仿射模型 (6-11) 中 $\boldsymbol{\alpha}_n$ 的参数估计。对于第 n 个 $\boldsymbol{\chi}_n$ 分区内的第 j 个样本点 $\boldsymbol{x}_{n,j}$ 和对于原始阻抗 $Z_{\mathrm{dd}}(\boldsymbol{x}_{n,j}, s_{n,j})$，其与分段仿射方程 $Z_{\mathrm{dd}}^{\mathrm{PWA}}(\boldsymbol{x}_{n,j}, s_{n,j})$ 的距离为

$$L(\boldsymbol{x}_{n,j}, s_{n,j}) = Z_{\mathrm{dd}}(\boldsymbol{x}_{n,j}, s_{n,j}) - Z_{\mathrm{dd}}^{\mathrm{PWA}}(\boldsymbol{x}_{n,j}, s_{n,j}) \tag{6-12}$$

使总数 J_n 个样本点距离拟合方程的距离的平方和最小，即可得到最优的仿射子模型参数 $\boldsymbol{\alpha}_n$：

$$\boldsymbol{\alpha}_n = \underset{\boldsymbol{\alpha}_n}{\mathrm{argmin}} \sum_{j=1}^{J_n} L^2(\boldsymbol{x}_{n,j}, s_{n,j}) \tag{6-13}$$

式中，J_n 为第 n 个分区内的样本点总数；j 为样本点序号。

根据各自的分区数据，可得到阻抗 $Z_{\mathrm{dd}}^{\mathrm{PWA}}(\boldsymbol{x}_{\mathrm{WT}},s)$ 在全频段和全工况下的分段仿射子模型参数。最终，分段仿射的双馈风电机组阻抗可表示为

$$\boldsymbol{Z}_{\mathrm{WT}}^{\mathrm{PWA}}(\boldsymbol{x}_{\mathrm{WT}},s) = \begin{bmatrix} Z_{\mathrm{dd}}^{\mathrm{PWA}}(\boldsymbol{x}_{\mathrm{WT}},s) & Z_{\mathrm{dq}}^{\mathrm{PWA}}(\boldsymbol{x}_{\mathrm{WT}},s) \\ Z_{\mathrm{qd}}^{\mathrm{PWA}}(\boldsymbol{x}_{\mathrm{WT}},s) & Z_{\mathrm{qq}}^{\mathrm{PWA}}(\boldsymbol{x}_{\mathrm{WT}},s) \end{bmatrix} \tag{6-14}$$

式中，分段仿射阻抗 $Z_{\mathrm{dd}}^{\mathrm{PWA}}(\boldsymbol{x}_{\mathrm{WT}},s)$ 由式(6-11)给出，其他阻抗可以通过类似方法得到。

6.4.2　风电场分段仿射阻抗计算

大规模风电场通常包含几十台到上百台风电机组，通过几条支路形成互连，如图 6-3 所示。每条支路的风电机组运行工作点接近，且一般使用相同类型的风电机组。因此，可对支路内的风电机组的整体阻抗进行分段仿射建模，获得支路分段仿射阻抗，从而进一步降低风电场阻抗模型的阶数，实现更加高效的在线阻抗计算。

在风电场中，各个元件阻抗模型均是基于自身并网点电压定向的 dq 坐标系建立的。由于集电线路的存在，各并网点的电压是不同的，这就导致了阻抗建模所依据的 dq 坐标系是不同的，各元件无法直接连接形成阻抗网络。因此，采用风电场统一 dq 坐标系，将各元件 dq 坐标系下的阻抗模型变换到统一 dq 坐标系下，建立风电场阻抗网络模型。

对于图 6-3 所示的风电场，以并网点处作为参考节点。参考节点处的电压角度为零，各个节点相对于参考节点的角度定义为 $\theta_{\mathrm{WT},k}$。将 PCC 作为 V,θ 节点，其余风电机组都作为 P,Q 节点。通过风电场潮流计算，可以获得系统的各节点功率、电压和相角。

根据式(6-14)，第 k 台风电机组变换到统一 dq 坐标系下的双馈风电机组阻抗模型为

$$\boldsymbol{Z}_{\mathrm{WT},k}^{\mathrm{PWA,u}}(\boldsymbol{x}_{\mathrm{WT},k},s) = \boldsymbol{T}_{\mathrm{dq},k}\boldsymbol{Z}_{\mathrm{WT},k}^{\mathrm{PWA}}(\boldsymbol{x}_{\mathrm{WT},k},s)\boldsymbol{T}_{\mathrm{dq},k}^{-1} \tag{6-15}$$

式中，$\boldsymbol{x}_{\mathrm{WT},k}$ 为根据式 (6-2) 定义的第 k 台双馈风电机组的运行工作点状态变量；$\boldsymbol{T}_{\mathrm{dq},k}$ 的定义如下：

$$\boldsymbol{T}_{\mathrm{dq},k} = \begin{bmatrix} \cos(\theta_{\mathrm{WT},k}) & \sin(\theta_{\mathrm{WT},k}) \\ -\sin(\theta_{\mathrm{WT},k}) & \cos(\theta_{\mathrm{WT},k}) \end{bmatrix} \tag{6-16}$$

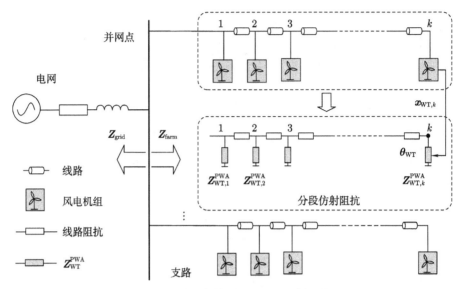

图 6-3   风电场拓扑图及其分段仿射示意图

风电机组阻抗矩阵 $\boldsymbol{Z}_{\mathrm{WT},k}^{\mathrm{PWA},\mathrm{u}}(\boldsymbol{x}_{\mathrm{WT},k}, s)$ 为二维矩阵, 见式(6-15)。在统一 dq 坐标系下，风电场阻抗满足串并联计算。根据风电场中各元件的连接关系，按照阻抗串并联可以得到风电场聚合阻抗 $\boldsymbol{Z}_{\mathrm{farm}}$。最终，可以得到基本分段仿射阻抗的风电场的阻抗模型：

$$\boldsymbol{Z}_{\mathrm{farm}}^{\mathrm{PWA}}(\boldsymbol{x}_{\mathrm{farm}}, s) = \begin{bmatrix} Z_{\mathrm{farm},\mathrm{dd}}^{\mathrm{PWA}}(\boldsymbol{x}_{\mathrm{farm}}, s) & Z_{\mathrm{farm},\mathrm{dq}}^{\mathrm{PWA}}(\boldsymbol{x}_{\mathrm{farm}}, s) \\ Z_{\mathrm{farm},\mathrm{qd}}^{\mathrm{PWA}}(\boldsymbol{x}_{\mathrm{farm}}, s) & Z_{\mathrm{farm},\mathrm{qq}}^{\mathrm{PWA}}(\boldsymbol{x}_{\mathrm{farm}}, s) \end{bmatrix} \tag{6-17}$$

其中，

$$\boldsymbol{x}_{\mathrm{farm}} = [\boldsymbol{x}_{\mathrm{WT},1}, \cdots, \boldsymbol{x}_{\mathrm{WT},k}, \cdots, \boldsymbol{x}_{\mathrm{WT},K}] \tag{6-18}$$

6.4.3   分区数对分段仿射精度的影响

分区数直接影响到分段仿射应用的精度和计算量。所以，本节将通过调整聚类阈值 ψ，分析不同分区数对于精度的影响。分段仿射阻抗模型和原始高阶详细阻抗模型的相对误差 $e(\boldsymbol{x}_{n,j}, s_{n,j})$ 定义为

$$e(\boldsymbol{x}_{n,j}, s_{n,j}) = \frac{Z_{\mathrm{dd}}(\boldsymbol{x}_{n,j}, s_j) - Z_{\mathrm{dd}}^{\mathrm{PWA}}(\boldsymbol{x}_{n,j}, s_{n,j})}{Z_{\mathrm{dd}}(\boldsymbol{x}_{n,j}, s_{n,j})} \tag{6-19}$$

在不同分区的分段仿射模型下，计算所有测试点的相对误差的平均值，可以得到总体的误差和分区数的关系：

$$E = \left(\sum_{n=1}^{N} \sum_{j=1}^{J_n} e(\boldsymbol{x}_{n,j}, s_{n,j}) \right) / \left(\sum_{n=1}^{N} J_n \right) \tag{6-20}$$

保持总样本点数不变，数据集内样本点个数也保持不变。数据集内分区数和仿射模型精度的关系如图 6-4 所示，可以看到，分区数从 0~1000 的过程中，分区的精度迅速提高。较多的分区能够更好地仿射出阻抗模型。而当分区数提高到 1600 个区以上时，分段仿射阻抗模型的精度基本不变。

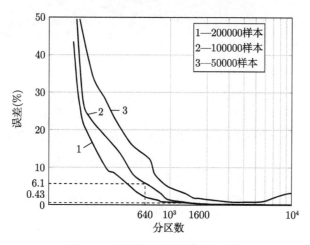

图 6-4　分区数和计算误差示意图

在本节中，在一个数据集内，一个 5 维状态变量空间中，为产生足够的样本点来对阻抗值做出一个良好的逼近，共有 10^5 个样本点被计入。过多的分区使每个分区内的样本点不足，导致精度无法进一步提升。而过多地增加样本和分区数，会导致计算负担上升，综合考虑，选取每个数据集内分 25 个区较为合理。根据 6.2 节的数据集构建，本节中总共有 120 个数据集，所以最终在整个运行域中产生了 3000 个分区。具体对每个分区而言，为方便展示，选取在 $Q_{\mathrm{WT}}, v_s, V_\mathrm{w}$ 为定值时，以频率在 10~20 Hz 的数据集来展示。关于 $P_{\mathrm{WT}}, V_\mathrm{w}, s$ 的三维的分区结果如图 6-5 所示，其中共 9 个分区空间。在整个分区空间中，分区的边界服从 P_{WT} 和 V_w 之间满足空气动力学的约束关系。另外，在此数据集内 s 是影响分区结果的主要变量。在 10~15 Hz 的频段内，分区数为 6 个。在 15~20 Hz 的频段内，分区数为 3 个，这是因为频率较低的范围内阻抗值变化大，导致数据聚类的过程中，低频的类较多。通过在数据变化大的范围中多划分区域，保证仿射精度。

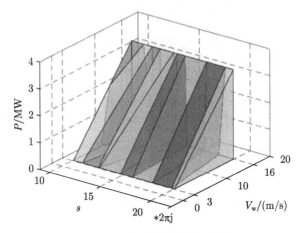

图 6-5　分段仿射分区示意图

6.5　分段仿射模型分析

　　为了分析本章所介绍的双馈风电机组分段仿射阻抗模型的准确性，分别在单机和风电场场景下进行对比分析。在单台风电机组的场景下，分析了仿射阻抗模型与理论模型对比的准确性，证明了实时计算分段仿射模型的可行性。在风电场场景下，通过对比分段仿射模型和风电场扫频模型，验证了分段仿射阻抗聚合模型的准确性。

6.5.1　风电机组分段仿射阻抗

　　基于第 4 章中推导的双馈风电机组的阻抗机理模型，对比机理阻抗和本章所提的分段仿射模型的阻抗值。运行工作点确定为 $P_{WT} = 1.5\ MW$，$Q_{WT} = 0\ Mvar$，$v_s = 592\ V$，$V_w = 11\ m/s$。在该工作点下，对比分段仿射模型和理论模型的全频段阻抗值，如图 6-6 所示。在全频段上，分段仿射模型的阻抗值和机理的阻抗值贴合度较好。当频率为 5 Hz 以上时，分段仿射模型和理论模型贴合度很高。根据式(6-20)，误差小于 1%。在 0~5 Hz 的范围内，分段仿射模型出现了一定的偏差，误差小于 3%。低频段 PWA 模型的偏差主要是由于在低频段原始阻抗非线性比较强（见图 6-1）。可以通过提高分区数量并增加区内样本点个数来减小偏差。

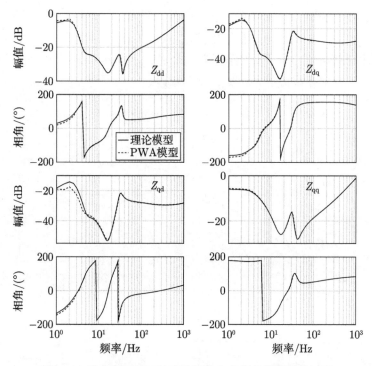

图 6-6 风电机组的原始高阶阻抗和分段仿射模型的对比

6.5.2 风电场分段仿射阻抗

在 MATLAB/Simulink 搭建图 6-3 所示的风电场时域仿真模型。风电机组含有 6 条支路，各支路各含 8 台 3 MW 的双馈风电机组。各支路双馈风电机组的功率分别设定为 1 MW、0.9 MW、0.8 MW、0.7 MW、0.6 MW 和 0.5 MW。

风电场阻抗模型通过分段仿射和扫频两种方法获得。风电场分段仿射模型的获取方法如下：首先通过本章介绍的分段仿射方法，可以获得每台风电机组的分段仿射模型，见式(6-11)。然后通过风电场阻抗构造方法，可以获得风电场分段仿射阻抗模型，见式(6-17)和式(6-18)。接着通过潮流计算可以得到各台风电机组的运行点 $x_{\mathrm{WT},k}$，包括有功功率 P_{WT}、无功功率 Q_{WT}、机端电压 v_{s} 和风速 V_{w}。另外，统一 dq 坐标系所需的相角 $\theta_{\mathrm{WT},k}$ 也可由潮流计算获得。因此，可以得到给定运行点下风电场分段仿射模型在全频段的动态模型。扫频得到风电场阻抗模型的步骤如下：在时域仿真模型中，在总并网点处注入包含 1~1000 Hz 的小扰动电压信号。测量在不同频率下的风电场并网点电流响应。通过傅里叶分析，可以得到风电场在不同频率下的阻抗值。

风电场分段仿射模型和扫频模型对比结果如图 6-7 所示。黑色曲线为风电场分段仿射模型，圆圈为扫频结果。从图中可以看出，风电场分段仿射模型与扫频结果一致性较好。在低频段比较结果偏差主要是由阻抗在低频范围内的强非线性导致。具体分析过程在单机算例部分已经讨论。偏差可以通过增加分区数目的方法解决，从而进一步提高分段仿射模型的精度。

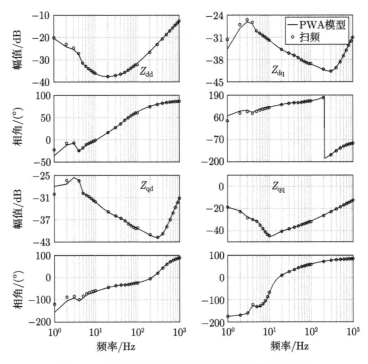

图 6-7　风电场分段仿射模型和扫频模型对比结果

第 7 章

风电场阻抗构造理论 ◄◄◄
和方法

7.1 引言

本书的第 4 章和第 5 章分别给出了双馈风电机组和直驱风电机组的详细阻抗模型。因此，根据风电场拓扑结构，对所建风电机组阻抗和集电线路阻抗进行串并联即可得到风电场的阻抗模型。这是现有风电场阻抗研究的基本思路。然而，风电场作为复杂的动态系统，存在多种时间和空间尺度上的耦合特性。如图 7-1 所示，风电场控制与单机控制之间存在动态交互耦合，同时也引发了风电机组间及其与集电线路的耦合。风电场阻抗特性的精确刻画与稳定性的准确分析依赖于完整且详细的风电场阻抗模型。

现有的采用单机阻抗串并联或多机等值的风电场阻抗建模方法均存在不同程度的简化。这种建模方法忽略了风电场控制动态，不能全面反映风电场多种动态耦合特性对系统小扰动稳定性的影响。因此，本章将建立考虑场控动态的双馈风电场全动态阻抗模型，为后续风电场小扰动稳定性相关研究建立模型标准。

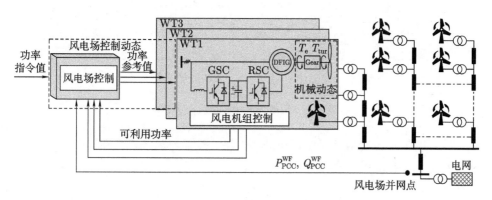

图 7-1　风电场整体结构示意图

本章的具体安排如下：7.2 节将针对美国西部电力协调委员会 (Western Electricity Coordinating Council, WECC) 定义的标准场控系统建立场控的阻抗模型。7.3 节将结合场控阻抗对双馈风电机组阻抗模型进行重建，并根据风电场拓扑结构，采用节点导纳矩阵推导风电场全动态阻抗模型。7.4 节将根据风电场全动态阻抗模型分析场控对风电场阻抗特性的影响。7.5 节将分析场控以及电网强度对风电场并网稳定性的影响。

7.2 场站控制阻抗建模

图 7-1 中的风电场控制结构参考 WECC 标准风电场控制系统，包括功率控制和功率分配两部分，如图 7-2 所示。本节将主要关注风电场控制的有功功率和无功功率小扰动特性，忽略频率和电压附加控制回路。功率控制模块接收电网调度部门发出的风电场功率调度指令。结合风电场并网点处测量的实际输出功率，通过 PI 调制得到风电场功率参考值。功率分配模块通过分配函数将功率控制模块给出的风电场功率参考值按一定的比例转化为风电场内每台双馈风电机组的功率参考值。分配函数可以有多种设计方法，如平均分配法、按风电机组装机容量比例分配法等。本书采用当前主流的按可用功率分配法，可以充分考虑各台风电机组的发电能力[43]。

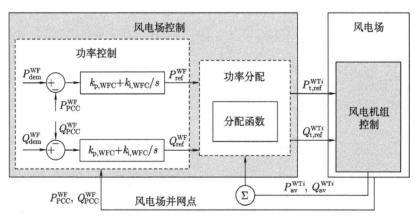

图 7-2 风电场场站控制结构图 [44]

对于共含有 n 台双馈风电机组的风电场，第 i 台风电机组在当前风速 V_w 下的可用有功功率 $P_\text{av}^{\text{WT}i}$ 为

$$P_\text{av}^{\text{WT}i} = \frac{1}{2}\pi\rho r^2 V_\text{w}^3 C_\text{p\_max} \tag{7-1}$$

式中，$C_{\text{p\_max}}$ 为最大风能利用系数。定桨距角控制 $\beta = 0$ 时，$C_{\text{p\_max}} = 0.44$。需要注意的是，当前可用功率需要限制在双馈风电机组额定功率以内。第 i 台风电机组对应的可用无功功率 $Q_{\text{av}}^{\text{WT}i}$ 为

$$Q_{\text{av}}^{\text{WT}i} = \sqrt{\left(S_{\text{rated}}^{\text{WT}i}\right)^2 - \left(P_{\text{av}}^{\text{WT}i}\right)^2} \tag{7-2}$$

式中，$S_{\text{rated}}^{\text{WT}i}$ 为第 i 台双馈风电机组的额定容量。

因此，根据可用功率分配函数计算得到的第 i 台双馈风电机组有功功率和无功功率参考值分别为

$$P_{\text{t,ref}}^{\text{WT}i} = \frac{P_{\text{av}}^{\text{WT}i}}{\sum\limits_{i=1}^{n} P_{\text{av}}^{\text{WT}i}} P_{\text{ref}}^{\text{WF}}, \quad Q_{\text{t,ref}}^{\text{WT}i} = \frac{Q_{\text{av}}^{\text{WT}i}}{\sum\limits_{i=1}^{n} Q_{\text{av}}^{\text{WT}i}} Q_{\text{ref}}^{\text{WF}} \tag{7-3}$$

同样地，也需要保证单台双馈风电机组的功率参考值不会超过额定功率。同时，可以定义第 i 台双馈风电机组的有功和无功分配系数 $r_{\text{P}i}$ 和 $r_{\text{Q}i}$：

$$r_{\text{P}i} = \frac{P_{\text{av}}^{\text{WT}i}}{\sum\limits_{i=1}^{n} P_{\text{av}}^{\text{WT}i}}, \quad r_{\text{Q}i} = \frac{Q_{\text{av}}^{\text{WT}i}}{\sum\limits_{i=1}^{n} Q_{\text{av}}^{\text{WT}i}} \tag{7-4}$$

根据风电场场站控制的结构，功率控制模块的小扰动阻抗模型为

$$\begin{bmatrix} \Delta P_{\text{ref}}^{\text{WF}} \\ \Delta Q_{\text{ref}}^{\text{WF}} \end{bmatrix} = \boldsymbol{Z}_{\text{WFC}} \begin{bmatrix} \Delta P_{\text{pcc}}^{\text{WF}} \\ \Delta Q_{\text{pcc}}^{\text{WF}} \end{bmatrix} \tag{7-5}$$

$$\boldsymbol{Z}_{\text{WFC}} = \begin{bmatrix} -G_{\text{pi,WFC}} & 0 \\ 0 & -G_{\text{pi,WFC}} \end{bmatrix} \tag{7-6}$$

式中，$G_{\text{pi,WFC}} = k_{\text{p,WFC}} + k_{\text{i,WFC}}/s$ 为场站功率控制的 PI 传递函数。

对于风电场并网点功率的小扰动动态可以参考第 4 章双馈风电机组并网点功率的小信号模型。因此，这里直接给出风电场并网点功率的阻抗模型：

$$\begin{bmatrix} \Delta P_{\text{pcc}}^{\text{WF}} \\ \Delta Q_{\text{pcc}}^{\text{WF}} \end{bmatrix} = \boldsymbol{G}_{\text{ipcc}} \Delta \boldsymbol{v}_{\text{pcc}}^{\text{cs}} + \boldsymbol{G}_{\text{vpcc}} \Delta \boldsymbol{i}_{\text{pcc}}^{\text{cs}} \tag{7-7}$$

$$\boldsymbol{G}_{\text{ipcc}} = \begin{bmatrix} 1.5 I_{\text{pccd}}^{\text{es}} & 1.5 I_{\text{pccq}}^{\text{es}} \\ -1.5 I_{\text{pccq}}^{\text{es}} & 1.5 I_{\text{pccd}}^{\text{es}} \end{bmatrix}, \quad \boldsymbol{G}_{\text{vpcc}} = \begin{bmatrix} 1.5 V_{\text{pccd}}^{\text{es}} & 1.5 V_{\text{pccq}}^{\text{es}} \\ 1.5 V_{\text{pccq}}^{\text{es}} & -1.5 V_{\text{pccd}}^{\text{es}} \end{bmatrix} \tag{7-8}$$

式中，$\boldsymbol{v}_{\mathrm{pcc}}^{\mathrm{cs}}$ 和 $\boldsymbol{i}_{\mathrm{pcc}}^{\mathrm{cs}}$ 分别为风电场并网点的电压和电流。

需要注意的是，式(7-7)中电压和电流的 d 轴和 q 轴小扰动分量是在场站控制中的锁相环产生的控制系统 dq 坐标系下的。因此不能直接使用双馈风电机组的锁相环小扰动特性模型进行坐标系的变换。根据场站控制的锁相环结构，需要将 Z_{pll} 替换为 $Z_{\mathrm{pll}}^{\mathrm{WF}}$：

$$Z_{\mathrm{pll}}^{\mathrm{WF}} = \frac{s k_{\mathrm{ppll}}^{\mathrm{WF}} + k_{\mathrm{ipll}}^{\mathrm{WF}}}{s^2 + s V_{\mathrm{pccd}}^{\mathrm{es}} k_{\mathrm{ppll}}^{\mathrm{WF}} + V_{\mathrm{pccd}}^{\mathrm{es}} k_{\mathrm{ipll}}^{\mathrm{WF}}} \tag{7-9}$$

式中，$k_{\mathrm{ppll}}^{\mathrm{WF}}$ 和 $k_{\mathrm{ipll}}^{\mathrm{WF}}$ 为场站控制锁相环的 PI 参数。因此，场站控制系统中 d 轴和 q 轴小扰动分量的坐标系变换关系为

$$\Delta \boldsymbol{x}^{\mathrm{cs}} = \boldsymbol{Z}_{\boldsymbol{x}}^{\mathrm{WF}} \Delta \boldsymbol{v}_{\mathrm{pcc}}^{\mathrm{es}} + \Delta \boldsymbol{x}^{\mathrm{es}} \tag{7-10}$$

$$\boldsymbol{Z}_{\boldsymbol{x}}^{\mathrm{WF}} = \begin{bmatrix} 0 & Z_{\mathrm{pll}}^{\mathrm{WF}} X_{\mathrm{q}}^{\mathrm{es}} \\ 0 & -Z_{\mathrm{pll}}^{\mathrm{WF}} X_{\mathrm{d}}^{\mathrm{es}} \end{bmatrix} \tag{7-11}$$

分析风电场的小扰动阻抗特性时，忽略风速的瞬时变化，假定风速恒定。因此，功率分配模块中每台双馈风电机组的功率分配系数 $r_{\mathrm{P}i}$ 和 $r_{\mathrm{Q}i}$ 为常系数。因此，结合式(7-5)、式(7-7)和式(7-10)，最终场控输出的单台双馈风电机组功率参考值的小扰动动态为

$$\begin{bmatrix} \Delta P_{\mathrm{t,ref}}^{\mathrm{WT}i} \\ \Delta Q_{\mathrm{t,ref}}^{\mathrm{WT}i} \end{bmatrix} = \boldsymbol{Z}_{\mathrm{r}} \boldsymbol{Z}_{\mathrm{WFC}} \boldsymbol{G}_{\mathrm{vpcc}} \Delta \boldsymbol{i}_{\mathrm{pcc}}^{\mathrm{es}} + \boldsymbol{Z}_{\mathrm{r}} \boldsymbol{Z}_{\mathrm{WFC}}$$

$$\left(\boldsymbol{G}_{\mathrm{ipcc}} + \boldsymbol{G}_{\mathrm{ipcc}} \boldsymbol{Z}_{\mathrm{vpcc}}^{\mathrm{WF}} + \boldsymbol{G}_{\mathrm{vpcc}} \boldsymbol{Z}_{\mathrm{ipcc}}^{\mathrm{WF}} \right) \Delta \boldsymbol{v}_{\mathrm{pcc}}^{\mathrm{es}} \tag{7-12}$$

其中，

$$\boldsymbol{Z}_{\mathrm{r}} = \begin{bmatrix} r_{\mathrm{P}i} & 0 \\ 0 & r_{\mathrm{Q}i} \end{bmatrix} \tag{7-13}$$

7.3 风电场全动态阻抗聚合

根据场站控制的结构可知，风电场内的小扰动信号可以通过风电场并网点功率传递到场站控制环节中。在功率控制模块中会产生对应的功率参考值小扰动。而这个功率参考值小扰动最终又会通过功率分配模块进入每台双馈风电机组中。最终导致双馈风电机组的小扰动特性也会受到场站控制特性的影响。因此，本节

将首先考虑风电场场站控制的小扰动特性，重新推导双馈风电机组的阻抗模型。然后，基于重建后的双馈风电机组阻抗，针对图 7-1 所示的含场站控制的风电场构建全动态阻抗模型。

7.3.1 风电机组阻抗重建

双馈风电机组功率参考值小扰动通过 RSC 控制影响双馈风电机组的阻抗。同时考虑风电场控制信号的通信时延 T_d [45]。重新推导 RSC 部分的阻抗关系，并保持原有阻抗 Z_1、Z_2 和 Z_3 不变，可得：

$$Z_1\Delta v_s^{es} = Z_2\Delta i_s^{es} + Z_3\Delta i_t^{es} + Z_7\Delta v_{pcc}^{es} + Z_8\Delta i_{pcc}^{es} \tag{7-14}$$

其中，

$$G_d = \begin{bmatrix} \dfrac{1-0.5T_d s}{1+0.5T_d s} & 0 \\ 0 & \dfrac{1-0.5T_d s}{1+0.5T_d s} \end{bmatrix} \tag{7-15}$$

$$Z_7 = Z_{rsc,PQ}G_d Z_{ri}Z_{WFC}\left(G_{ipcc} + G_{ipcc}Z_{vpcc}^{WF} + G_{vpcc}Z_{ipcc}^{WF}\right) \tag{7-16}$$

$$Z_8 = Z_{rsc,PQ}G_d Z_{ri}Z_{WFC}G_{vpcc} \tag{7-17}$$

本书中 4.5.2 节给出的 GSC 部分的阻抗公式(4-72)不变。因此，参考图 4-1 所示的双馈风电机组结构，根据式(4-73)可以重新建立考虑场站控制小扰动特性的双馈风电机组 dq 坐标系阻抗为

$$\Delta i_t^{es} = Y_{dfig}\Delta v_s^{es} + Y_{vccs}\Delta v_{pcc}^{es} + Y_{cccs}\Delta i_{pcc}^{es} \tag{7-18}$$

其中，

$$Y_{dfig} = Z_{dfig}^{-1} \tag{7-19}$$

$$Y_{vccs} = -\left(Z_6 + (Z_5+Z_6)Z_2^{-1}Z_3\right)^{-1}(Z_5+Z_6)Z_2^{-1}Z_7 \tag{7-20}$$

$$Y_{cccs} = -\left(Z_6 + (Z_5+Z_6)Z_2^{-1}Z_3\right)^{-1}(Z_5+Z_6)Z_2^{-1}Z_8 \tag{7-21}$$

将上式与原双馈风电机组阻抗进行对比，可以发现：考虑场站控制小扰动特性的双馈风电机组阻抗模型在原有阻抗的基础上增加了两项，分别与风电场并网点电压和电流的小扰动分量有关。基于电路中的基尔霍夫电流定律，可以把这两项看作是风电场并网点电压和电流小扰动分量控制的受控电流源。因此，考虑场站控制的双馈风电机组小扰动模型可以表示为如图 7-3 所示。通过在原有阻抗基

础上并联的受控电流源来反映场站控制与双馈风电机组间的动态耦合特性。进一步，并网点的电压和电流与风电场内部结构有关，即场内每台风电机组和集电线路。因此，风电场并网点电压和电流小扰动分量控制的电流源也反映了通过场站控制产生的风电机组间及其与集电线路间的动态耦合特性。

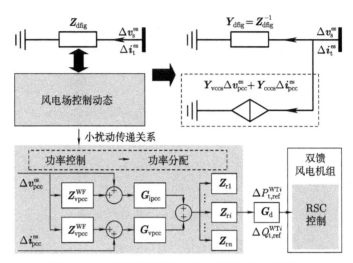

图 7-3　考虑场站控制的双馈风电机组的阻抗模型

7.3.2　风电场阻抗聚合

图 7-1 所示的风电场内共有 10 条馈线，每条馈线上接入多台双馈风电机组。假定整个风电场共含有 n 台双馈风电机组，每台双馈风电机组通过 0.69kV/35kV 的升压变压器接入风电场内的集电线路。各条馈线汇集到场内 35kV 母线，经过输电线路在风电场并网点处送出。最终通过 35kV/220kV 的主变压器送至交流电网。

由于变压器的存在，整个风电场并网系统中存在多个电压等级。为了便于风电场阻抗推导，本书选择风电场集电线路的额定电压 35kV 作为基准电压。因此，需要将双馈风电机组的阻抗折算到 35kV 电压等级。折算后的双馈风电机组阻抗模型为

$$\Delta i_{\mathrm{t}}^{\mathrm{es}'} = \boldsymbol{Y}_{\mathrm{dfig}}' \Delta v_{\mathrm{s}}^{\mathrm{es}'} + \boldsymbol{Y}_{\mathrm{vccs}}' \Delta v_{\mathrm{pcc}}^{\mathrm{es}} + \boldsymbol{Y}_{\mathrm{cccs}}' \Delta i_{\mathrm{pcc}}^{\mathrm{es}} \tag{7-22}$$

其中，

$$\boldsymbol{Y}_{\mathrm{dfig}}' = \frac{\boldsymbol{Y}_{\mathrm{dfig}}}{k^2}, \quad \boldsymbol{Y}_{\mathrm{vccs}}' = \frac{\boldsymbol{Y}_{\mathrm{vccs}}}{k}, \quad \boldsymbol{Y}_{\mathrm{cccs}}' = \frac{\boldsymbol{Y}_{\mathrm{cccs}}}{k} \tag{7-23}$$

式中，$k = 35/0.69$ 为双馈风电机组变压器变比。

根据对中国某区域数个风电场的调研结果，风电场内相邻风电机组间的集电线路的长度一般不超过 1km。并且集电线路并联导纳对小扰动稳定性的影响也较小，可以忽略。因此，集电线路可以简单地采用集总参数 R-L 等效电路。因此，集电线路和变压器的阻抗模型可以表示为

$$\boldsymbol{Z}_{\text{Line/Trans}} = \begin{bmatrix} R + sL & -\omega_{\text{s}}L \\ \omega_{\text{s}}L & R + sL \end{bmatrix} \tag{7-24}$$

建立风电场中各元件的阻抗模型，并将其变换到风电场并网点处的统一 dq 坐标系[46]。根据风电场拓扑结构构建阻抗网络模型，如图 7-4 所示。风电场共含有 n 台双馈风电机组，第 i 台双馈风电机组及其相连的变压器和集电线路的阻抗用下标 i 表示。由于双馈风电机组阻抗模型中风电场并网点电压和电流小扰动分量控制的受控电流源的存在，该风电场的阻抗不能简单地通过阻抗串并联得到。

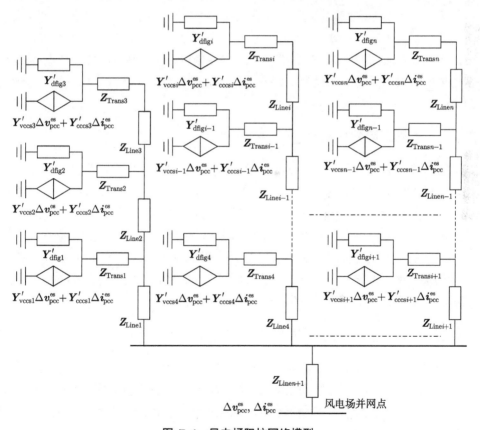

图 7-4 风电场阻抗网络模型

119

根据图 7-4，整个风电场包括 35kV 汇集母线和风电场并网点在内共含有 $(2n+2)$ 个节点。因此，可以建立风电场阻抗网络的节点电压方程：

$$Y_{\text{IN}n}V_n = Y_{\text{IN}v}V_n + Y_{\text{IN}i}\Delta i_{\text{pcc}}^{\text{es}} \tag{7-25}$$

式中，V_n 为由所有节点电压构成的矢量。通过矩阵求逆计算即可得到风电场全动态阻抗模型。风电场并网点节点编号为 k，那么风电场 dq 坐标系全动态阻抗模型为

$$Z_{\text{farm}} = \left\{ (Y_{\text{IN}n} - Y_{\text{IN}v})^{-1} Y_{\text{IN}i} \right\} \left(2k-1:2k,\ : \right) \tag{7-26}$$

7.4 风电场全动态阻抗特性分析

本节将对上一节构建的风电场全动态阻抗模型进行扫频测量。同时，分析场控以及其功率控制 PI 参数对风电场全动态阻抗特性的影响。为了简化分析同时又不失一般性，将图 7-1 所示的风电场简化为 10 台双馈风电机组各自经 0.69kV/35kV 变压器和集电线路接入 35kV 汇集母线，并经输电线路送至风电场并网点。10 台双馈风电机组的风速依旧设为 12m/s、11m/s、12m/s、11m/s、10m/s、10m/s、11m/s、12m/s、12m/s、12m/s。

7.4.1 风电场阻抗扫频测量

接下来将基于 MATLAB/Simulink 中搭建的风电场仿真模型分析所给全动态阻抗模型的有效性。仿真过程中依次注入谐波频率从 1~1000Hz 的电压扰动。扰动的幅值设置为 0.02pu，对于维持系统稳定来说足够小，同时对于阻抗测量来说足够大。测量风电场并网点处的电压和电流响应可以计算对应扰动频率下的风电场阻抗值。风电场输出有功功率和无功功率分别为 15MW 和 0Mvar 下的扫频测量结果与理论推导的全动态阻抗的对比如图 7-5 所示。两者具有较好的一致性，证明了本章所建风电场全动态阻抗模型的正确性。

7.4.2 场站控制对风电场阻抗特性的影响

按照上一节介绍的风电场阻抗建模方法，推导考虑场站控制动态的风电场全动态阻抗。并将其与不考虑场控动态的风电场简化阻抗进行对比，如图 7-6所示。从图中可以看出，场站控制动态会影响风电场在全频段的阻抗特性。这是因为场站控制对双馈风电机组阻抗的影响通过风电场并网点电压和电流小扰动分量控制

的附加受控源来表示，直接参与到风电场阻抗的推导过程中。同时风电场并网点的电压和电流取决于场内的所有电气元件。因此场控加深了风电机组间及其与集电线路的耦合，从而进一步导致风电场阻抗的全频段变化。

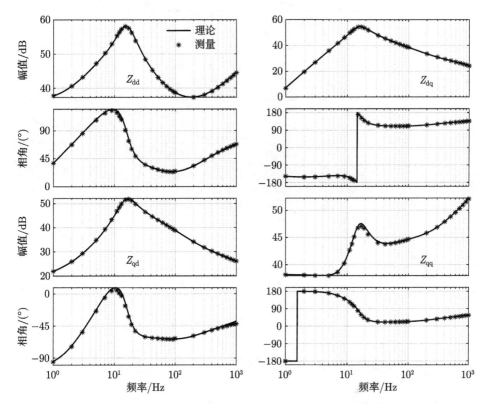

图 7-5 风电场全动态阻抗的理论推导和扫频测量对比结果

7.4.3 场站控制 PI 参数对风电场阻抗特性的影响

保证风电场输出功率的调度指令值和各台风电机组的风速不变，改变场站控制的功率 PI 参数分析其对风电场阻抗特性的影响。图 7-7 给出了不同场站控制 PI 参数下的风电场全动态阻抗的幅频特性和相频特性。从图中可以看出，随着 PI 参数的增大，风电场全动态阻抗中的 Z_{qd} 和 Z_{qq} 分量表现为负电阻特性的频段就越宽。这表明过大的场站控制 PI 参数会使风电场并网系统更易于失稳[47]。

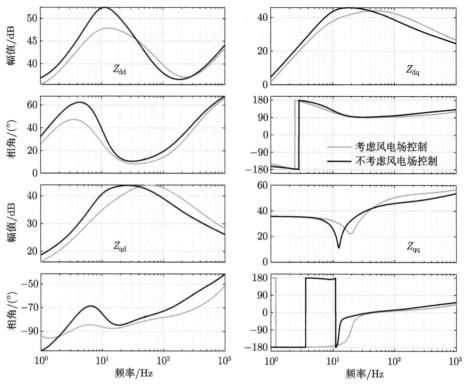

图 7-6 风电场阻抗对比结果

7.5 考虑场站控制的风电场并网稳定性分析

本节将基于风电场全动态阻抗模型分析场站控制 PI 参数以及电网强度对风电场并网稳定性的影响。风电场仿真模型仍为 10 台双馈风电机组各自通过变压器和集电线路接入风电场并网点。10 台双馈风电机组的风速依次为 12m/s、11m/s、12m/s、11m/s、10m/s、10m/s、11m/s、12m/s、12m/s、12m/s。场站控制 PI 参数为 $k_{\rm p,WFC} = 0.3$，$k_{\rm i,WFC} = 3$。同时，应该注意的是，电网阻抗会对风电并网系统稳定性有较大的影响。因此，在分析并网稳定性时需要考虑电网阻抗。风电场并网点以外的电网侧采用 RL 等效，电网阻抗模型可以表示为 $Z_{\rm grid}$。通过广义奈奎斯特稳定判据分析风电场并网系统的小扰动稳定性。即风电场并网系统的阻抗比 $L = Z_{\rm grid}/Z_{\rm farm}$ 的特征轨迹是否满足奈奎斯特判据。

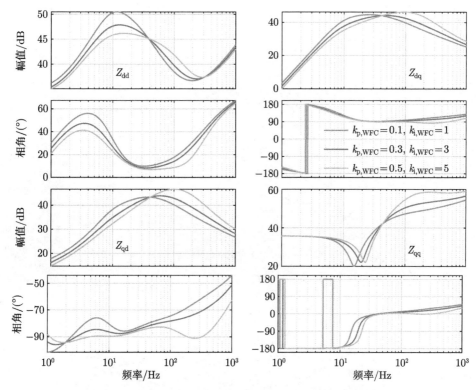

图 7-7　场站控制 PI 参数对场站控制的影响（见彩色插页）

7.5.1　场站控制对风电场稳定性的影响

设置电网阻抗参数，使并网系统短路比为 2.5，对应弱电网情况。风电场并网点功率调度指令值设置为 15MW 和 0Mvar。采用所给全动态阻抗模型的风电场并网系统阻抗比的特征轨迹如图 7-8a 所示。特征轨迹包围 $(-1, j0)$ 点，表明系统不稳定。同样地，采用不考虑场站控制的风电场串并联简化阻抗判断并网系统稳定性，相应的广义奈奎斯特结果如图 7-8b 所示。特征轨迹不包围 $(-1, j0)$ 点，表明系统稳定。这一结论也与图 7-6 中全动态阻抗的 Z_{qd} 和 Z_{qq} 分量比简化阻抗具有更宽的负电阻特性的现象一致。

保持风电场并网系统主电路参数以及功率调度指令值不变，减小场站功率控制 PI 参数至 $k_{p,WFC} = 0.1$，$k_{i,WFC} = 1$。因为风电场简化阻抗模型不考虑场站控制，并且系统稳态运行工作点没有发生变化，所以简化阻抗对应的广义奈奎斯特图不变。而风电场全动态阻抗模型对应的广义奈奎斯特图如图 7-9 所示。可以看到，减小场控 PI 参数后，特征轨迹不再包围 $(-1, j0)$ 点，系统变为稳定。这与前面场站控制 PI 参数对风电场阻抗特性影响的分析一致。

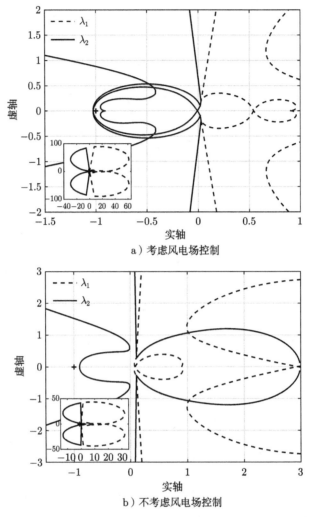

a）考虑风电场控制

b）不考虑风电场控制

图 7-8　广义奈奎斯特图的对比结果

通过 MATLAB/Simulink 中搭建的风电场仿真模型分析上述风电场并网系统小扰动稳定性分析结论。风电场初始状态输出功率为 12MW 和 0Mvar，系统保持稳定运行。仿真运行到第 10 s，增大风电场有功调度指令值为 15MW。仿真结果如图 7-10 所示。从图中可以看到，有功功率增大后，系统出现振荡。这与全动态阻抗模型的广义奈奎斯特判定结果一致，也进一步表明了风电场全动态阻抗模型的正确性。同时也表明风电场全动态阻抗模型在稳定性分析上具有更优越的表现，可以提高稳定性分析的准确度。在仿真的第 11 s，减小场站控制 PI 参数。从图 7-10 中可以看出，减小场站控制 PI 参数后，系统逐渐恢复到稳定运行状态。

这与图 7-9 中的广义奈奎斯特分析结果一致，表明过大的场站控制 PI 参数会使风电场并网系统更易于失稳的结论的正确性。

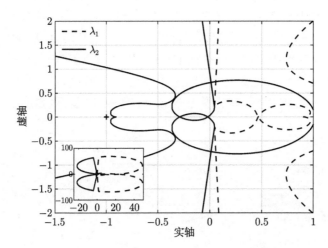

图 7-9　减小场站控制 **PI** 参数的广义奈奎斯特判据

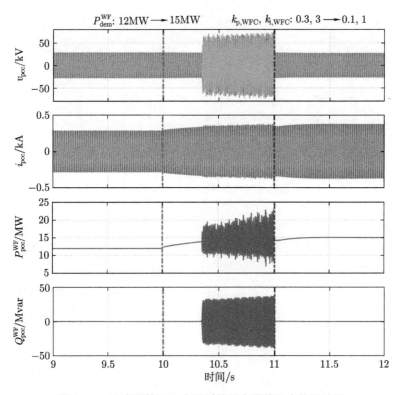

图 7-10　改变场控 **PI** 参数时的风电场并网点仿真结果

7.5.2 电网强度对风电场稳定性的影响

保持风电场基本参数以及功率调度指令值不变，增大短路比至 2.6 以提高电网强度。根据已有分析结论，电网强度提升后基于简化阻抗模型的广义奈奎斯特图将更加远离 $(-1, j0)$ 点，系统更加稳定。因此，简化阻抗对应的广义奈奎斯特图不再给出。而风电场全动态阻抗模型对应的广义奈奎斯特图如图 7-11 所示。可以看到，增大电网短路比后，特征轨迹不再包围 $(-1, j0)$ 点，系统变为稳定。由此可以表明，所给风电场全动态阻抗模型可以准确验证电网强度越强系统越稳定的这一结论。

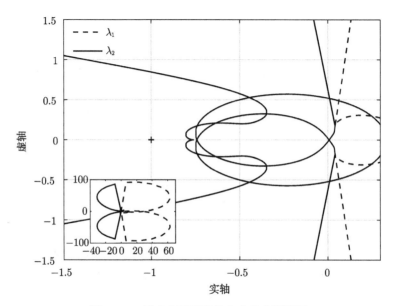

图 7-11 增大电网强度的广义奈奎斯特图

通过 MATLAB/Simulink 仿真分析风电场并网系统在不同电网短路比下的小扰动稳定性结论。仿真过程中风电场输出功率保持为 15MW 和 0Mvar。初始状态电网短路比为 2.6，仿真运行到第 10 s 减小短路比为 2.5。仿真结果如图 7-12 所示。从图中可以看到，减小短路比时，系统由稳定变为不稳定而出现振荡。这与全动态阻抗模型的广义奈奎斯特判定结果一致，也进一步表明了电网强度越强系统越稳定这一结论。

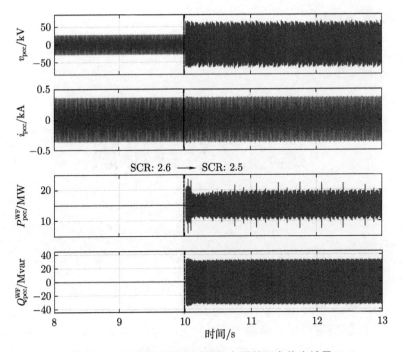

图 7-12 改变电网强度时的风电场并网点仿真结果

Chapter 8
第8章

基于实测数据的阻抗 ◀◀◀◀
建模及参数辨识

8.1　引言

本书前面章节对变流器、风电机组以及风电场的理论建模方法进行了深入探讨，这些讨论均基于风电机组结构和参数已知的前提。然而，在实际工程应用中，由于风电机组制造商和运营商对数据的严格保密，风电场模型通常呈现"黑/灰箱"特性。这种保密性导致理论推导难以获得准确的阻抗模型，使得前述章节中基于已知参数的风电机组阻抗理论推导在实际应用中面临着诸多挑战和局限性。在数据缺失或参数不确定的情况下，往往难以建立精确的仿真模型，进而无法有效评估风电场的动态响应特性和稳定性。

阻抗法可通过设备或者系统端口电压和电流之间的关系进行表征，能够不依赖于详细的内部模型信息直接在频域内表征系统的动态特性和稳定性。这一特性使阻抗法在缺乏详细内部参数的情况下，仍能有效进行建模和分析。因此，阻抗法对具有"黑/灰箱"特性的风电场仍然适用。通过实测数据驱动的阻抗建模，可以在不依赖于风电场结构和内部参数的情况下，准确获取系统的阻抗特性，从而对风电场的并网特性和动态响应进行有效评估。此方法不仅能够提高仿真模型的准确性，还能确保系统的稳定性和可靠性的准确评估，解决传统方法在"黑/灰箱"特性下阻抗无法获取的不足。因此本章主要对风电机组参数或结构未知背景下的阻抗建模和参数辨识方法进行介绍。

本章将介绍两种阻抗建模辨识方法：基于机器学习算法的阻抗参数辨识和基于实测数据驱动的阻抗辨识。在 8.2 节中将介绍基于机器学习的阻抗参数辨识，包括参数辨识模型的建立和机器学习参数辨识的基本流程。在 8.3 节中将探讨基于动态模态分解的阻抗辨识方法，分析风电场实际测量数据特性提取方法，并详细介绍基于实测数据驱动的阻抗建模过程。通过对这两种方法的介绍和分析，本章为"黑/灰箱"背景下的大型风电场并网阻抗特性的建模和研究提供了新的思路和方法，为大规模可再生能源并网的稳定性分析奠定了模型基础。

8.2 基于机器学习的阻抗参数辨识

在风电场阻抗参数辨识研究中，当前的关注点主要集中在并网变流器、双馈风电机组和直驱风电机组的参数辨识。现阶段基于白箱模型的参数辨识研究相对完善。针对黑灰箱模型，采用阻抗辨识揭示其内部未知结构与控制参数，将显著简化研究的复杂度。这些参数的辨识又可细分为电气参数辨识和控制参数辨识。在"黑/灰箱"系统的研究中，针对并网变流器的阻抗模型辨识较多。辨识得到的阻抗模型可以对系统稳定性进行分析，但为仍缺乏机理的灰箱模型，未构建白箱模型，分析机理性不足。

随着人工智能技术的迅速发展和成熟，电网领域开始广泛应用机器学习、深度学习等先进算法，这些技术能够高效处理复杂的时域和频域多维空间问题，为黑箱、灰箱的研究提供了新的解决方案[48]。

在双馈风电机组的控制系统中，桨距角控制器、Crowbar 投切控制器以及转子侧变流器控制是其核心组成部分。其中，桨距角控制器和 Crowbar 投切控制器的结构相对简单，参数辨识的难度较小。然而，转子侧变流器控制由于包含多个级联和互相影响的 PI 控制环节，其参数辨识的复杂性显著增加。这些 PI 控制环节包括在 dq 轴上的两个外环、两个内环控制，以及一个锁相环。本节研究的重点集中于双馈风电机组转子侧变流器控制器的灰箱参数辨识。这一研究不仅具有理论价值，而且具有推广至网侧变换器及直驱风电机组控制器参数研究的潜力。基于双馈风电机组理论模型，并结合仿真模型和神经网络回归拟合的方法，本节实现了对双馈风电机组内环和外环控制参数的准确辨识。在此基础上，进一步获得了灰箱双馈风电机组的详细阻抗模型，并借助广义奈奎斯特判据，对双馈风电机组的稳定性进行了深入分析。

具有"灰箱"特性的双馈风电机组参数辨识算法图如图 8-1 所示，主要由模型数据生成、数据预测模型和稳定性验证三部分构成。首先，通过深入分析双馈风电机组系统的运行特性，构建双馈风电机组"灰箱"阻抗模型。随后利用机器学习算法，对模型中的控制参数进行了精确识别。最后，基于广义奈奎斯特判据，对双馈风电机组系统的稳定性进行分析。

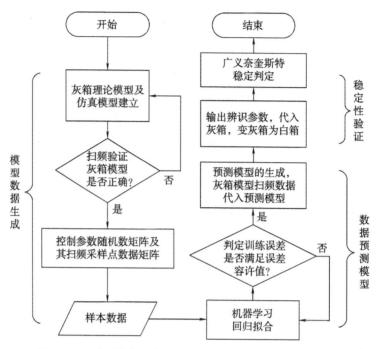

图 8-1 具有"灰箱"特性的双馈风电机组参数辨识算法图

8.2.1 机器学习回归预测算法介绍

机器学习是人工智能的主流，广泛应用于电网故障识别、智能辅助决策、人机交互、负荷预测等领域[49]。借助于以往应用的思路，机器学习主要实现回归、分类功能。机器学习包括传统的机器学习、深度学习、强化学习和深度强化学习。本节介绍的机器学习阻抗辨识的方法采用了四种不同的算法，分别为反向传播 (Back Propagation，BP) 神经网络、径向基函数 (Radial Basis Function，RBF) 神经网络[50]、广义回归 (General Regression，GR) 神经网络[51] 和支持向量回归 (Support Vector Regression，SVR)[52]，如图 8-2 所示。在监督学习下，本节使用这些算法对内环和外环的参数进行回归预测和误差比较，并选择了一种计算快、精度高的算法进行应用。

BP 神经网络的结构核心由输入层、隐藏层和输出层三层构成。其中，隐藏层的数量可以灵活设置，以适应不同的复杂度和精度需求。包含输入层、隐藏层和输出层的三层神经网络结构在理论上可以拟合强非线性函数。在输出层之前，BP 神经网络使用 Sigmoid 函数进行输出。RBF 神经网络与 BP 神经网络的结构相似，但是 RBF 中间的隐藏层固定只有一层，不可调节。RBF 采用高斯函数作为神经元的核函数，其输出采用线性函数。由于仅包含一个隐藏层的架构，RBF 神经网络相较于 BP 神经网络，在输出响应速度上展现出显著的优势。GR 神经网络属于 RBF 神经网络中的一种，它比 RBF 神经网络多了一层求和层。在样本数据较少的情况下，GR 神经网络更有优势。SVR 不是神经网络家族中的成员，但是在回归拟合中也经常被使用。支持向量机（Support Vector Machine, SVM）常用来作为分类器，研究者在此基础上修改产生了用于回归拟合的 SVR，它们在原理上基本一致，在图 8-2 所示的 SVR 图中虚线范围内的点在运算时不会计算损失，其中 ε 称为容忍偏差。

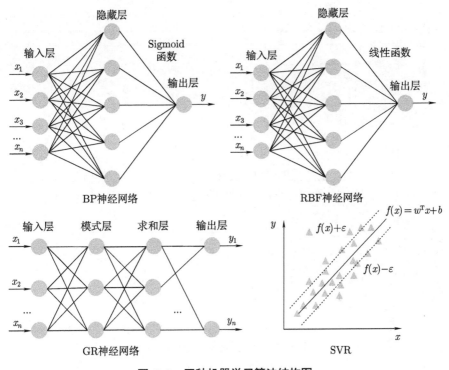

图 8-2 四种机器学习算法结构图

本节使用四种算法进行参数辨识分析，并对其结果误差进行比较，选择了一种计算快、精度高的算法进行应用。在分析中，使用式(8-1)进行误差检测，如果误差小于容许值，则停止迭代：

$$\text{MSE} = \frac{1}{m}\sum_{i=1}^{m}\left(y_i - \hat{y}_i\right)^2 \tag{8-1}$$

8.2.2 参数辨识机理模型建立与数据产生

针对双馈风电机组建立理论模型和仿真模型，考虑功率外环、电流内环和锁相环，系统结构如图 8-3 所示。在搭建理论模型时，已知全部参数，模型参数见表 8-1。由于双馈风电机组阻抗模型搭建已在第 4 章中进行分析，详细的阻抗推导过程此处不再重复。

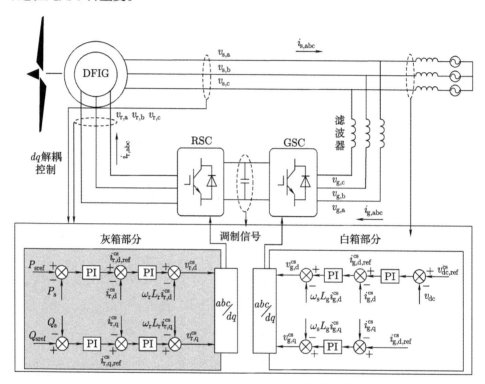

图 8-3 双馈风电机组系统结构图

搭建双馈风电机组阻抗模型后，采用谐波注入的扫频方法，进行理论模型的正确性分析。使用 Simulink 建立阻抗仿真模型，并对采样点的电压和电流进行采样。通过傅里叶变换得到了扫频数据，其详细过程在第 2 章已进行介绍，此处不再赘述。将扫频数据对比理论模型的伯德图，如图 8-4 所示。理论模型与扫频点拟合较好，证明扫频数据具有正确性和可用性。

在灰箱的预测中，理论模型的运行工作点采用实际测量的办法获取，外环参数通过阻尼最小二乘法辨识。在理论模型中待辨识的内环参数设置为随机数，生成随机数矩阵。借助理论模型，随机数矩阵会对应生成不同控制参数下的扫频采样矩阵。参数随机数矩阵和扫频采样矩阵对应生成了样本数据。在理论模型中，将被测参数生成为一个随机数矩阵,计算获得对应的扫频采样矩阵,扫描采样矩阵的频率范围为 10~200Hz。通过上述过程,实现模型数据生成。

表 8-1　双馈风电机组主电路参数

参数	数值
额定交流电压/V	690
额定频率/Hz	50
额定容量/MVA	3
直流母线电压/V	1150
定子电阻/mΩ	2.6
转子电阻/mΩ	2.9
定子电感/mH	2.6
转子电感/mH	2.6
控制器内环 d 轴比例、积分系数	0.018、0.1
控制器内环 q 轴比例、积分系数	0.018、0.1
控制器外环 d 轴比例、积分系数	0.05、0.01
控制器外环 q 轴比例、积分系数	0.05、0.01

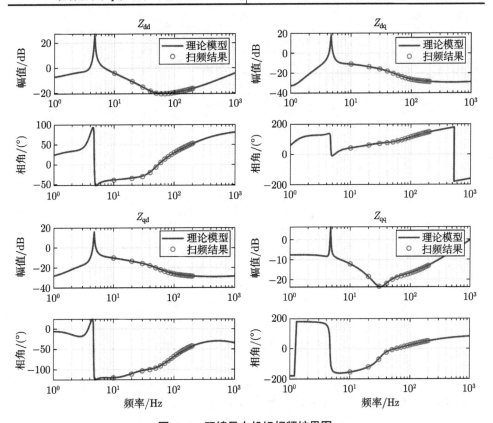

图 8-4　双馈风电机组扫频结果图

8.2.3　基于机器学习的双馈风电机组灰箱模型参数辨识

在灰箱模型仿真中，设定双馈风电机组的电气参数、部分控制参数和工作点参数为已知条件，而转子侧变流器控制器中的 PI 控制参数则被视为未知量。为简化模型复杂度，假设 d 轴与 q 轴的控制参数相等。需要辨识的四个参数为电流控制内环的比例和积分参数以及控制功率控制外环的比例和积分参数。

构建好的样本数据，经过机器学习训练，生成回归预测模型。本节主要实现了四种机器学习算法对比，在训练样本的回归预测的精度和训练时间方面各有优势。完成预测模型构建后，将实际运行的双馈风电机组灰箱系统借助扫频仪或者其他方法，获取阻抗扫描数据集。将这组数据代入预测模型，预测模型会输出预测的 PI 控制参数。

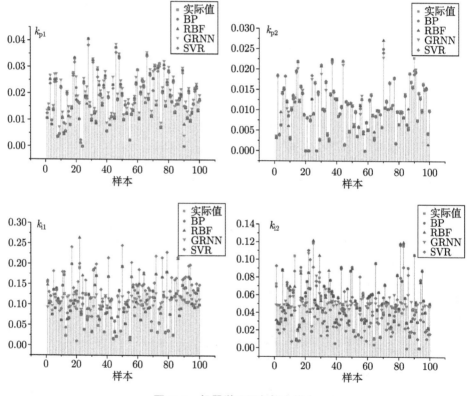

图 8-5　机器学习回归拟合样本

为对内环的比例积分系数和外环的比例积分系数在不同算法下进行回归预测，使用参数随机矩阵和相应的扫频采样矩阵作为样本数据，训练了四种机器学习算法来生成模型预测数据，如图 8-5 和图 8-6 所示。BP 算法拟合四个参数的误差最小，RBF 的个别样本有较大误差，GRNN 和 SVR 算法对两个比例参数的拟合效果较好，对两个积分参数的拟合误差较大，训练的模型不可用。最后采用 BP 神经网络训练的模型用作双馈风电机组参数辨识，结果见表 8-2。

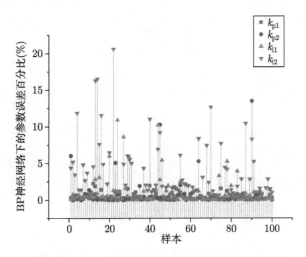

图 8-6　BP 神经网络训练样本误差百分比图

表 8-2　实际值与预测值的性能比较

参数	实际值	预测值
内环比例系数 k_{p1}	0.018	0.0181
内环积分系数 k_{i1}	0.1	0.1001
外环比例系数 k_{p2}	0.01	0.0100
外环积分系数 k_{i2}	0.05	0.0505

将预测参数代入实际模型后，对比在实际参数和预测参数条件下有功功率暂态响应，结果如图 8-7 所示。可以观察到，两者在整个暂态响应过程中高度拟合，预测误差较小。这表明，所预测的参数值具有较高的准确性和可靠性，能够有效反映系统的动态特性。因此，预测的参数值可以应用于系统的动态特性分析，为进一步的研究和应用提供坚实的基础。

8.2.4　灰箱双馈风电机组模型稳定性分析

将辨识参数代入双馈风电机组模型，该系统由灰箱模型变为机理明确的白箱模型。可利用广义奈奎斯特稳定判据实现系统的稳定性分析，分析回比矩阵 Z_{grid}/Z_{DFIG} 是否能满足判据。回比矩阵中，Z_{grid} 为电网阻抗矩阵，推导方法见第 3 章。矩阵 $\mathbf{Z}_{DFIG}$ 则表示双馈风电机组阻抗特性，推导方法见第 4 章。如果回比矩阵的两个特征值不围绕复平面上的 $(-1,j0)$ 点，则系统是稳定的，否则系统是不稳定的。

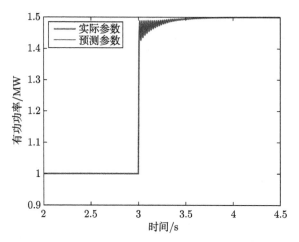

图 8-7　实际参数和预测参数的主动阶跃瞬态响应图

双馈风电机组系统奈奎斯特图如图 8-8 所示，系统的两个特征根不包围点 $(-1,j0)$，证明系统是稳定的。灰箱特征下双馈风电机组网侧电压时域波形如图 8-9 所示，波形未有发散趋势，表明此系统可稳定运行。

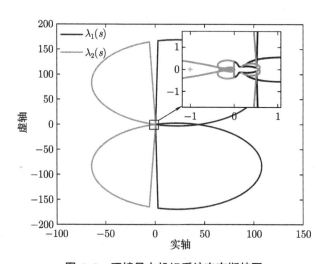

图 8-8　双馈风电机组系统奈奎斯特图

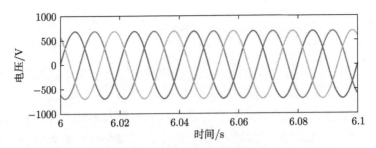

图 8-9　灰箱特征下双馈风电机组网侧电压时域波形

本节同时就阻抗辨识误差对稳定性分析所造成的影响进行了分析。在系统的参数识别中，当内环的比例和积分误差为 15% 时，系统特征轨迹图如图 8-10 所示，相应参数下的电压时域波形图如图 8-11 所示。由图可知，参数辨识误差较大时，稳定性判定结果将发生变化。因此，在灰箱系统中进行准确的参数辨识具有较大的意义。

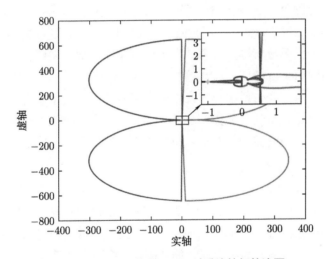

图 8-10　参数误差为 15% 时系统特征轨迹图

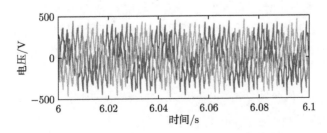

图 8-11　参数误差为 15% 时电压时域波形图

8.3 基于动态模态分解的阻抗辨识

上一节介绍了针对灰箱模型的阻抗参数辨识方法，要求控制器结构和部分参数已知。本节将介绍一种基于动态模态分解（Dynamic Mode Decomposition，DMD）算法的阻抗辨识方法。所介绍的方法不依靠风电场具体拓扑和控制结构等信息，不受风电场"黑/灰箱"影响。由于不需要外加扫频设备，可减少谐波对风电场运行的影响。算法基本步骤如下：首先，对风电场中的电压、功率变化等事件的电压和电流数据进行记录和采样，得到事件数据。然后，通过特征系统实现算法对风电场内的事件数据提取频域信息。最后，通过计算可获取风电场阻抗。

8.3.1 基本步骤介绍

动态模态分解是一种用于分析复杂系统动态特性的数据驱动算法[53]。它是在流体动力学领域发展起来的，现在被广泛应用于金融、气候科学、神经科学等各种领域。动态模态分解算法能够从高维数据集中提取主要特征模态，并且识别出它们随时间的演化特性。在风电场中有丰富的运行数据，其中蕴含了频域信息。本节将运行工作点不变时风电场内发生的功率变化的小扰动暂态数据作为辨识风电机组阻抗的数据驱动的事件数据，基于动态模态分解算法对事件数据进行时域重构、频域变换，最终得到风电机组阻抗模型。以下是动态模态分解算法的详细步骤。

步骤 1：时域数据采集

确定需要分析的设备或者系统，收集该系统的端口电压、电流等运行状态数据。将收集到的数据按照时间进行组织，得到 $\boldsymbol{X}$ 矩阵。将运行状态数据按照时间顺序排列，并将数据分为两个连续的"快照"矩阵 $\boldsymbol{X}_1^{m-1}$ 和 $\boldsymbol{X}_2^m$，它们包含了时刻 $t_1, t_2, \cdots, t_{m-1}$ 和 $t_2, t_3, \cdots, t_m$ 的系统状态。$\boldsymbol{X}_1^{m-1}$ 矩阵包含系统在前 N 个时间点的状态数据，而 $\boldsymbol{X}_2^m$ 矩阵包含紧接着的 N 个时间点的状态数据。如图 8-12 所示，图中阴影区域为变量的采样范围，即代表 $\boldsymbol{X}$ 矩阵。$\boldsymbol{X}_1^{m-1}$ 和 $\boldsymbol{X}_2^m$ 矩阵的维度应相同，即列数相同表示相同的空间位置或测量点，行数表示不同的时间点。

步骤 2：奇异值分解 (Singular Value Decomposition，SVD)

奇异值分解的目的是找到 $\boldsymbol{X}$ 的主成分，即奇异值对应的向量，这些成分能够最好地近似表征原始数据的特征。通过对矩阵 $\boldsymbol{X}$ 进行奇异值分解，将矩阵分解为三个矩阵的乘积：

$$X = U\Sigma V^* \tag{8-2}$$

式中，上标 $*$ 表示矩阵的共轭；U 和 V 为单位正交矩阵，分别代表左奇异向量和右奇异向量；Σ 为一个对角矩阵，其元素是 X 的奇异值，按降序排列。奇异值的大小反映了对应奇异向量在 X 中的重要性。通过选择前 r 个最大的奇异值和对应的奇异向量，可以实现对数据的压缩和去噪。

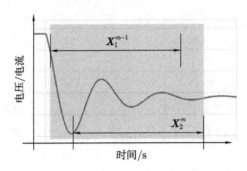

图 8-12　动态模态分解算法数据采集示意图

步骤 3：构造动态模态分解算子

为表征矩阵 X_1^{m-1} 到 X_2^m 的线性映射关系，使用 X_2^m 和奇异值分解的结果来计算动态模态分解算子 A：

$$A = U_r^* X_2^m V_r \Sigma_r \tag{8-3}$$

这个算子可以近似表征系统下一状态的演化，是动态模态分解算法的核心部分。

步骤 4：特征值和特征向量

计算算子 A 的特征值和特征向量。特征值表示了系统动态特性的频率或增长率，反映了系统在不同时间尺度上的行为。特征值的大小和符号可以揭示系统的稳定性和振荡特性。特征向量描述了系统在不同频率或增长率下的空间分布，即系统的模态形状。这些模态形状是系统动态行为的重要特征，可以用于分析系统的稳定性和振荡模式。

步骤 5：动态模态和频率

通过对特征值取对数并除以时间步长，可以得到每个模态的增长/衰减率和频率。利用得到的特征值和特征向量，可以计算出动态模态分解算法模态。每个动态模态分解算法模态对应一个特征值和一个特征向量，表示了系统在该特征值对应的频率或增长率下的动态行为。动态模态分解算法模态可以通过将特征向量与原始数据相乘得到，即 $\boldsymbol{\Phi b}$。其中 $\boldsymbol{b}$ 是任意向量，可以表示初始条件或系统状态。$\boldsymbol{\Phi}$ 为系统模态，包含系统动态行为中的关键特征。这些模态表示了系统在不同频率或增长率下的响应和演化过程。动态模态分解算法模态可以用于分析系统的动态特性，如识别主导模态、分析模态随时间的演化、预测系统的未来状态等。

步骤 6：重构和预测

通过得到的特征向量和特征值，可以实现对系统状态的重构和未来状态的预测。通过特征向量矩阵 $\boldsymbol{\Phi}$ 和特征值矩阵 $\boldsymbol{\Lambda}$，可以近似重构原始数据矩阵 $\boldsymbol{X}_1^{m-1}$ 和 $\boldsymbol{X}_2^m$。重构过程不仅再现了原始数据，可证明动态模态分解算法的正确性，还可以通过特征值和特征向量的线性组合揭示系统的内在动态特性，实现对系统未来状态的预测。

步骤 7：频域信号转换

在获得重构的时域信号后，可以进一步将这些信号转换为频域信号，以便进行更深入的频域分析。这种转换通常通过拉普拉斯变换实现。通过这种转换，可以得到信号在 s 域中的幅值谱和相位谱。这些频域特性可以用于分析系统的频率响应、振荡现象及谐波成分等。

8.3.2　动态模态分解算法实现

根据上节中对动态模态分解步骤的介绍，采集两组事件背景下机组测量点处 v_{dg}、v_{qg} 和 i_{dg}、i_{qg} 数据构建动态模态分解算法所需测量数据矩阵：

$$\boldsymbol{X} = \begin{bmatrix} \boldsymbol{x}_1 & \boldsymbol{x}_2 & \cdots & \boldsymbol{x}_m \end{bmatrix} = \begin{bmatrix} v_{\mathrm{dg}}^{(1)} \cdots \\ v_{\mathrm{qg}}^{(1)} \cdots \\ i_{\mathrm{dg}}^{(1)} \cdots \\ i_{\mathrm{qg}}^{(1)} \cdots \\ v_{\mathrm{dg}}^{(2)} \cdots \\ v_{\mathrm{qg}}^{(2)} \cdots \\ i_{\mathrm{dg}}^{(2)} \cdots \\ i_{\mathrm{qg}}^{(2)} \cdots \end{bmatrix} \tag{8-4}$$

数据矩阵 $\boldsymbol{X}$ 将是一个列数远大于行数的矩阵，这将给阻抗的计算和建模带来困难。为了构造数据矩阵，使用堆叠技术得到具有更高行维数的数据矩阵 $\boldsymbol{X}$，在移位叠加和时延矩阵中增加数据，可以确保更准确的解 [13]。本节后续内容中 X 矩阵均为采用堆叠技术处理后的矩阵。A 矩阵表征两位移矩阵 X_1^{m-1} 和 X_2^m 之间的变化，进而可以代表事件发生时系统的变化：

$$X_2^m = AX_1^{m-1} \tag{8-5}$$

进行实测事件数据的数据采集和数据矩阵构建后，对 A 矩阵进行求解：

$$A = X_2^m \left(X_1^{m-1}\right)^{-1} \tag{8-6}$$

其中，

$$X_1^{m-1} \approx U\Sigma V^* \tag{8-7}$$

可得：

$$A = X_2^m V \Sigma^{-1} U^* \tag{8-8}$$

式中，上标 $*$ 表示矩阵的共轭；上标 -1 表示矩阵求逆。

为提高计算速度，去除噪声或次要模态，提高模型的鲁棒性，需要对 A 矩阵进行降阶。根据系统阶数 r 选择奇异值分解时保留的奇异值和奇异向量，可对矩阵 A 进行降阶：

$$\widetilde{A} = U_r^* A U_r = U_r^* X_2^m V_r \Sigma_r^{-1} \tag{8-9}$$

式中，U_r、V_r 为 U、V 矩阵的前 r 列；Σ_r 为 Σ 矩阵的前 r 行与前 r 列；$\widetilde{A}$ 矩阵为降阶后的 A 矩阵。对矩阵 $\widetilde{A}$ 进行特征值分解，得到低阶的特征向量 W 和特征值 Λ：

$$\widetilde{A}W = W\Lambda \tag{8-10}$$

其中，特征值 Λ 为

$$\Lambda = \begin{bmatrix} \lambda_1 & 0 & \dots & 0 \\ 0 & \lambda_2 & \ddots & \vdots \\ \vdots & \ddots & \lambda_{j-1} & 0 \\ 0 & \dots & 0 & \lambda_j \end{bmatrix} \tag{8-11}$$

由特征值 Λ 可计算得到系统连续特征值 ω_j：

$$\omega_j = \ln\left(\lambda_j\right)/\Delta t \tag{8-12}$$

由特征向量 W 可计算得到 b 和 Φ：

$$\Phi = UW, \quad b = \Phi^{-1}x_1 \tag{8-13}$$

式中，数列 x_1 为数据矩阵 X 的第一列。

可得到实测事件信号式(8-4)的时域重构解析表达式：

$$x(t) = \Phi e^{\Omega t} b \tag{8-14}$$

式中，Ω 矩阵为包含系统连续特征值 ω_j 的对角阵。

对式(8-14)提取频域信息得到 v_{dg}、v_{qg} 和 i_{dg}、i_{qg} 的 s 域表达式：

$$x_k(s) = \sum_{j=1}^{n} \frac{\phi_{kj} b_j}{s - \omega_j} \tag{8-15}$$

式中，ϕ_{kj} 和 b_j 为 Φ 和 b 矩阵中的元素；k 为矩阵行数；j 为矩阵列数。对 $x_k(s)$ 实例化得到事件数据的电压和电流的 s 域表达式 $v_{\mathrm{dg}}^{(1,2)}(s)$、$v_{\mathrm{qg}}^{(1,2)}(s)$、$i_{\mathrm{dg}}^{(1,2)}(s)$、$i_{\mathrm{qg}}^{(1,2)}(s)$，其中上标代表两次不同的事件类型。

在已知所有测量的 s 域表达式的情况下，可对 dq 坐标系下风电机组阻抗进行求解。当风电机组在运行工作点不变的条件下，系统阻抗将保持不变。因此，不同事件的电流和电压与相同的阻抗有关，根据下式可对阻抗进行求解：

$$Z_{\mathrm{DMD}} = \begin{bmatrix} v_{\mathrm{dg}}^{(1)}(s) & v_{\mathrm{dg}}^{(2)}(s) \\ v_{\mathrm{qg}}^{(1)}(s) & v_{\mathrm{qg}}^{(2)}(s) \end{bmatrix} \begin{bmatrix} i_{\mathrm{dg}}^{(1)}(s) & i_{\mathrm{dg}}^{(2)}(s) \\ i_{\mathrm{qg}}^{(1)}(s) & i_{\mathrm{qg}}^{(2)}(s) \end{bmatrix}^{-1} \tag{8-16}$$

8.4 算例分析

在保证风电机组运行工作点不变的条件下，分别对风电机组的有功功率 P 和无功功率 Q 进行扰动，模拟风电场的 PQ 变化事件。设置 8 s 时风电机组发生微小功率阶跃变化，P 和 Q 的变化范围均为 0.001p.u.，测量由这两种扰动得到的 $v_{\mathrm{dg}}^{(1,2)}$、$v_{\mathrm{qg}}^{(1,2)}$ 和 $i_{\mathrm{dg}}^{(1,2)}$、$i_{\mathrm{qg}}^{(1,2)}$，得到两组数据，其中变量上标代两个不同的事件。对 $8.0 \sim 8.5$ s 数据进行采样，采样频率为 2000 Hz。

通过动态模态分解算法对实测数据进行时域数据重构，如图 8-13 所示。结果表明，动态模态分解算法能够较好地保留和再现系统的动态特性。这种方法不仅再现了原始数据，还捕捉到了系统中的关键动态模态，从而确保了动态模态分解算法在动态特性分析中的有效性。

对基于动态模态分解算法的实测信号阻抗辨识，如图 8-14 所示。图中仅对阻抗主对角线元素 Z_{dd} 进行展示。单位功率因数的情况下，无功功率为零，dq 通道阻抗和 qd 通道阻抗幅值较小，无需展示。由图可见，基于动态模态分解的实测数据阻抗建模方法建模效果良好，能够在较宽频段实现阻抗的精准建模。

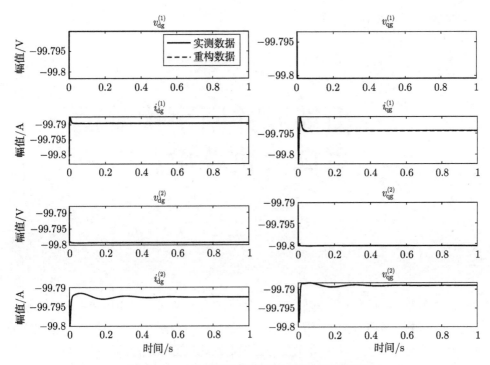

图 8-13　动态模态分解算法时域数据重构结果

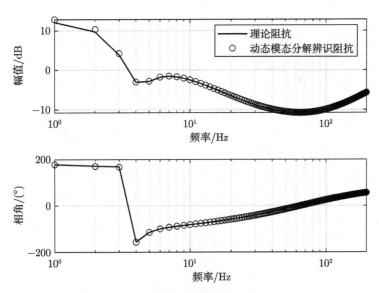

图 8-14　实测数据驱动阻抗辨识结果

第 9 章

新能源并网小扰动稳定性分析理论

9.1 引言

本书的第 5~8 章已经分别对双馈风电机组、直驱风电机组和风电场的阻抗建模进行了分析。基于这些模型的理解，本章将进一步研究基于阻抗法的稳定性分析方法和理论。这些方法和理论是分析风电系统运行稳定性的重要工具。通过深入的分析，我们将揭示各稳定判据和稳定裕度在实际应用中的关键作用与应用技巧。

为了分析新能源并网系统在特定场景下的稳定性，识别决定系统失稳的关键因素，指导控制设计以抑制振荡问题，选取合适的稳定判据十分重要。针对同一个问题推导出的稳定判据有很多。由于不同的分析方法都来源于同一个系统，只要数学上推导是严谨的，那么它们对系统是否稳定的判断结果是一致的。以变流器的阻抗法为例，多种坐标下的阻抗判据可以相互转化，其判稳结果也相同。然而，不同稳定判据侧重于不同的物理特性，所反映的物理意义是不同的。此外，不同判据对系统稳定程度的表征能力存在差异。比如，系统稳定裕度的特性不同，基于不同判据设计的控制器的鲁棒性存在较大差异。另外，在新能源主导的稳定问题中，由于设备控制复杂且各控制环节耦合作用较强，振荡在宽频段内存在。因此，如何针对特定场景识别系统的主导模态，定位与主导振荡模式相关的关键动态环节，进而确定系统的稳定裕度具有工程意义。

在 9.2 节中，将通过对阻抗特性的分析，引入负阻尼的概念。描述广义奈奎斯特判据，并将其扩展到直流场景的应用。在 9.3 节中，将基于灵敏度分析，识别系统的振荡主导模态和关键控制环节。在 9.4 节中，将基于 9.2 节中的判据量化稳定裕度指标。

9.2　稳定判据

9.2.1　振荡原理分析

由第 5 章所推导的全功率型风电机组宽频带阻抗特性分析可知，机组阻抗在宽频带范围内可划分多个频带，且每个频带内的阻抗特性由不同的主导因素决定。由于每个频带内多控制环节存在频带重叠效应，导致各频带内出现容性负阻尼阻抗特性，使系统存在不稳定的"隐患"[1]。正常的阻尼通过摩擦或电阻等方式将系统的振荡能量转化为热能或其他形式的能量，从而吸收能量并使振荡衰减。负阻尼则相反，它会向系统提供能量，使得振荡能量增加。例如，在电力系统中，某些控制策略可能在某些频率下提供反向的能量反馈，导致系统振荡的能量增加。

当风电场接入不同强度的电网时，判断系统振荡风险的关键因素分别为电网和风电场的阻抗特性。而实际电网环境复杂，阻抗相位特性呈现"感性"。幅值特性受电网网架结构、系统运行方式等诸多因素影响，呈现不同幅值的电感特性。

某型号 PMSG 机组与交流电网阻抗特性曲线及负阻尼特性如图 9-1 所示，电网 SCR = 1.6。灰色曲线代表电网阻抗，黑色曲线代表 PMSG 阻抗。该 PMSG 机组与交流电网阻抗幅值在频带中 A 点 32 Hz 左右相交，交点处阻抗相位呈现容性负阻尼特性。可见 A 点及其附近一段曲线均处于负阻尼区域之中，系统稳定裕度不足，即系统在 32 Hz 附近频率存在振荡风险。

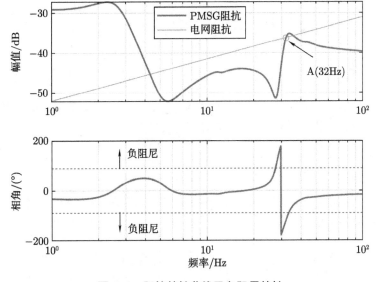

图 9-1　阻抗特性曲线及负阻尼特性

9.2.2 新能源并网的稳定判据

新能源并网多采用变流器为接口设备，其典型拓扑如图 9-2 所示。并网系统主要包括电力电子变流器、滤波电路、直流母线及电容、电网和控制系统等部分。控制系统包含锁相环、电流内环、电压前馈和脉冲宽度调制 (Pulse Width Modulation, PWM) 环节等。新能源变流器的控制具有多时间尺度特性，其失稳现象多呈现宽频带特征。

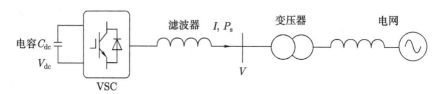

图 9-2　变流器并网模型

推导并建立变流器的三端口频域导纳模型为

$$
\begin{bmatrix} \Delta I \\ I\Delta\varphi \\ \Delta P_\mathrm{s} \end{bmatrix} = \begin{bmatrix} Y_\mathrm{M}(s) & 0 & Y_\mathrm{dc}(s) \\ 0 & Y_\theta(s) & 0 \\ Y_\mathrm{M}(s)V_0 + I_0 & 0 & Y_\mathrm{dc}(s)V_0 \end{bmatrix} \begin{bmatrix} \Delta V \\ V\Delta\theta \\ \Delta V_\mathrm{dc} \end{bmatrix} \tag{9-1}
$$

推导并建立电网的三端口频域导纳模型为

$$
\begin{bmatrix} \Delta I \\ I\Delta\varphi \\ \Delta P_\mathrm{s} \end{bmatrix} = \begin{bmatrix} Y_\mathrm{n1}(s) & Y_\mathrm{n2}(s) & 0 \\ -Y_\mathrm{n2}(s) & Y_\mathrm{n1}(s) & 0 \\ 0 & 0 & sC_\mathrm{dc}V_\mathrm{dc0} \end{bmatrix} \begin{bmatrix} \Delta V \\ V\Delta\theta \\ \Delta V_\mathrm{dc} \end{bmatrix} \tag{9-2}
$$

结合式 (9-1) 中的变流器导纳模型 $\boldsymbol{Y}_\mathrm{VSC}$ 和式 (9-2) 中的电网导纳模型 $\boldsymbol{Y}_\mathrm{net}$，为描述变流器并网稳定特性，给出系统特征方程为

$$
\det\left(\boldsymbol{Y}_\mathrm{VSC}(s) + \boldsymbol{Y}_\mathrm{net}(s)\right) = 0 \tag{9-3}
$$

若将式 (9-1) 中的输入/输出变量 $\Delta P_\mathrm{s}/\Delta V_\mathrm{dc}$ 消去，则得到极坐标下的阻抗模型 $\boldsymbol{Y}_\mathrm{M\theta}(s)$ 统一表达式:

$$
\begin{bmatrix} \Delta I(s) \\ I\Delta\varphi(s) \end{bmatrix} = \begin{bmatrix} Y_\mathrm{MM}(s) & Y_\mathrm{M\theta}(s) \\ Y_\mathrm{\theta M}(s) & Y_\mathrm{\theta\theta}(s) \end{bmatrix} \begin{bmatrix} \Delta V(s) \\ V\Delta\theta(s) \end{bmatrix} \tag{9-4}
$$

由此可见，三端口导纳模型是极坐标广义阻抗模型的扩展。进一步得到系统的降阶特征方程，即极坐标下广义阻抗的原始特征方程：

$$\det\left(\begin{bmatrix} Y_{g1}(s) & 0 \\ 0 & Y_{\theta}(s) \end{bmatrix} + \begin{bmatrix} Y_{n1}(s) & Y_{n2}(s) \\ -Y_{n2}(s) & Y_{n1}(s) \end{bmatrix}\right) = 0 \tag{9-5}$$

其中，

$$Y_{g1}(s) = Y_M(s) - \frac{Y_{dc}(s)\left(Y_M(s)V_0 + I_0\right)}{Y_{dc}(s)V_0 + sC_{dc}V_{dc0}} \tag{9-6}$$

基于 3.3 节的坐标变换方法，可以通过坐标变换将极坐标阻抗转化到同步旋转的 dq 坐标系或序坐标系下，其中 dq 坐标系下的阻抗模型 $\boldsymbol{Y}_{DQ}(s)$ 可以统一表示为

$$\begin{bmatrix} \Delta I_d(s) \\ \Delta I_q(s) \end{bmatrix} = \begin{bmatrix} Y_{dd}(s) & Y_{dq}(s) \\ Y_{qd}(s) & Y_{qq}(s) \end{bmatrix} \begin{bmatrix} \Delta V_d(s) \\ \Delta V_q(s) \end{bmatrix} \tag{9-7}$$

序坐标系下的阻抗模型 $\boldsymbol{Y}_{PN}(s)$ 可以统一表示为

$$\begin{bmatrix} \Delta I_p(s) \\ \Delta I_n(s) \end{bmatrix} = \begin{bmatrix} Y_{pp}(s) & Y_{pn}(s) \\ Y_{np}(s) & Y_{nn}(s) \end{bmatrix} \begin{bmatrix} \Delta V_p(s) \\ \Delta V_n(s) \end{bmatrix} \tag{9-8}$$

正负序和 dq 坐标系下的阻抗相互转换关系为

$$\boldsymbol{Y}_{PN}(s) = \boldsymbol{T}_1 \boldsymbol{Y}_{DQ}(s) \boldsymbol{T}_1^{-1} \tag{9-9}$$

其中，转换矩阵 $\boldsymbol{T}_1$ 定义为

$$\boldsymbol{T}_1 = \frac{1}{\sqrt{2}} \begin{bmatrix} 1 & j \\ 1 & -j \end{bmatrix} \tag{9-10}$$

极坐标和 dq 坐标系下的阻抗相互转换关系为

$$\boldsymbol{Y}_{M\theta}(s) = \boldsymbol{T}_2 \boldsymbol{Y}_{DQ}(s) \boldsymbol{T}_2^{-1} \tag{9-11}$$

其中，转换矩阵 $\boldsymbol{T}_2$ 定义为

$$\boldsymbol{T}_2 = \begin{bmatrix} \cos\varphi_0 & -\sin\varphi_0 \\ \sin\varphi_0 & \cos\varphi_0 \end{bmatrix} \tag{9-12}$$

基于 dq、正负序或极坐标系得到的并网变流器阻抗模型是多输入多输出 (Multiple Input Multiple Output, MIMO) 模型，可采用广义奈奎斯特判据判断稳定性[3]。以 dq 坐标系下的阻抗为例，系统的回比矩阵可以描述为

$$L_{\mathrm{DQ}}(s) = Z_{\mathrm{DQ,\,net}}(s) Y_{\mathrm{DQ,\,VSC}}(s) \tag{9-13}$$

式中，$Z_{\mathrm{DQ,\,net}}(s)$ 为 dq 坐标系下的电网阻抗；$Y_{\mathrm{DQ,\,VSC}}(s)$ 为 dq 坐标系下的变流器导纳。基于广义奈奎斯特判据得到系统特征轨迹，可用于分析并网稳定性。假设系统回比矩阵 $L_{\mathrm{DQ}}(s)$ 包含 p 个极点，若回比矩阵的特征轨迹 $\lambda_1(s)$ 和 $\lambda_2(s)$ 包围 $(-1, \mathrm{j}0)$ 点 p 圈，则系统稳定，如图 9-3 所示。

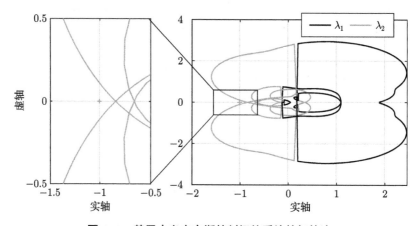

图 9-3 基于广义奈奎斯特判据的系统特征轨迹

广义奈奎斯特判据可以解决 MIMO 系统的稳定性判断问题，但是也存在诸多局限。例如，广义奈奎斯特判据不能直观地获得系统的稳定裕度，并且特征轨迹 $\lambda_1(s)$ 和 $\lambda_2(s)$ 通常无法解析得到。相比于传递函数分析方法，广义奈奎斯特判据在阻抗重塑和控制设计方面略显不足。同时，广义奈奎斯特判据基于特征值分解进行数值求解，其判据物理意义较弱。

学者进一步聚焦不同的稳定场景和动态环节，提出了如下几种稳定性分析模型和稳定判据。

1. 直流阻抗判据

针对新能源并网变流器功率因数接近于 1 的运行工况下直流电压环引起的失稳问题，通常以直流电压作为主导变量，并聚焦变流器直流侧动态。保留 $\Delta P_{\mathrm{s}}/\Delta V_{\mathrm{dc}}$ 变量得到稳定判据和等效 SISO 模型，其特征方程为

$$1 + Y_{\mathrm{dc,\,VSC}}(s)/Y_{\mathrm{dc,\,net}}(s) = 0 \tag{9-14}$$

该模型以直流电压 ΔV_{dc} 和输出功率 ΔP_s 作为输入输出变量, 描述了变流器直流侧动态特性, 可以解释直流侧波动引起的振荡机理。

其中,

$$Y_{dc,VSC}(s) = Y_{dc}(s)V_0 - \frac{Y_{dc}(s)\left(Y_M(s)V_0 + I_0\right)\left(Y_\theta(s) + Y_{n1}(s)\right)}{\left(Y_M(s) + Y_{n1}(s)\right)\left(Y_\theta(s) + Y_{n1}(s)\right) + Y_{n2}^2(s)} \tag{9-15}$$

$$Y_{dc,net}(s) = sC_{dc}V_{dc0} \tag{9-16}$$

具有相似物理特性的稳定判据还有类复转矩系数法。该方法选取直流电容动态类比同步机转子运动动态, 以 ΔP_s 和 ΔV_{dc} 的积分变量作为输入输出变量, 建立系统的传递函数模型。以上稳定判据具有相似的物理特性, 统称为直流电压判据, 并以直流阻抗判据为例进行适用性分析。

2. 广义阻抗判据

以变流器相角回路为主导回路, 保留 $I\Delta\varphi/V\Delta\theta$ 变量得到稳定判据和等效 SISO 模型, 其特征方程为

$$1 + Y_{\theta,VSC}(s)/Y_{\theta,net}(s) = 0 \tag{9-17}$$

该模型以电压/电流相角作为输入/输出变量, 描述了系统的相角同步特性, 适用于分析锁相环主导的同步稳定问题:

$$Y_{\theta,VSC}(s) = Y_\theta(s) \tag{9-18}$$

$$Y_{\theta,net}(s) = 2\left[\begin{array}{l}(Y_{g1}(s) + Y_{n1}(s) + jY_{n2}(s))^{-1} + \\ (Y_{g1}(s) + Y_{n1}(s) - jY_{n2}(s))^{-1}\end{array}\right]^{-1} - Y_{g1}(s) \tag{9-19}$$

具有相似物理特性的稳定判据还有同步回路分析法, 同样聚焦系统相角振荡的物理机理, 选取锁相环的输入输出变量作为研究变量, 建立系统的传递函数模型为

$$\Delta\theta = f_{PLL}(s)\Delta V_q, \quad \Delta V_q = -f_\delta(s)\Delta\delta \tag{9-20}$$

$$1 + f_{PLL}(s)f_\delta(s) = 0 \tag{9-21}$$

值得一提的是, 还有其他保留相角变量/回路导出的稳定模型/判据, 如类阻尼转矩法和同步回路模型等, 本质上也是保留了相角回路的简化模型。与广义阻抗判据一样, 都能反映系统的相角同步特性, 在物理特征上具有相似性。将以上判据统称为相角回路判据。

综上，两个阻抗判据分别聚焦于不同的传递函数回路，导出不同的稳定判据。由于这两种稳定判据的基础模型相同，其判稳结果保持一致，但这两种稳定判据的物理意义不同。其中，广义阻抗判据聚焦系统的相角回路，描述了设备与电网相角阻抗匹配特性，可解释相角主导的同步稳定机理；直流阻抗判据聚焦于直流电压/输出功率组成的直流动态回路，可解释直流电压主导的幅值稳定机理。

9.3 振荡主导模态分析

新能源并网动态呈现宽频特性，不同频段的主导影响因素也不同。在中低频段，并网稳定问题主要包含由锁相环主导的同步稳定模式和由直流电压动态主导的电压稳定模式两类[4]。然而，由于变流器各动态环节存在耦合，这两类问题往往交织出现、难以区别。因此，如何在多模态场景下识别系统主导振荡模式的稳定类型，值得深入研究。为此，本节将介绍基于主导特征轨迹灵敏度指标的新能源变流器关键动态环节识别方法，用于识别多模态振荡中的主导模式及其振荡类型。

9.3.1 主导模式振荡频率识别

在实际工程应用中，基于电气信号的快速傅里叶分解变换可以快速获得主导模式的振荡频率。而在频域模型中，基于灵敏度函数峰值也可以判断主导模式的振荡频率。灵敏度函数通常用于描述开环传递函数对闭环传递函数的灵敏度，其表达式为

$$S(s) = \frac{1}{1 + L(s)} \tag{9-22}$$

灵敏度函数也表示输出扰动 $d(s)$ 与输出响应 $y(s)$ 之间的传递函数，描述不同频率的外部扰动注入下，扰动与输出响应之间的增益和相位变化，其传递函数框图如图 9-4 所示。因此，灵敏度函数也是一个可观性指标，灵敏度函数的峰值可以表示注入扰动引起的最大输出响应，峰值所对应的振荡频率近似为该回路下可观性最大的系统模式的振荡频率。

针对实际电网关注的中低频和次/超同步振荡问题，变流器并网系统主要存在锁相环主导和直流电压环主导的两种模式。因此，可以从广义阻抗判据和直流阻抗判据入手确定系统的主导模式及其振荡频率。

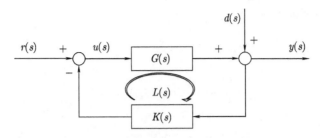

图 9-4　灵敏度函数的传递函数框图

1. 广义阻抗判据的灵敏度函数峰值

广义阻抗判据的灵敏度函数表达式为

$$S_\theta(s) = \frac{1}{1 + G_1(s)K_1(s)} \tag{9-23}$$

其中，

$$G_1(s) = Y_\theta(s) \tag{9-24}$$

$$K_1(s) = Y_{n1}(s) + \frac{Y_{n2}^2(s)}{Y_{n1}(s) + Y_M(s) - \dfrac{Y_{dc}(s)\left(Y_M(s)U_0 + I_0\right)}{Y_{dc}(s)U_0 + sC_{dc}U_{dc0}}} \tag{9-25}$$

式中，$G_1(s)$ 和 $K_1(s)$ 分别为广义阻抗的前向传递函数和反馈传递函数。

基于广义阻抗的灵敏度函数的传递函数框图如图 9-5 所示，其可以反映注入单位相角扰动引起的输出电流相角响应大小，即

$$I\Delta\varphi = S_\theta(s)\Delta d_\theta \tag{9-26}$$

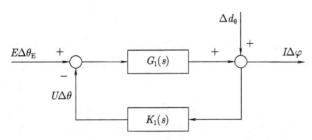

图 9-5　基于广义阻抗的灵敏度函数的传递函数框图

基于广义阻抗的灵敏度函数峰值能够反映外部相角扰动引起的系统最大响应，峰值对应的振荡频率表示相角扰动激发最大响应时的振荡频率。

2. 直流阻抗判据的灵敏度函数峰值

直流阻抗判据的灵敏度函数表达式为

$$S_{dc}(s) = \frac{1}{1 + G_2(s)K_2(s)} \tag{9-27}$$

其中，

$$G_2(s) = sC_{dc} \tag{9-28}$$

$$K_2(s) = \frac{Y_{dc}(s)U_0}{U_{dc0}} - \frac{Y_{dc}(s)\left(Y_M(s)U_0 + I_0\right)\left(Y_\theta(s) + Y_{n1}(s)\right)/U_{dc0}}{\left(Y_M(s) + Y_{n1}(s)\right)\left(Y_\theta(s) + Y_{n1}(s)\right) + Y_{n2}^2(s)} \tag{9-29}$$

式中，$G_2(s)$ 和 $K_2(s)$ 分别为直流阻抗的前向传递函数和反馈传递函数。

基于直流阻抗的灵敏度函数的传递函数框图如图 9-6 所示，其可以反映注入单位直流扰动引起的输出直流电流响应大小，即

$$\Delta I_{dc} = S_{dc}(s)\Delta d_{dc} \tag{9-30}$$

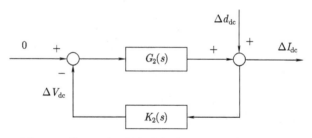

图 9-6　基于直流阻抗的灵敏度函数的传递函数框图

基于直流阻抗的灵敏度函数峰值能够反映直流侧扰动引起的系统最大响应，峰值对应的振荡频率表示直流侧扰动激发最大响应时的振荡频率。由于不同阻抗回路分别可以表示注入不同单位扰动激励下输出响应的大小，因此可以比较不同阻抗判据的灵敏度函数峰值，来确定系统的主导振荡模式。当广义阻抗灵敏度函数峰值较大时，说明注入单位相角扰动引起的响应较大，广义阻抗灵敏度函数峰值所对应的振荡频率近似为系统主导模式的振荡频率；当直流阻抗灵敏度函数峰值较大时，说明注入单位直流侧扰动引起的响应较大，直流阻抗灵敏度函数峰值所对应的振荡频率近似为系统主导模式的振荡频率。

9.3.2　关键动态环节识别方法

在确定主导模式的振荡频率后，需要进一步确定与其相关的关键动态环节，以便选取相应的稳定判据进行稳定裕度分析。典型的变流器并网系统三端口导纳模型，其系统特征方程矩阵为

$$
\det\left(\begin{bmatrix} Y_{\mathrm{M}}(s) & 0 & Y_{\mathrm{dc}}(s) \\ 0 & Y_{\theta}(s) & 0 \\ \dfrac{Y_{\mathrm{M}}(s)V_0 + I_0}{V_{\mathrm{dc0}}} & 0 & \dfrac{Y_{\mathrm{dc}}(s)V_0}{V_{\mathrm{dc0}}} \end{bmatrix} + \begin{bmatrix} Y_{\mathrm{n1}}(s) & Y_{\mathrm{n2}}(s) & 0 \\ -Y_{\mathrm{n2}}(s) & Y_{\mathrm{n1}}(s) & 0 \\ 0 & 0 & sC_{\mathrm{dc}} \end{bmatrix}\right) = 0
$$

(9-31)

变流器的锁相环动态和直流侧动态分别独立地位于系统特征方程矩阵的不同元素中，广义阻抗判据和直流阻抗判据分别选取对应的动态环节作为前向传递函数通道，因此该模型可以独立地分析这两个内部动态环节对系统稳定性的影响。

给出主导特征轨迹灵敏度的定义及以下定理，用于评估不同稳定判据的前向传递函数对系统稳定性的影响程度。主导特征轨迹灵敏度的性质为当系统的主导特征值为弱阻尼时，前向传递函数 $G_i(s)$ 对主导特征轨迹 $\lambda_1(s)$ 的灵敏度 δ_i，可以表示为

$$
\delta_i = \left.\frac{\mathrm{d}\lambda_1(s)}{\mathrm{d}G_i(s)/G_i(s)}\right|_{s=\mathrm{j}\omega_{\mathrm{c}}} = p_{1i}(\mathrm{j}\omega_{\mathrm{c}})\, G_i(\mathrm{j}\omega_{\mathrm{c}}) \tag{9-32}
$$

式中，$\lambda_1(s)$ 为系统的主导特征轨迹；$G_i(s), i = 1, 2$ 为式中不同稳定判据的前向传递函数；ω_{c} 为系统主导振荡模式的振荡频率；$p_{1i}(s)$ 为不同传递函数回路的参与因子。

上述定理表明，灵敏度指标 δ_i 可以反映前向传递函数 $G_i(s)$。如果 $\delta_1 > \delta_2$，则 $Y_{\theta}(s)$ 对系统稳定性的影响比 sC_{dc} 大，即系统的主导模式由锁相环所主导，稳定类型为同步稳定；反之，如果 $\delta_2 > \delta_1$，则 sC_{dc} 对系统稳定性的影响比 $Y_{\theta}(s)$ 大，即系统的主导模式由直流电压环所主导，稳定类型为电压稳定。因此，根据灵敏度指标 δ_i 可以评估分析与系统主导模式相关的关键动态环节。

值得一提的是，环路增益灵敏度指标也能够识别电力设备并网稳定问题的关键动态回路、主导变量，并判定系统的稳定类型。但该指标是复频域下的指标，需要获取设备各回路的复频域特性信息，难以实用化和黑箱化。而本节所介绍的主导特征轨迹灵敏度指标虽然只适用于新能源并网系统，但只需要新能源变流器的端口频域特性信息，就能够实现关键动态环节和稳定类型的黑箱化识别。

9.4 稳定裕度量化方法

9.4.1 稳定裕度的定义

稳定裕度是衡量系统在受到扰动时维持稳定状态的能力的关键指标。它反映了系统在面对参数变化和外界干扰时的鲁棒性。较高的稳定裕度意味着系统能够在更广泛的运行条件下保持稳定,而较低的稳定裕度则表明系统可能更容易失稳。因此,理解和优化系统的稳定裕度,对于确保系统在实际运行中的可靠性和安全性至关重要。接下来,我们将探讨稳定裕度的计算方法。

基于广义阻抗和直流阻抗的稳定裕度函数分别为

$$M_{\mathrm{G}} = 1 + G_1\left(\mathrm{j}\omega_{\mathrm{c}}\right) / K_1\left(\mathrm{j}\omega_{\mathrm{c}}\right) = |M_{\theta}| \angle \varphi_{\theta} \tag{9-33}$$

$$M_{\mathrm{dc}} = 1 + G_2\left(\mathrm{j}\omega_{\mathrm{c}}\right) / K_2\left(\mathrm{j}\omega_{\mathrm{c}}\right) = |M_{\mathrm{dc}}| \angle \varphi_{\mathrm{dc}} \tag{9-34}$$

式中,ω_{c} 为系统主导模式的振荡频率,也近似为广义阻抗判据和直流阻抗判据奈奎斯特曲线到 $(-1, \mathrm{j}0)$ 点最短距离所对应的频率;$|M_{\theta}|$ 和 φ_{θ} 分别为 M_{G} 的幅值和相角;$|M_{\mathrm{dc}}|$ 和 φ_{dc} 分别为 M_{dc} 的幅值和相角。当 $|M_{\theta}|$ 或 $|M_{\mathrm{dc}}|$ 增大时,系统的稳定性增强。

9.4.2 稳定裕度的分析

根据以上定义可知,针对同一个系统可以基于不同稳定判据得到多种稳定性分析结果。以变流器并网系统的次同步振荡分析为例,基于广义阻抗判据的稳定裕度分析如图 9-7 所示。可以看出,基于广义阻抗判据的奈奎斯特曲线没有包围 $(-1, \mathrm{j}0)$ 点,系统稳定,稳定裕度为 $M_{\mathrm{G}} = 0.067$,振荡频率为 16.3 Hz。基于直流阻抗判据系统稳定,稳定裕度为 $M_{\mathrm{dc}} = 0.42$,振荡频率为 2.6 Hz。

基于时域状态空间模型得到系统的主导模式为 $-4.49 \pm \mathrm{j}102.26$,振荡频率为 16.3 Hz。基于状态空间参与因子分析可知,该模式由锁相环主导。与时域模型的振荡频率对比可知,广义阻抗判据的分析结论正确;而直流阻抗判据对振荡频率、稳定裕度的分析有误。这是因为该振荡场景是锁相环引起的失稳问题,而直流阻抗判据更关注直流侧电压和电流之间的输入输出特性,此时没有有效识别出锁相环的弱阻尼模式。此外,在分析系统参数或控制参数等关键因素对系统稳定性的影响时,也可能产生上述问题。

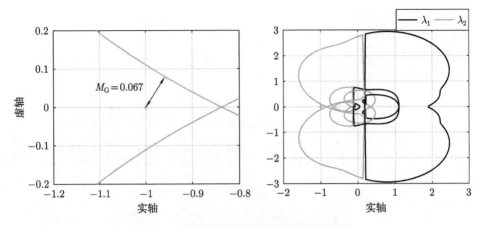

图 9-7　基于广义阻抗判据的稳定裕度分析

当某关键因素 k 对稳定裕度的灵敏度如 dM_G/dk 或 dM_{dc}/dk 与稳定裕度如 (M_G 或 M_{dc} 的相角差在 $(-\pi/2, \pi/2)$ 区间时, 增加参数 k 可以增大稳定裕度, 提高系统稳定性; 否则, 增加参数 k 会降低系统稳定性。当相角差接近于 0 或 $-\pi$ 且灵敏度幅值较大时, 参数对稳定性的影响较大; 当相角差接近 $\pm\pi/2$ 时, 参数对稳定性的影响较小, 但会影响振荡频率。

不同裕度函数对相同参数的灵敏度表达式不同, 分析结果也必然存在差异。由于分析的是统一系统, 不同稳定裕度分析得出的稳定趋势通常是一样的。现有研究指出, 线路电感对直流电压环主导的振荡模式影响弱, 因此在该直流电压环主导的稳定场景下线路电感对系统稳定裕度的灵敏度应当较小。本节介绍的稳定裕度计算和灵敏度分析是指导控制器参数整定的重要手段之一。

Chapter 10
第 10 章

基于回归拟合的并网 ◄◄◄◄
变流器动态分析与稳定域

10.1 引言

并网变流器作为新能源发电接入电网的主要元件，易与电网发生相互作用，从而引发一系列宽频振荡问题。在上一章中介绍了基于阻抗模型的各种不同的稳定判据。针对第 3 章建立的变流器阻抗，应用这些判据即可分析并网变流器系统的稳定性。但现有分析多是针对系统特定运行工况或单一振荡模式，无法适应当前系统工况时变和振荡多模态的特性。为了在全工况范围内分析运行点和控制参数对并网变流器稳定性的影响，本章将基于阻抗法对并网变流器的小信号稳定域进行分析。针对当前运行状态，不仅给出稳定性的判断，而且明确系统运行的稳定裕度。同时，在全工况范围内分析运行点和控制参数对稳定性的影响，指导系统稳定裕度优化提升的方向。

基于阻抗法的并网变流器小信号稳定域研究存在基于各种稳定判据的边界条件形式复杂的问题。这一方面是由于变流器阻抗表达式是关于拉普拉斯算子的高阶分式，另一方面则取决于构建小信号稳定域的参数个数。因此，对于单参数情形，本章 10.2 节将基于广义奈奎斯特稳定判据建立小信号稳定功率极限的边界条件，计算并网变流器的小信号稳定功率极限。对于多参数情形，10.3 节将基于智能寻优的核岭回归对小信号稳定域进行量化，建立并网变流器多参数稳定域边界的近似表达式。同时，通过本书第 3 章中的并网变流器阻抗特性分析可以看出，锁相环动态会导致变流器阻抗的负电阻特性，从而显著影响系统稳定性。因此，10.4 节将介绍一种改进锁相环结构，以控制的手段使等效并网点向电网一侧靠近，等效减小电网阻抗增大电网强度，从而实现提升并网变流器的小信号稳定功率极限的目的。

10.2　并网变流器稳定极限逐点计算

图 10-1 所示为并网变流器系统结构图。并网变流器的静态稳定功率传输能力受到电网短路比、电网阻抗角和变流器功率因数的限制。对于单位功率因数的情况，并网变流器所能传输的理论功率极限 $P_{\max}$ 与短路比 R_{SCR} 之间的关系为 [54]

$$R_{\mathrm{SCR}} = \frac{v_{\mathrm{grid}}^2}{|Z_{\mathrm{g}}|\, P_{\mathrm{rate}}} \tag{10-1}$$

$$P_{\max} = \frac{1}{2} \times \frac{1}{1 - \dfrac{1}{\sqrt{1 + (X_{\mathrm{g}}/R_{\mathrm{g}})^2}}} \times \frac{v_{\mathrm{grid}}^2}{|Z_{\mathrm{g}}|} \tag{10-2}$$

式中，v_{grid} 为电网电压；P_{rate} 为变流器额定容量；$Z_{\mathrm{g}} = R_{\mathrm{g}} + \mathrm{j}X_{\mathrm{g}}$ 为电网阻抗。

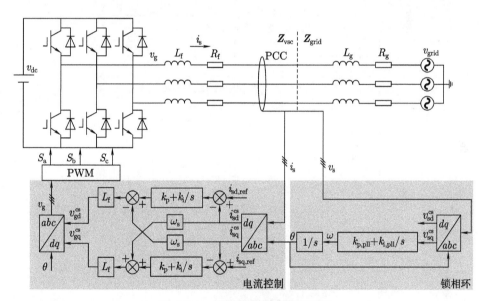

图 10-1　并网变流器系统结构图

在实际运行中，并网变流器的功率传输能力还受到控制策略及控制参数的影响，并不能达到式(10-2)所给出的理论最大功率。当变流器输出功率增大到一定数值时，并网系统会出现小信号失稳现象。在一定的电网条件和控制参数下，并网变流器所能输出的不会导致系统出现小信号稳定性问题的最大功率称为并网变流器的小信号稳定功率极限。本节将根据广义奈奎斯特稳定判据计算并网变流器的小信号稳定功率极限，并分析电网短路比和锁相环带宽对其的影响。

10.2.1 并网变流器小信号稳定功率极限算法

并网变流器系统的小信号稳定性取决于电网阻抗与变流器阻抗的比值是否满足广义奈奎斯特稳定判据：

$$\boldsymbol{L} = \boldsymbol{Z}_{\text{grid}} \boldsymbol{Z}_{\text{vsc}}^{-1} \tag{10-3}$$

即判断回比矩阵两个特征值的特征轨迹是否包围 $(-1, 0)$ 点。当特征轨迹穿过 $(-1, 0)$ 点时，并网变流器系统达到小信号稳定临界状态。因此，在一定的电网条件以及变流器控制参数和功率因数下，计算并网变流器小信号稳定功率极限的算法流程图如图 10-2 所示。

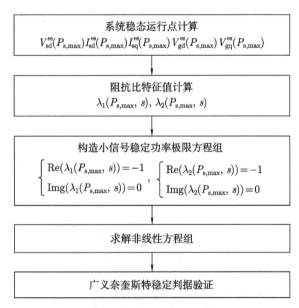

图 10-2 小信号稳定功率极限算法流程图

步骤 1：系统稳态运行点计算

假设并网变流器小信号稳定功率极限为 $P_{\text{s,max}}$，通过潮流计算确定系统稳态运行点，并表示为 $P_{\text{s,max}}$ 的函数。变流器输出功率与并网点电压和电流稳态值的关系为

$$P_{\text{s,max}} = 1.5 V_{\text{sd}}^{\text{es}} I_{\text{sd}}^{\text{es}} + 1.5 V_{\text{sq}}^{\text{es}} I_{\text{sq}}^{\text{es}} \tag{10-4}$$

$$Q_{\text{s,max}} = 1.5 V_{\text{sq}}^{\text{es}} I_{\text{sd}}^{\text{es}} - 1.5 V_{\text{sd}}^{\text{es}} I_{\text{sq}}^{\text{es}} \tag{10-5}$$

式中，V_{sd}^{es} 和 V_{sq}^{es} 分别为并网点电压 v_s 的 d 轴分量和 q 轴分量稳态值；I_{sd}^{es} 和 I_{sq}^{es} 分别为并网点电流 i_s 的 d 轴分量和 q 轴分量稳态值。

变流器的功率输出设为单位功率因数，无功功率 Q_s 为 0。由于锁相环的存在，并网点电压 q 轴分量稳态值 $V_{sq}^{es} = 0$。考虑到稳态时并网变流器滤波电路方程和电网侧电路方程微分项为 0，由此可以求解出以有功功率表示的并网变流器系统电压和电流的稳态值。

步骤 2：回比矩阵特征值计算

将系统稳态运行点代入回比矩阵 $\boldsymbol{L}$，并计算特征值 $\lambda_{1,2}(P_{s,\max}, s)$。此时特征值可以表示为变流器有功功率 $P_{s,\max}$ 和拉格朗日乘子 s 的函数。特征值的具体表达形式如下：

$$\lambda_{1,2}(P_{s,\max}, s) = \frac{1}{2}(\boldsymbol{L}(1,1) + \boldsymbol{L}(2,2) \pm$$
$$\sqrt{(\boldsymbol{L}(1,1) + \boldsymbol{L}(2,2))^2 - 4(\boldsymbol{L}(1,1)\boldsymbol{L}(2,2) - \boldsymbol{L}(1,2)\boldsymbol{L}(2,1))}$$

(10-6)

步骤 3：构造小信号稳定功率极限方程

根据系统小信号稳定临界状态的判别条件构造小信号稳定功率极限方程：

$$\begin{cases} \mathrm{Re}\left(\lambda_1\left(P_{s,\max}, s\right)\right) = -1 \\ \mathrm{Img}\left(\lambda_1\left(P_{s,\max}, s\right)\right) = 0 \end{cases}, \begin{cases} \mathrm{Re}\left(\lambda_2\left(P_{s,\max}, s\right)\right) = -1 \\ \mathrm{Img}\left(\lambda_2\left(P_{s,\max}, s\right)\right) = 0 \end{cases}$$

(10-7)

在并网变流器系统参数已知的情况下，上述方程组为关于 $P_{s,\max}$ 和 s 的非线性方程组。

步骤 4：求解非线性方程组

采用牛顿法求解式(10-7)，可以得到两组可行解。对于所得 $P_{s,\max}$ 数值较大的一组解，此时其中一个特征值的特征轨迹正好穿过 $(-1,0)$ 点，然而另一个特征值的特征轨迹已经包围 $(-1,0)$ 点。根据广义奈奎斯特稳定判据，系统不稳定。因此，选择功率 $P_{s,\max}$ 数值较小的一组数值解作为当前并网变流器系统条件下的小信号稳定功率极限。

对于并网变流器系统，采用表 10-1 所示的参数，令电网短路比为 1.7，对应弱电网情况。根据上述小信号稳定功率极限算法可以计算得到在当前系统条件下的并网变流器小信号稳定功率极限 $P_{s,\max} = 24.15\mathrm{kW}$。

表 10-1 并网变流器系统参数

符号	描述	数值
v_{grid}	电网电压（线）	380V
ω_s	基波角频率	314rad/s
v_{dc}	直流电压	730V
P_{rated}	额定功率	25kW
φ_g	电网阻抗角	80°
$\cos\varphi$	变流器功率因数	1
R_f	滤波电阻	0.12Ω
L_f	滤波电感	6mH
f_{sw}	开关频率	20kHz
f_{sa}	采样频率	20kHz
k_p	电流控制比例系数	380
k_i	电流控制积分系数	10000
$k_{p,pll}$	锁相环比例系数	2
$k_{i,pll}$	锁相环积分系数	173

步骤 5：广义奈奎斯特稳定判据验证

采用广义奈奎斯特稳定判据评估功率变化时的并网变流器系统稳定性变化，分析当并网变流器系统功率为步骤 4 中所得小信号稳定功率极限时是否处于小信号稳定临界状态。

在变流器输出功率为 23kW 时，计算出系统的稳态运行点，代入电网阻抗和变流器阻抗的比值，画出其广义奈奎斯特曲线，如图 10-3a 所示，图中虚线为特征值 λ_1 的特征轨迹，实线为特征值 λ_2 的特征轨迹。从图中可以看出，两个特征值的特征轨迹均不包围 (−1,0) 点，这表明并网变流器系统在该电网条件下输出功率为 23kW 时处于稳定状态。保持当前系统参数不变，不断增大变流器输出功率，并采用广义奈奎斯特稳定判据进行稳定性判断。随着输出功率的增大，回比矩阵的特征轨迹逐渐向左扩展接近 (−1,0) 点，并最终穿过这一点，系统由稳定状态过渡到临界稳定状态。如图 10-3b 所示为并网变流器输出功率为 24.15kW 时，特征值 λ_2 的特征轨迹正好穿过 (−1,0) 点，系统处于临界稳定状态。继续增大变流器输出功率，回比矩阵的特征轨迹将包围 (−1,0) 点，根据广义奈奎斯特稳定判据，系统过渡到不稳定状态。图 10-3c 所示为并网变流器输出功率增大到 24.2kW 时的广义奈奎斯特图。可以看出，一旦系统输出功率大于计算得到的小信号稳定功率极限 $P_{s,max}$，系统将不能维持稳定。通过增加输出功率时并网变流器系统回比矩阵的广义奈奎斯特图变化情况，可以表明并网变流器小信号稳定功率极限算法的正确性。

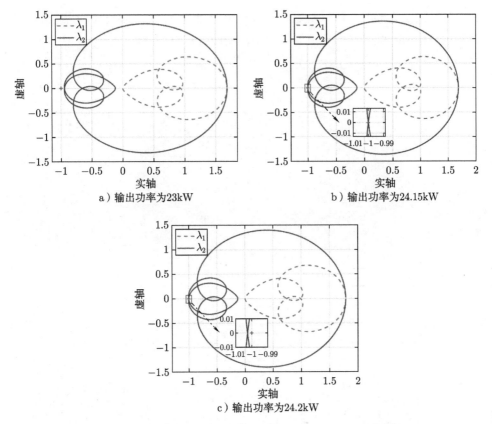

a）输出功率为23kW
b）输出功率为24.15kW
c）输出功率为24.2kW

图 10-3 并网变流器小信号稳定功率极限算法的广义奈奎斯特验证

10.2.2 并网变流器小信号稳定功率极限影响因素分析

并网变流器系统的功率传输能力受到电网强度的影响，并且锁相环对并网变流器系统的小信号稳定性具有较大的影响。因此，本节将主要分析电网短路比和锁相环带宽对并网变流器小信号稳定功率极限的影响，并与并网变流器的理论功率极限进行比较。

1. 电网短路比的影响

在表 10-1 所示的参数下，保持电网阻抗角以及变流器单位功率因数和控制参数不变，改变电网阻抗的幅值，从而改变电网短路比。按照 10.2.1 节给出的算法步骤计算相应电网短路比下的并网变流器小信号稳定功率极限，并与理论功率极限进行比较，如图 10-4 所示。其中，虚线表示并网变流器理论功率极限与短路比的关系，实线表示并网变流器小信号稳定功率极限与电网短路比的关系。可以看出，并网变流器的小信号稳定功率极限小于相应条件下的理论功率极限，并且随着短路比的降低，并网变流器的功率传输能力逐渐下降。

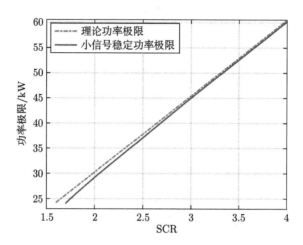

图 10-4　小信号稳定功率极限与 SCR 的关系

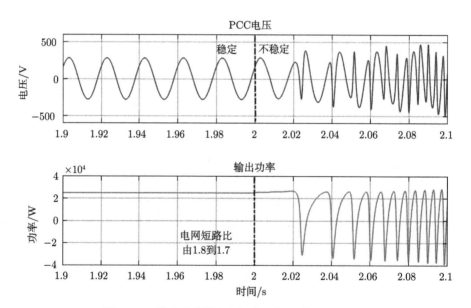

图 10-5　并网变流器电网短路比变化时的仿真结果

在 MATLAB/Simulink 中搭建仿真模型，通过仿真分析并网变流器小信号稳定功率极限影响因素分析的正确性。令电网短路比为 1.8，变流器输出额定功率。在仿真时间 $t = 2\text{s}$ 时，增大电网阻抗，将电网短路比减小到 1.7，同时保持输出功率不变。由图 10-4 所示的并网变流器小信号稳定功率极限与电网短路比的关系可知，系统将由稳定状态过渡到不稳定状态。并网变流器系统电网短路比变化时的仿真结果如图 10-5 所示。从图中可以看出，在 2s 电网短路比减小后，电压和功率的波形出现振荡并逐渐发散，仿真结果与理论分析一致。表明电网短路比的减小降低了并网变流器系统的功率传输能力。

2. 锁相环带宽的影响

改变同步参考坐标系锁相环的 PI 参数，研究锁相环带宽对并网变流器小信号稳定功率极限的影响。图 10-6 表示了锁相环带宽分别为 100Hz 和 200Hz 时，并网变流器的小信号稳定功率极限随电网短路比变化的关系，并与理论功率极限进行比较。可以看出，随着锁相环带宽的增大，并网变流器功率传输能力减弱。这与现有研究中的随着锁相环带宽的增加，变流器输出阻抗的负电阻频率范围增加，从而导致系统更易失稳的结论相符 [47]。

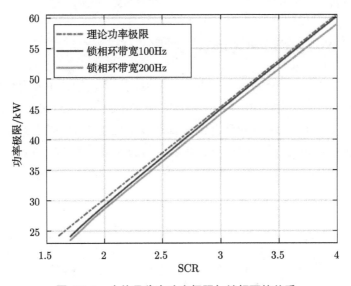

图 10-6 小信号稳定功率极限与锁相环的关系

同样在 MATLAB/Simulink 中进行仿真分析。变流器锁相环带宽为 100Hz，初始输出功率为 24kW。在 $t = 10s$ 时刻调整锁相环 PI 环节比例积分系数，增大带宽到 200Hz。图 10-7 所示为并网变流器锁相环带宽变化时的仿真结果。从图中可以看出，在输出功率不变时，随着锁相环带宽的增加，系统进入不稳定状态。这与理论分析结果一致，表明锁相环带宽的增大降低了并网变流器系统的功率传输能力。

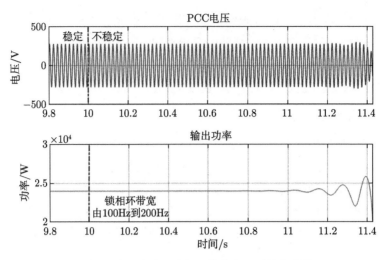

图 10-7 并网变流器锁相环带宽变化时的仿真结果

10.3 并网变流器稳定域拟合量化

根据第 3 章的阻抗推导过程可知,并网变流器系统阻抗主要与稳态运行点和控制参数有关。在变流器输出功率已知时,可以根据主电路结构,通过潮流计算求得系统稳态运行点。而锁相环会使变流器输出阻抗具有负电阻特性,被认为是系统失稳的主要原因。因此,本节主要以有功功率 P、无功功率 Q、锁相环带宽 f_{pll} 三个参数为代表,对并网变流器系统的多参数小信号稳定域进行研究。由此,确定构建小信号稳定域的参数:

$$\boldsymbol{X} = [P, \quad Q, \quad f_{\mathrm{pll}}]^{\mathrm{T}} \tag{10-8}$$

值得注意的是,所介绍的稳定域量化方法具有通用性,并不局限于这三个参数,可建立任意多参数的小信号稳定域。

对于多参数稳定域,本节选择求解聚合阻抗行列式零点的阻抗判据。基于聚合阻抗判据和广义奈奎斯特判据的小信号稳定域虽然形式不同,但具有等价性。并网变流器系统的聚合阻抗可以表示为

$$\boldsymbol{Z}_{\mathrm{lump}}(P, Q, f_{\mathrm{pll}}, s) = \boldsymbol{Z}_{\mathrm{vsc}}(P, Q, f_{\mathrm{pll}}, s) + \boldsymbol{Z}_{\mathrm{grid}}(P, Q, f_{\mathrm{pll}}, s) \tag{10-9}$$

定义基于聚合阻抗判据的并网变流器小信号稳定域:对于参数空间中的所有可能运行工况,所有使系统聚合阻抗行列式零点最大实部小于零的运行工况的集

合 [46]。针对本节关注的变流器功率和锁相环带宽，参数空间定义为

$$S_{\boldsymbol{X}} = \mathrm{span}\{P, Q, f_{\mathrm{pll}}\} \tag{10-10}$$

定义 $\sigma_{\max}(\boldsymbol{X})$ 表示当前参数 $\boldsymbol{X}$ 对应的聚合阻抗行列式零点的最大实部，并网变流器系统的小信号稳定域可表示为

$$\Omega_{\mathrm{lump}} = \{\boldsymbol{X} \in S_{\boldsymbol{X}} \,|\, \sigma_{\max}(\boldsymbol{X}) < 0\} \tag{10-11}$$

当聚合阻抗行列式零点的最大实部等于 0 时，系统处于小信号稳定临界状态。因此，基于聚合阻抗判据的并网变流器系统小信号稳定边界为

$$\partial \Omega_{\mathrm{lump}} = \{\boldsymbol{X} \in S_{\boldsymbol{X}} \,|\, \sigma_{\max}(\boldsymbol{X}) = 0\} \tag{10-12}$$

以上分析了基于系统聚合阻抗的并网变流器小信号稳定域及其边界，为集合的形式。然而，基于集合的稳定域边界不便于进行解析分析，需要推导其解析表达式。式(10-12)给出了稳定域边界关于参数 $\boldsymbol{X}$ 的隐式表达式。因此，只需要推导聚合阻抗行列式零点的最大实部 $\sigma_{\max}$ 与对应运行工况 $\boldsymbol{X}$ 之间的函数关系，然后令 $\sigma_{\max} = 0$，可求解稳定域边界的解析表达式。

10.3.1　基于核岭回归的稳定域边界求解算法

对于单个参数的并网变流器小信号稳定域，可以根据广义奈奎斯特稳定判据的小信号稳定临界条件构建小信号稳定功率极限方程直接进行求解。然而，对于多参数稳定域，无论是广义奈奎斯特判据还是聚合阻抗判据的边界条件都具有形式复杂、难以解析求解的问题。这是由于并网变流器阻抗推导过程中存在一系列复杂的矩阵运算。对于具备多时间尺度动态耦合特性的新能源并网系统，聚合阻抗中每一个元素的阶数将非常高。这导致几乎不可能求得行列式零点的解析表达式，也就不可能得到 $\sigma_{\max}(\boldsymbol{X})$ 的显式函数形式。针对此问题，本节将采用核岭回归对多参数小扰动稳定域进行量化拟合，并分析多参数对系统稳定性的影响 [55]。

基于核岭回归的并网变流器小信号稳定域边界求解算法的具体步骤如下：

步骤 1：生成运行工况集

针对要建立小信号稳定域的参数 $\boldsymbol{X} = [P, Q, f_{\mathrm{pll}}]^{\mathrm{T}}$，在合适的取值范围内，随机生成一组参数集。其中第 i 个参数记作 $\boldsymbol{X}_i = [P_i, Q_i, f_{\mathrm{pll}i}]^{\mathrm{T}}, i = 1, 2, 3, \cdots$。然后根据聚合阻抗模型计算对应的 $\sigma_{\max i}$，构成运行工况集 $(\boldsymbol{X}_i, \sigma_{\max i})$。

步骤 2：确定样本集

根据各运行工况对应的 $\sigma_{\mathrm{max}i}$ 的大小，确定稳定边界的大致区域。选取区域内 $-10 \leqslant \sigma_{\mathrm{max}i} \leqslant 10$ 的运行工况，构成样本数为 N 的样本集。

步骤 3：确定核函数

由于阻抗模型的推导与行列式零点的计算都是代数运算，因此，可以采用多项式核将原数据从非线性空间映射到高维的线性特征空间。映射函数记为 $\phi(\boldsymbol{x})$。那么，m 阶多项式核函数的表达式如下所示：

$$k(\boldsymbol{x}, \boldsymbol{y}) = (\boldsymbol{x}^{\mathrm{T}}\boldsymbol{y} + 1)^m \tag{10-13}$$

式中，$\boldsymbol{x}$ 和 $\boldsymbol{y}$ 为样本集中的任意两个变量。

步骤 4：建立最优化问题

在特征空间中建立如下所示的优化问题：

$$\min \quad \gamma \|\boldsymbol{\omega}\|^2 + \sum_{i=1}^{N} \left(\sigma_{\mathrm{max}i} - \boldsymbol{\omega}^{\mathrm{T}}\phi(\boldsymbol{X}_i)\right)^2 \tag{10-14}$$

式中，γ 为惩罚系数；$\boldsymbol{\omega}$ 为特征空间中的权重系数；$\|\|^2$ 表示二范数。最小化第一项的目的是为了减少近似函数对样本集的过拟合，最小化第二项的目的是为了最小化样本集的误差平方和。

步骤 5：拉格朗日乘子法求解

通过拉格朗日乘子法对上述最优化问题进行求解，可以得到并网变流器系统聚合阻抗行列式零点最大实部 σ_{max} 与所分析参数 $\boldsymbol{X} = [P, Q, f_{\mathrm{pll}}]^{\mathrm{T}}$ 之间的多项式近似函数表达式：

$$\sigma_{\mathrm{max}}(\boldsymbol{X}) = \sum_{i=1}^{N} \alpha_i \left(\boldsymbol{X}_i^{\mathrm{T}}\boldsymbol{X} + 1\right)^m \tag{10-15}$$

$$\boldsymbol{\alpha} = (\boldsymbol{K} + \gamma\mathbf{I})^{-1}\boldsymbol{\sigma}_{\mathrm{max}} \tag{10-16}$$

式中，核矩阵 $\boldsymbol{K}$ 为 N 阶方阵，第 (i, j) 个元素为 $\boldsymbol{K}(i, j) = \left(\boldsymbol{X}_i^{\mathrm{T}}\boldsymbol{X}_j + 1\right)^m$；$\mathbf{I}$ 为 N 阶单位矩阵；$\boldsymbol{\sigma}_{\mathrm{max}}$ 为 N 个样本点对应的 $\sigma_{\mathrm{max}i}$ 构成的列向量。核岭回归的准确度依赖于于惩罚系数 γ 和多项式核阶数 m 的选取。对此，可以采用粒子群优化算法，选取一组使方均根误差最小的参数组合进行回归，以提高并网变流器小信号稳定域近似表达式的准确度[56]。

步骤 6：算例分析

对于并网变流器系统，参数选取参考表 10-1，电网短路比为 1.7。根据上述步骤，建立并网变流器系统关于参数 $\boldsymbol{X} = [P, Q, f_{\mathrm{pll}}]^{\mathrm{T}}$ 的小信号稳定域及边界。

生成系统运行工况集合时，需要考虑参数 X 的取值范围。考虑变流器工作于逆变状态，输出有功功率，即 $P \geqslant 0$。若有无功支撑/补偿需求，需要保证变流器输出无功功率 Q 不能使并网点电压过低或过高[57]。同时，变流器的视在功率要在其容量限制内，且考虑系统静态稳定的限制。

对于锁相环带宽 f_{pll} 的取值范围，需要考虑锁相环阻尼比 ξ_{pll} 的变化。锁相环的结构为典型的二阶系统，其闭环传递函数为

$$T_{\mathrm{pll}} = \frac{sV_{\mathrm{sd}}^{\mathrm{es}}k_{\mathrm{p,pll}} + V_{\mathrm{sd}}^{\mathrm{es}}k_{\mathrm{i,pll}}}{s^2 + sV_{\mathrm{sd}}^{\mathrm{es}}k_{\mathrm{p,pll}} + V_{\mathrm{sd}}^{\mathrm{es}}k_{\mathrm{i,pll}}} \tag{10-17}$$

式中，$k_{\mathrm{p,pll}}$ 和 $k_{\mathrm{i,pll}}$ 为锁相环比例积分系数；$V_{\mathrm{sd}}^{\mathrm{es}}$ 为并网点电压 d 轴分量稳态值。因此，锁相环的阻尼比 ξ_{pll} 和带宽 f_{pll} 可以表示为

$$\xi_{\mathrm{pll}} = \frac{V_{\mathrm{sd}}^{\mathrm{es}}k_{\mathrm{p,pll}}}{2\sqrt{V_{\mathrm{sd}}^{\mathrm{es}}k_{\mathrm{i,pll}}}} \tag{10-18}$$

$$f_{\mathrm{pll}} = \frac{1}{2\pi}\sqrt{\frac{2V_{\mathrm{sd}}^{\mathrm{es}}k_{\mathrm{i,pll}}^2}{-V_{\mathrm{sd}}^{\mathrm{es}}k_{\mathrm{p,pll}}^2 + \sqrt{4k_{\mathrm{i,pll}}^2 + (V_{\mathrm{sd}}^{\mathrm{es}})^2 k_{\mathrm{p,pll}}^4}}} \tag{10-19}$$

表 10-1 所示参数下，$\xi_{\mathrm{pll}} = 0.707, f_{\mathrm{pll}} = 100\mathrm{Hz}$。综合系统的动态特性和稳态特性，一般保持锁相环阻尼比 $\xi_{\mathrm{pll}} = 0.707$ 不变[58]。因此，改变锁相环带宽时，通常令 $k'_{\mathrm{p,pll}} = rk_{\mathrm{p,pll}}, k'_{\mathrm{i,pll}} = r^2 k_{\mathrm{i,pll}}$，从而锁相环带宽 f_{pll} 扩大了 r 倍。

并网变流器系统运行工况集如图 10-8 所示，其中颜色栏代表各运行工况对应行列式零点最大实部的大小。从图中可以看出，稳定域边界位于红色边框以外区域。因此，对该区域内满足 $-10 \leqslant \sigma_{\max} \leqslant 10$ 的样本点进行核岭回归，可以得到系统聚合阻抗行列式零点最大实部 $\sigma_{\max}$ 与参数 $X = [P, Q, f_{\mathrm{pll}}]^{\mathrm{T}}$ 之间的多项式近似函数表达式为

$$\begin{aligned}
\sigma_{\max} = {}& 0.0011 f_{\mathrm{pll}}^2 + 0.0253 f_{\mathrm{pll}}P - 0.0428 f_{\mathrm{pll}}Q + 0.2069P^2 - 0.2305PQ + \\
& 0.1386Q^2 - 0.9682 f_{\mathrm{pll}} - 6.3055P + 4.1929Q + 58.4032
\end{aligned}$$

$$\tag{10-20}$$

然后令 $\sigma_{\max} = 0$，即可得到并网变流器关于参数 $X = [P, Q, f_{\mathrm{pll}}]^{\mathrm{T}}$ 的小信号稳定域边界多项式近似表达式为

$$\begin{aligned}
0 = {}& 0.0011 f_{\mathrm{pll}}^2 + 0.0253 f_{\mathrm{pll}}P - 0.0428 f_{\mathrm{pll}}Q + 0.2069P^2 - 0.2305PQ + \\
& 0.1386Q^2 - 0.9682 f_{\mathrm{pll}} - 6.3055P + 4.1929Q + 58.4032
\end{aligned} \tag{10-21}$$

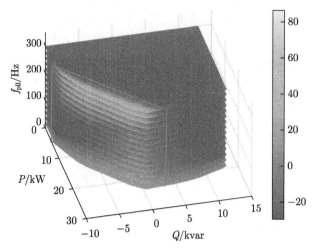

图 10-8　并网变流器系统运行工况集（见彩色插页）

将图 10-8 中稳定的运行工况用蓝色表示，不稳定的运行工况用黄色表示。根据表达式(10-21)，在图中画出小信号稳定域边界的具体形状，如图 10-9 中红色曲面所示。从图中可以看出，该曲面可以很好地将稳定工况和不稳定工况区分开，从而表明了并网变流器小信号稳定域边界拟合的有效性。

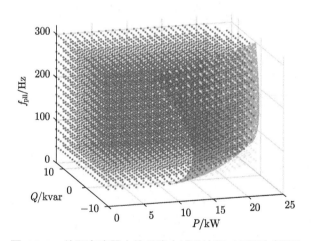

图 10-9　并网变流器小信号稳定域及边界（见彩色插页）

10.3.2　并网变流器全工况稳定性分析

根据图 10-8 可知，对于红色边框以内的运行工况，并网变流器系统处于小信号稳定运行状态。并且其对应的聚合阻抗行列式零点最大实部远远小于零，表明系统具有较大的稳定裕度，稳定性较强。因此，本节接下来主要对稳定域边界附近的运行工况进行分析，并分析变流器输出功率 P、Q 和锁相环带宽 f_{pll} 对系统稳定性的影响。

1. 并网稳定性对输出功率灵敏度

参数选取参考表 10-1，锁相环带宽设为 $f_{pll} = 100\text{Hz}$。根据式(10-21)，可以得到并网变流器系统关于输出功率 P、Q 的小信号稳定域，如图 10-10 所示。灰色曲线表示小信号稳定域边界，其与横轴的交点为 23.76kW。根据上述分析，在稳定域边界周围，变流器输出功率 P、Q 与聚合阻抗行列式零点最大实部 σ_{max} 满足式(10-20)。因此，可以通过对式 (10-20) 分别求关于 P 和 Q 的偏导，分析在稳定域边界附近的并网变流器系统小信号稳定性随输出功率变化的情况。

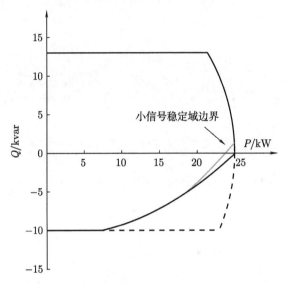

图 10-10 并网变流器小信号稳定域（$f_{pll} = 100\text{Hz}$）

选择稳定域边界附近 $-10 \leqslant \sigma_{max} \leqslant 10$ 的运行工况，分析 σ_{max} 对 P 和 Q 的灵敏度，分别如图 10-11a 和图 10-11b 所示。从图中可以看出，在稳定域边界附近，σ_{max} 关于 P 的灵敏度始终为正，关于 Q 的灵敏度始终为负。这表明在当前运行工况下，随着有功功率的增大，聚合阻抗行列式零点最大实部增大，系统稳定裕度降低，系统逐渐失稳；随着无功功率的增大，聚合阻抗行列式零点最大实部减小，系统稳定裕度增加，系统趋于稳定。因此，当并网变流器系统稳定裕度较小，接近临界稳定时，可以通过减小有功输出或者增大无功输出，将系统拉回稳定状态。

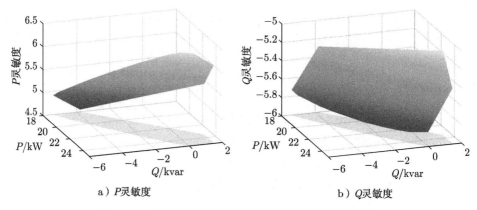

a）P灵敏度   b）Q灵敏度

图 10-11 聚合阻抗行列式零点最大实部对功率灵敏度

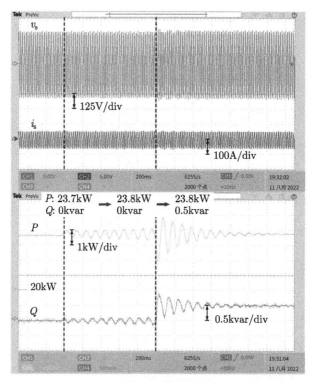

图 10-12 改变并网变流器输出功率时的实验结果

通过并网变流器物理实验平台对上述稳定性分析结论进行分析。并网变流器初始状态输出有功功率为 23.7kW，无功功率为 0kvar，锁相环带宽为 100Hz。根据图 10-10可知，系统小信号稳定。仿真过程中改变变流器输出功率，在 $t = 16s$

时，增大有功功率到 23.8kW；在 $t = 17s$ 时，增大无功功率到 0.5kvar。图 10-12 所示为改变并网变流器输出功率时的实验结果。从图中可以看出，当变流器有功功率增大时，系统发生振荡并逐渐发散，由稳定状态过渡到不稳定状态；而通过增大无功功率，可以使并网变流器系统重新恢复到稳定状态。表明了并网变流器小信号稳定域多项式近似表达式的有效性以及运行点对系统稳定性影响的结论的正确性。

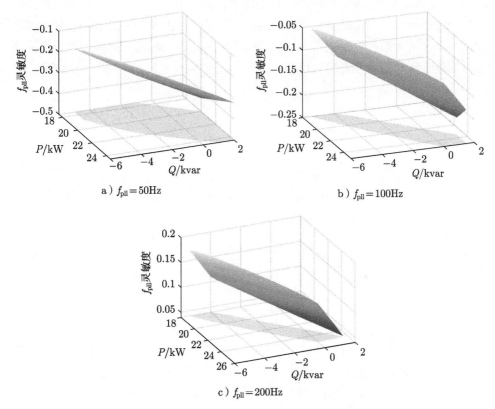

a) $f_{pll} = 50Hz$

b) $f_{pll} = 100Hz$

c) $f_{pll} = 200Hz$

图 10-13 聚合阻抗行列式零点最大实部对锁相环带宽灵敏度

2. 并网稳定性锁相环带宽灵敏度

接下来分析在稳定域边界附近的并网变流器系统小信号稳定性随锁相环带宽的变化情况。根据式(10-20)，图 10-13 给出了锁相环带宽分别为 50Hz、100Hz、200Hz 时，在 $-10 \leqslant \sigma_{max} \leqslant 10$ 的运行工况区域内，聚合阻抗行列式零点最大实部对锁相环带宽的灵敏度。从图中可以看出，在锁相环带宽为 50Hz 和 100Hz 时，对区域内每一个运行工况，关于锁相环带宽的灵敏度均为负。这表明在当前

P、Q 运行点下，随着 f_{pll} 的增大，聚合阻抗行列式零点最大实部是减小的，系统稳定裕度增加，系统趋于稳定。而当带宽增大到 200Hz 时，灵敏度变为正，聚合阻抗行列式零点最大实部随着锁相环带宽的增大而增大，系统稳定裕度降低，系统逐渐失稳。

图 10-14 则进一步给出了当变流器输出有功功率和无功功率一定时，系统聚合阻抗行列式零点最大实部与锁相环带宽之间的关系。此时变流器输出 $P = 23kW$、$Q = 0kvar$。随着锁相环带宽的增大，聚合阻抗行列式零点最大实部先后两次穿过横轴，并网变流器系统的稳定性是先变强后变弱的。这表明在锁相环带宽较小时，增大锁相环带宽可以增大系统稳定性。当锁相环带宽较大时，继续增大锁相环带宽却会导致系统失稳。

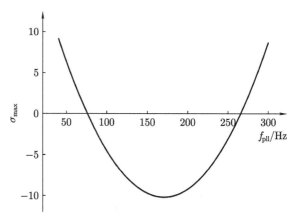

图 10-14　聚合阻抗行列式零点最大实部与锁相环带宽之间的关系

并网变流器实验设置初始状态输出有功功率为 23kW，无功功率为 0kvar，锁相环带宽为 100Hz。根据图 10-10 可知，系统小信号稳定。仿真过程中改变锁相环带宽，在 $t = 2s$ 时，减小锁相环带宽到 50Hz；$t = 3.5s$ 时，增大锁相环带宽到 200Hz；$t = 4.5s$ 时，继续增大锁相环带宽到 300Hz。图 10-15 所示为改变锁相环带宽时的实验结果。从图中可以看出，减小锁相环带宽时，系统由稳定状态过渡到不稳定状态；随着锁相环带宽的增大，系统恢复到稳定状态；然而，随着锁相环带宽的继续增大，系统发生振荡并逐渐发散，由稳定状态过渡到不稳定状态。并网变流器系统稳定性的变化情况与图 10-14 相符，表明了锁相环带宽对系统稳定性影响的结论的正确性。

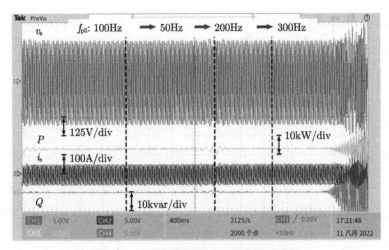

图 10-15　改变锁相环带宽时的实验结果

10.4　改进锁相环提高小信号稳定功率极限

10.4.1　改进锁相环原理结构

由并网变流器小信号稳定功率极限分析可知，采用较小的锁相环带宽和较大的电网短路比可以提高并网变流器的小信号稳定功率极限，使其更加逼近理论功率极限。然而，锁相环带宽过小会影响其对并网电压相角的跟踪功能，使系统动态性能变差。同时，系统一定时，电网阻抗以及变流器额定功率都是一定的，实际的电网短路比不能随意改变。

本节将介绍一种改进锁相环结构，从控制的角度等效增大电网短路比，从而提高并网变流器在实际并网点处的小信号稳定功率极限，如图 10-16 所示。改进锁相环将并网点电流引入锁相环中，通过一个与电网阻抗成比例的虚拟阻抗与并网点电压进行相加，然后进行锁相。因此，最终用于锁相的电压 $v_{\mathrm{pllq}}^{\mathrm{cs}}$ 为

$$v_{\mathrm{pllq}}^{\mathrm{cs}} = v_{\mathrm{sq}}^{\mathrm{cs}} - \gamma \omega_{\mathrm{s}} L_{\mathrm{g}} i_{\mathrm{sd}}^{\mathrm{cs}} - \gamma R_{\mathrm{g}} i_{\mathrm{sq}}^{\mathrm{cs}} \tag{10-22}$$

式中，$v_{\mathrm{pllq}}^{\mathrm{cs}}$ 为改进锁相环 PI 环节的输入；γ 为虚拟阻抗与电网阻抗的比值。如果令 $\gamma = 0$，则改进锁相环就是传统锁相环。

传统锁相环只采用并网点电压作为输入，将并网点电压 q 轴分量控制为 0，得到与并网点电压定向的相角。改进锁相环则引入并网点电流，将通过式(10-22)计算得到的 $v_{\mathrm{pllq}}^{\mathrm{cs}}$ 进行锁相，得到相应的相角。此时，dq 坐标系不再与并网点电

压进行定向。电网侧电路方程与 dq 坐标系定位方向无关，始终成立。因此，在改进锁相环产生的 dq 坐标系下，距离并网点 γ 位置处电压 v_{pll} 的 d 轴和 q 轴分量如下所示：

$$
\begin{bmatrix} v_{\text{plld}}^{\text{es}} \\ v_{\text{pllq}}^{\text{es}} \end{bmatrix} = \begin{bmatrix} -\gamma(R_{\text{g}} + sL_{\text{g}}) & \gamma\omega_{\text{s}}L_{\text{g}} \\ -\gamma\omega_{\text{s}}L_{\text{g}} & -\gamma(R_{\text{g}} + sL_{\text{g}}) \end{bmatrix} \begin{bmatrix} i_{\text{sd}}^{\text{es}} \\ i_{\text{sq}}^{\text{es}} \end{bmatrix} + \begin{bmatrix} v_{\text{sd}}^{\text{es}} \\ v_{\text{sq}}^{\text{es}} \end{bmatrix} \tag{10-23}
$$

当并网变流器系统处于稳态时，v_{pll} 的 q 轴分量的稳态形式即为式(10-22)。

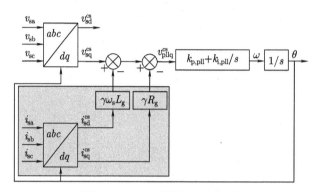

图 10-16　改进锁相环结构图

因此改进锁相环锁相电压 $v_{\text{pllq}}^{\text{cs}}$ 相当于并网点到电网电压之间一点的电压 v_{pll} 的 q 轴分量，取决于 γ 的取值，如图 10-17a 所示。图 10-17b 则给出了采用改进锁相环之后系统的电压和电流矢量图，$\delta\theta$ 为传统锁相环和改进锁相环输出相角的差值。因此，改进锁相环相当于采用一个更靠近电网的电压进行锁相，从而实现控制系统与更靠近电网的电压定向。

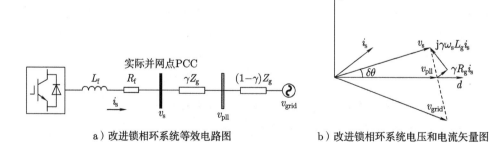

a）改进锁相环系统等效电路图　　　　b）改进锁相环系统电压和电流矢量图

图 10-17　改进锁相环锁相电压

由上述分析可知，改进锁相环通过控制手段将并网点改变了，使其更加靠近电网一侧，等效于减小了电网阻抗。根据式(10-2)可知，电网阻抗减小，电网短路比增大，从而使得并网变流器在实际并网点处所能传输的最大功率增加。同时，因为系统 dq 坐标系定向的改变，改进锁相环并网变流器和传统锁相环并网变流器在实际并网点输出相同功率时，电流参考值的取值不同。

10.4.2　改进锁相环并网变流器阻抗模型

本节将推导采用改进锁相环的并网变流器 dq 坐标系阻抗模型，并对其阻抗特性进行分析。与采用传统锁相环的并网变流器的结构相比，改进后的并网变流器只有锁相环部分发生了变化，其余部分不变。因此，只需要重新推导改进锁相环的 dq 坐标系下阻抗模型。推导过程与传统锁相环相似，得到的 $\Delta\theta_{\mathrm{pll}}$ 的表达式如下：

$$\Delta\theta_{\mathrm{pll}} = Z_{\mathrm{pll1}}\Delta v_{\mathrm{sq}}^{\mathrm{es}} + Z_{\mathrm{pll2}}\Delta i_{\mathrm{sd}}^{\mathrm{es}} + Z_{\mathrm{pll3}}\Delta i_{\mathrm{sq}}^{\mathrm{es}} \tag{10-24}$$

其中，

$$Z_{\mathrm{pll1}} = \frac{sk_{\mathrm{p,pll}} + k_{\mathrm{i,pll}}}{s^2 + (sk_{\mathrm{p,pll}} + k_{\mathrm{i,pll}})(V_{\mathrm{sd}}^{\mathrm{es}} + s\gamma L_{\mathrm{g}}I_{\mathrm{sd}}^{\mathrm{es}} + \gamma\omega_{\mathrm{s}}L_{\mathrm{g}}I_{\mathrm{sq}}^{\mathrm{es}} - \gamma R_{\mathrm{g}}I_{\mathrm{sd}}^{\mathrm{es}})} \tag{10-25}$$

$$Z_{\mathrm{pll2}} = -\frac{\gamma\omega_{\mathrm{s}}L_{\mathrm{g}}(sk_{\mathrm{p,pll}} + k_{\mathrm{i,pll}})}{s^2 + (sk_{\mathrm{p,pll}} + k_{\mathrm{i,pll}})(V_{\mathrm{sd}}^{\mathrm{es}} + s\gamma L_{\mathrm{g}}I_{\mathrm{sd}}^{\mathrm{es}} + \gamma\omega_{\mathrm{s}}L_{\mathrm{g}}I_{\mathrm{sq}}^{\mathrm{es}} - \gamma R_{\mathrm{g}}I_{\mathrm{sd}}^{\mathrm{es}})} \tag{10-26}$$

$$Z_{\mathrm{pll3}} = -\frac{\gamma R_{\mathrm{g}}(sk_{\mathrm{p,pll}} + k_{\mathrm{i,pll}})}{s^2 + (sk_{\mathrm{p,pll}} + k_{\mathrm{i,pll}})(V_{\mathrm{sd}}^{\mathrm{es}} + s\gamma L_{\mathrm{g}}I_{\mathrm{sd}}^{\mathrm{es}} + \gamma\omega_{\mathrm{s}}L_{\mathrm{g}}I_{\mathrm{sq}}^{\mathrm{es}} - \gamma R_{\mathrm{g}}I_{\mathrm{sd}}^{\mathrm{es}})} \tag{10-27}$$

因此，电网系统 dq 坐标系和控制系统 dq 坐标系下的变流器出口电压 Δv_{g} 的 d 轴和 q 轴分量的关系变为

$$\begin{bmatrix} \Delta v_{\mathrm{gd}}^{\mathrm{cs}} \\ \Delta v_{\mathrm{gq}}^{\mathrm{cs}} \end{bmatrix} = \boldsymbol{Z}_{\mathrm{vcm,a}} \begin{bmatrix} \Delta v_{\mathrm{sd}}^{\mathrm{es}} \\ \Delta v_{\mathrm{sq}}^{\mathrm{es}} \end{bmatrix} + \boldsymbol{Z}_{\mathrm{vcm,b}} \begin{bmatrix} \Delta i_{\mathrm{sd}}^{\mathrm{es}} \\ \Delta i_{\mathrm{sq}}^{\mathrm{es}} \end{bmatrix} + \begin{bmatrix} \Delta v_{\mathrm{gd}}^{\mathrm{es}} \\ \Delta v_{\mathrm{gq}}^{\mathrm{es}} \end{bmatrix} \tag{10-28}$$

其中，

$$\boldsymbol{Z}_{\mathrm{vcm,a}} = \begin{bmatrix} 0 & Z_{\mathrm{pll1}}V_{\mathrm{gq}}^{\mathrm{es}} \\ 0 & -Z_{\mathrm{pll1}}V_{\mathrm{gd}}^{\mathrm{es}} \end{bmatrix} \tag{10-29}$$

$$\boldsymbol{Z}_{\mathrm{vcm,b}} = \begin{bmatrix} Z_{\mathrm{pll2}}V_{\mathrm{gq}}^{\mathrm{es}} & Z_{\mathrm{pll3}}V_{\mathrm{gq}}^{\mathrm{es}} \\ -Z_{\mathrm{pll2}}V_{\mathrm{gd}}^{\mathrm{es}} & -Z_{\mathrm{pll3}}V_{\mathrm{gd}}^{\mathrm{es}} \end{bmatrix} \tag{10-30}$$

电网系统 dq 坐标系和控制系统 dq 坐标系下的并网点电流 Δi_{s} 的 d 轴和 q 轴分量的关系则变为

$$\begin{bmatrix} \Delta i_{\mathrm{sd}}^{\mathrm{cs}} \\ \Delta i_{\mathrm{sq}}^{\mathrm{cs}} \end{bmatrix} = \boldsymbol{Z}_{\mathrm{is,c}} \begin{bmatrix} \Delta v_{\mathrm{sd}}^{\mathrm{es}} \\ \Delta v_{\mathrm{sq}}^{\mathrm{es}} \end{bmatrix} + \boldsymbol{Z}_{\mathrm{is,d}} \begin{bmatrix} \Delta i_{\mathrm{sd}}^{\mathrm{es}} \\ \Delta i_{\mathrm{sq}}^{\mathrm{es}} \end{bmatrix} \tag{10-31}$$

其中，

$$\boldsymbol{Z}_{\mathrm{is,c}} = \begin{bmatrix} 0 & Z_{\mathrm{pll1}} I_{\mathrm{sq}}^{\mathrm{es}} \\ 0 & -Z_{\mathrm{pll1}} I_{\mathrm{sd}}^{\mathrm{es}} \end{bmatrix} \tag{10-32}$$

$$\boldsymbol{Z}_{\mathrm{is,d}} = \begin{bmatrix} 1 + Z_{\mathrm{pll2}} I_{\mathrm{sq}}^{\mathrm{es}} & Z_{\mathrm{pll3}} I_{\mathrm{sq}}^{\mathrm{es}} \\ -Z_{\mathrm{pll2}} I_{\mathrm{sd}}^{\mathrm{es}} & 1 - Z_{\mathrm{pll3}} I_{\mathrm{sd}}^{\mathrm{es}} \end{bmatrix} \tag{10-33}$$

图 10-18 所示为采用改进锁相环的并网变流器各部分的小信号阻抗模型的传递函数矩阵流程图。可以得到采用改进锁相环的并网变流器的 dq 坐标系下阻抗模型：

$$\boldsymbol{Z}_{\mathrm{invpll}} = (\boldsymbol{I} - \boldsymbol{G}_{\mathrm{del}} \boldsymbol{Z}_{\mathrm{c}} \boldsymbol{Z}_{\mathrm{is,c}} + \boldsymbol{G}_{\mathrm{del}} \boldsymbol{Z}_{\mathrm{vcm,a}})^{-1} (\boldsymbol{G}_{\mathrm{del}} \boldsymbol{Z}_{\mathrm{c}} \boldsymbol{Z}_{\mathrm{is,d}} - \boldsymbol{G}_{\mathrm{del}} \boldsymbol{Z}_{\mathrm{vcm,b}} - \boldsymbol{Z}_{\mathrm{f}}) \tag{10-34}$$

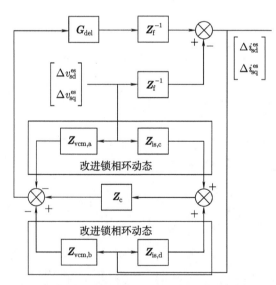

图 10-18 改进锁相环并网变流器小信号阻抗模型的传递函数矩阵流程图

为了分析所推导的阻抗模型的正确性，对其进行阻抗测量。令 $\gamma = 0.3$，SCR = 3.5，系统其余参数见表 10-1，电流参考值满足变流器输出额定功率条件。仿真测量结果与理论推导具有较好的一致性，如图 10-19 所示。

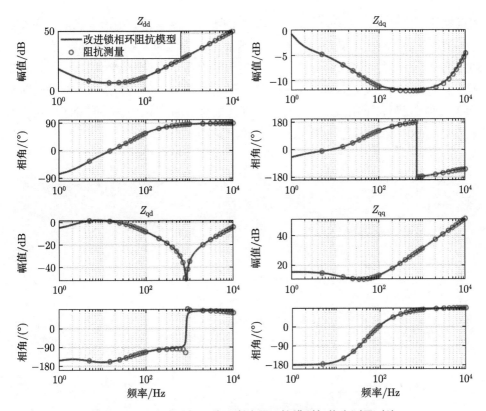

图 10-19　改进锁相环并网变流器阻抗模型与仿真测量对比

接下来分析 γ 为不同取值时，改进锁相环并网变流器的阻抗特性。令 γ 依次取值为 0、0.1、0.3、0.5 和 0.8，保持变流器输出额定功率。改进锁相环并网变流器阻抗各分量的伯德图变化如图 10-20 所示。其中，蓝色曲线表示 $\gamma = 0$ 时的改进锁相环并网变流器阻抗各元素的伯德图，即传统锁相环并网变流器阻抗伯德图。从图中可以看出，在 γ 取值不等于 0 时，相比于传统锁相环阻抗特性，改进锁相环阻抗耦合项 Z_{dq} 和 Z_{qd} 的阻抗幅值增大，并且会随着 γ 取值的增加而增大，但仍然小于 Z_{dd} 和 Z_{qq} 分量的幅值。而 Z_{dd} 和 Z_{qq} 分量的阻抗特性基本保持不变，其负电阻特性和传统锁相环并网变流器相同。而 Z_{qq} 分量的负电阻特性会导致系统的不稳定，因此，改进锁相环不会对系统稳定性产生恶化作用。

10.4.3　改进锁相环并网变流器功率极限算例分析

在电网短路比为 1.7，系统其余参数采用表 10-1 中数值的情况下，根据广义奈奎斯特稳定判据计算功率极限的方法重新求得改进锁相环并网变流器在实际并网点处的小信号稳定功率极限。γ 取值从 0~1 之间变化时，小信号稳定功率极限计算结果见表 10-2。可以看到，在 γ 取值为 0 时，功率极限为 24.15kW，即为采用传统锁相环时的功率极限，与上一节的分析相符。随着 γ 取值的增大，并网变流器系统的小信号稳定功率极限逐渐增大，直到达到相应电网条件下的理论功率极限。计算表明，采用改进锁相环后，并选取合适的 γ 取值，并网变流器在实际并网点处的小信号稳定功率极限可以达到理论功率极限。

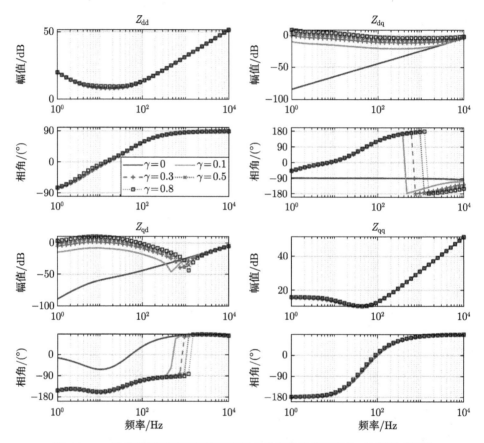

图 10-20　改进锁相环并网变流器阻抗各分量的伯德图变化（见彩色插页）

表 10-2　不同 γ 取值时的小信号稳定功率极限

γ 取值	0	0.1	0.2	0.3	0.4	0.5	0.8
功率极限/kW	24.15	24.78	25.53	25.7	25.7	25.7	25.7

在 $\gamma = 0.3$ 时，由表 10-2可知，改进锁相环并网变流器在实际并网点处的小信号稳定功率极限已经可以达到理论功率极限。其在理论功率极限处的广义奈奎

斯特图如图 10-21 所示。回比矩阵的两个特征值的特征轨迹均不包围 (−1,0) 点，并网变流器系统稳定。

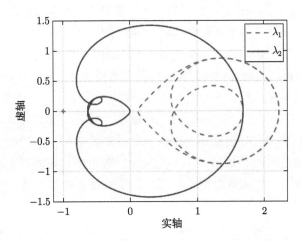

图 10-21　输出功率为 25.7kW 时的广义奈奎斯特图

　　保持电网阻抗角以及变流器功率因数和控制参数不变，改变电网阻抗的幅值。然后计算相应电网短路比下的功率极限，得到改进锁相环并网变流器的小信号稳定功率极限与电网短路比的关系，并与理论功率极限和采用传统锁相环的小信号稳定功率极限进行比较。结果如图 10-22 所示。可以看出，采用改进锁相环之后，并网变流器的小信号稳定功率极限得到提高，基本可以达到理论功率传输极限。

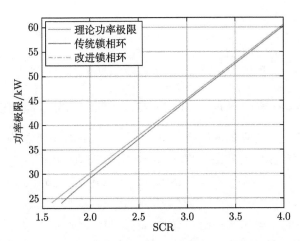

图 10-22　改进锁相环并网变流器小信号稳定功率极限（见彩色插页）

在 MATLAB/Simulink 中搭建采用改进锁相环的并网变流器系统仿真模型，分析不同 γ 取值对系统性能的影响以及改进锁相环对小信号稳定功率极限的提高作用。令 SCR=1.7，在 $t=5s$ 时刻，变流器输出功率从 23kW 调整为 23.5kW，分析改进锁相环并网变流器系统的动态响应过程。图 10-23 表示了参数 γ 取不同的数值时，并网变流器输出功率的仿真波形。图中红色曲线为 $\gamma=0$ 时的仿真结果，表示传统锁相环的动态响应过程。从图中可以看出，采用改进锁相环之后，当系统输出功率发生变化后，重新达到稳态所需的时间减少，并且振荡的程度降低。随着参数 γ 取值的增加，系统重新进入稳态所需的时间逐渐增加。并且在 γ 取值较大时，在系统功率变化后瞬间会出现频率较高的振荡，如图中 $\gamma=0.8$ 黑线所示。综上所述，当参数 γ 取值为 0.3 左右时，改进锁相环并网变流器系统的小信号稳定功率极限可以达到理论功率极限，且系统具有较好的动态性能。

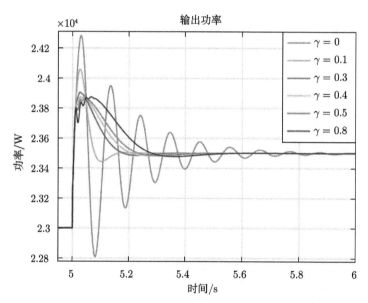

图 10-23　输出功率变化时不同 γ 取值的系统动态响应（见彩色插页）

对于采用改进锁相环的并网变流器，设置 $\gamma=0.3$。由上述分析可知，在同样条件下采用传统锁相环的并网变流器的小信号稳定功率极限为 24.15kW。仿真过程中改变变流器输出功率，在 $t=2s$ 时从 24.1kW 增大到 24.2kW，$t=3s$ 时增大到 25kW，$t=4s$ 时继续增大到 25.7kW。图 10-24 所示为输出功率变化时的并网变流器实际 PCC 电压和输出功率的仿真结果。从图中可以看出，在输出功率增大到理论功率极限的过程中，系统始终保持稳定运行状态，与小信号稳定功率极限计算结果相符。表明了改进锁相环提高小信号稳定功率极限的作用。

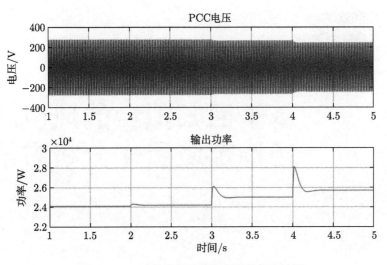

图 10-24　改进锁相环并网变流器仿真结果

Chapter 11
第 11 章

基于回归拟合的风电 ◄◄◄◄
场稳定域量化分析方法

11.1 引言

由于风速的随机性和电网调度指令的变化，风电场运行工作点具有时变特性，导致风电场在高维参数空间中具有多样化的小信号稳定性表现。稳定指标与运行点之间的映射是隐式的，这造成了稳定裕度和稳定域评估障碍。此外，隐式映射不便于在实际应用中指导系统运行。在第 9 章中，根据广义奈奎斯特判据，介绍了稳定裕度指标。在第 10 章中介绍了基于回归拟合的并网变流器动态分析与稳定域。然而，相较于并网变流器，风电场稳定性与运行工作点之间的关系更加复杂。风电场的运行工作点参数包括有功功率、无功功率和风速等。当这些运行点多参数发生变化时，稳定性评估都应重复进行，这导致了沉重的计算负担，且难以实时计算。

本章将采用基于数据驱动的方法进行稳定域评估，并提出了稳定裕度提升方法。在稳定域评估方面，介绍了一种基于回归的分析模型，将稳定裕度和稳定域表述为多个参数的函数，例如有功功率、无功功率和风速。基于不同运行点的风电场阻抗数据，通过支持向量回归方法对广义奈奎斯特判据进行了重构，定义了稳定裕度指标，并给出了稳定域边界量化方法。此外，支持向量回归可以分析稳定和不稳定域中的主导振荡频率，通过优化风电场的运行点增强稳定性。所介绍的方法应用于第 4 章中介绍的双馈风电场，可准确量化小扰动稳定，并通过调整运行工作点实现了稳定裕度主动提升。

在 11.2 节中，将给出风电场的阻抗建模和基于回归拟合的稳定域评估的计算架构。在 11.3 节中，将介绍基于多参数函数的稳定裕度和主导振荡频率的评估指标，并介绍多参数变量物理边界。在 11.4 节中，将介绍基于回归拟合的稳定裕度和振荡频率评估指标估算方法。在 11.5 节中，将分别在双馈感应机组和风电场中实际应用所介绍的基于回归的稳定性评估。在 11.6 节中，将通过时域数值模拟和实验验证小信号稳定性的评估指标，体现基于回归估计的准确性和效率。

11.2 基于回归拟合的稳定域评估计算架构

11.2.1 风电场阻抗模型

典型的风电场由若干支路组成，每个支路连接了多个风电机组，如图 11-1 所示。若采用双馈风电机组，可参考第 4 章给出的阻抗模型。若采用全功率型风电机组，其阻抗在第 5 章已有详细讨论。第 7 章则给出了风电场阻抗聚合的方法。

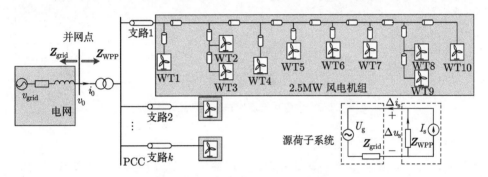

图 11-1 风电场结构及阻抗示意图

风电场可以在公共连接点（Point of Common Coupling, PCC）处分为电源系统和负载子系统，如图 11-1 右下方的子图所示。若已知各个风电机组和线路的阻抗，通过阻抗串并联或者节点导纳矩阵可以得到风电场的阻抗模型 Z_{WPP}，其导纳矩阵可表示为 $Y_{WPP}(s)$。考虑电网等效为理想电源 v_{grid} 和阻抗的串联形式，可用 Z_{grid} 表示电网阻抗。根据风电机组和线路的阻抗，获得风电场并网阻抗回比矩阵 $Z_{grid}Y_{WPP}$。进一步使用广义奈奎斯特判据，可评估风电场并网稳定性。

11.2.2 稳定域评估的计算架构

稳定域评估依赖于不同运行工作点下的风电场稳定性数据，通常需要大量运行工作点下的稳定性分析结果来确定风电场并网稳定域边界。此外，在风电场实际运行中，很难获得不稳定情况下稳定性分析结果。因此，可采用数据驱动的方式，通过有限的评估结果进行训练，可实现稳定域及边界的准确预测。结合机器学习算法，可通过在频域内处理覆盖广泛运行点的阻抗数据来实现稳定性评估。

风电场稳定域评估的典型计算架构如图 11-2 所示。计算架构由实际风电场物理系统、阻抗系统、稳定域量化系统和数据库组成。物理系统指的是实际的风电场，通常装有测量设备，用于监测物理系统的运行数据。基于物理系统的运行数据，可建立一个阻抗系统。基于风电场阻抗系统，可实现稳定域量化。根据稳定域量化结果，可给出稳定主动提升策略，增强风电场并网稳定性。

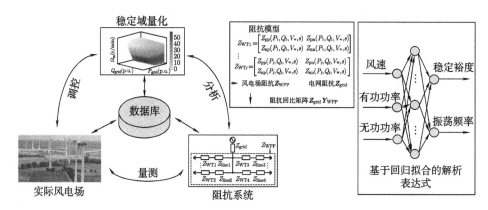

图 11-2   风电场稳定域评估的典型计算架构

稳定域评估计算步骤如下：

步骤 1：测量第 j 台风电机组的有功功率 P_j、无功功率 Q_j 和风速 V_w 作为风电场的运行工作点参数。

步骤 2：这些运行工作点参数输入数据库和阻抗系统，用于构造风电机组实时阻抗。根据风电机组和线路的阻抗，建立风电场阻抗系统 Z_{WPP}，获得风电场并网阻抗回比矩阵 $Z_{grid}Y_{WPP}$。

步骤 3：用广义奈奎斯特判据分析不同运行工作点下的稳定裕度数据和振荡频率数据，并存储到数据库中。基于数据驱动的机器学习，构造稳定裕度与有功功率、无功功率和风速之间的映射解析表达式，并确定稳定域边界。

步骤 4：根据稳定裕度和边界评估结果，通过稳定域量化系统实现稳定裕度主动提升。

11.3   风电场稳定域评估指标

在实际应用中，风电机组和风电场的多参数特征可能影响稳定性能。本节将介绍基于多参数函数的稳定性评估的有效指标。首先，根据广义奈奎斯特判据，定义了多参数稳定域及其边界。给出了以多参数函数表述的最小特征根轨迹指标，用于评估相对稳定性。其次，给出了以多参数函数表述的主导振荡频率。最后，分析了多参数的物理极限，基于空气动力学和变流器热极限考虑了实际运行机组出力的能力水平。

11.3.1　稳定域评估的多参数变量

风电场的电路和控制参数都会影响系统的小信号动态响应，因此频域阻抗模型通常是高阶的。回比矩阵 $\boldsymbol{Z}_{\mathrm{grid}}\boldsymbol{Y}_{\mathrm{WPP}}$ 的特征值是关于多参数变量的函数，其中多参数变量空间可定义为 $\boldsymbol{\vartheta}_{\mathrm{set}}$ 的集合形式，其可涉及电网参数和风电场参数。电网阻抗可以用电阻 R_{grid}、电感 L_{grid} 和电容 C_{grid} 的组合来表示。电网阻抗的三维参数空间定义为 $\boldsymbol{\vartheta}_{\mathrm{grid}} = \{R_{\mathrm{grid}}, L_{\mathrm{grid}}, C_{\mathrm{grid}}\}$。风电场阻抗的参数涉及电路参数、控制参数和工作点，其参数空间特征维度较高，可定义为 $\boldsymbol{\vartheta}_{\mathrm{WPP}}$。因此，接入电网的风电场阻抗影响参数由以下两个集合组合而成，并定义为 $\boldsymbol{\vartheta}_{\mathrm{set}}$：

$$\boldsymbol{\vartheta}_{\mathrm{set}} = \boldsymbol{\vartheta}_{\mathrm{grid}} \cup \boldsymbol{\vartheta}_{\mathrm{WPP}} \tag{11-1}$$

风电场阻抗多参数集合 $\boldsymbol{\vartheta}_{\mathrm{set}}$ 中的 N 个变量构成一个参数空间，用 $\mathbb{R}^N$ 表示，其中 $\boldsymbol{\vartheta}_{\mathrm{set}} \in \mathbb{R}^N$。在式(11-1) 中的多个参数中，通常关注在风电场实际运行期间在线可变的参数。在实际运行期间，可以通过调整这些可变参数实现在线调整小信号稳定性的目的。在线可变化的参数集定义为 $\boldsymbol{\vartheta}_{\mathrm{para}}$，是多参数空间 $\boldsymbol{\vartheta}_{\mathrm{set}}$ 的子集：

$$\boldsymbol{\vartheta}_{\mathrm{para}} \subseteq \boldsymbol{\vartheta}_{\mathrm{set}} \tag{11-2}$$

式中，具有 n 个在线可变参数的空间可定义为 $\mathbb{X}^n$，$\boldsymbol{\vartheta}_{\mathrm{para}} \in \mathbb{X}^n$ 且 $\mathbb{X}^n \subseteq \mathbb{R}^N$。

通过灵敏度分析，可以选择显著影响小信号稳定的工作点参数，用于风电场稳定域评估。以风电机组为例，可从式(11-2) 中选定如下的参数变量：

$$\boldsymbol{\vartheta}_{\mathrm{para}} = \{P_{\mathrm{WT}}, Q_{\mathrm{WT}}, V_{\mathrm{w}}\}, \boldsymbol{\vartheta}_{\mathrm{para}} \in \mathbb{X}^3 \tag{11-3}$$

式中，P_{WT} 和 Q_{WT} 为风电机组的输出功率；V_{w} 为风速。根据风电机组运行模式的不同，式(11-3) 中元素之间存在不同的映射关系。例如，当有功功率 P_{WT} 和风速 V_{w} 满足 $P_{\mathrm{WT}} = k_{\mathrm{opt}}V_{\mathrm{W}}^3$ 时，系统将运行在 MPPT 模式，其中 k_{opt} 是 MPPT 的优化系数。当有功功率满足 $P_{\mathrm{WT}} < k_{\mathrm{opt}}V_{\mathrm{W}}^3$ 时，系统运行在减载模式。需要注意的是，转子速度并未包含在参数空间 $\boldsymbol{\vartheta}_{\mathrm{para}}$ 中，因为它可以由有功功率 P_{WT} 和风速 V_{w} 计算获得。

11.3.2 稳定域评估指标的定义

为了高效评估小信号稳定性，本节定义了不同运行工作点下的小信号稳定域，明确了风电场并网的绝对稳定边界。稳定域评估依赖不同运行工作点下的稳定性分析结果。对阻抗回比矩阵 $\boldsymbol{Z}_{\mathrm{grid}}\boldsymbol{Y}_{\mathrm{WPP}}$ 应用广义奈奎斯特判据，根据特征根奈奎斯特轨迹，可评估给定工作点下的小信号稳定性。对于开环稳定系统，如果奈奎斯特轨迹没有环绕临界点 $(-1,\mathrm{j}0)$，则闭环系统稳定。尽管上述稳定性判定仅限于开环稳定系统，但其具有普适性，这是因为大多数工业系统都是开环稳定的。在参数空间 $\mathbb{X}^n$ 中，所有的稳定运行工作点可构成稳定可行区域，用 $\mathbb{F}^n$ 表示。可行区域 $\mathbb{F}$ 与可在线变化参数空间的关系表示为 $\mathbb{F}\subseteq\mathbb{X}$。进一步，将 $\partial\mathbb{F}$ 定义为可行区域 $\mathbb{F}$ 的边界。稳定域的边界描述为

$$\partial\mathbb{F} = \left\{ \boldsymbol{v}_{\mathrm{para}} \in \mathbb{X}^n \mid \begin{array}{l} \min\left(\mathrm{Re}(\lambda_{1,2}(s,\boldsymbol{\vartheta}_{\mathrm{para}}))\right) = -1, \\ \mathrm{Im}(\lambda_{1,2}(s,\boldsymbol{\vartheta}_{\mathrm{para}})) = 0 \end{array} \right\} \tag{11-4}$$

根据广义奈奎斯特判据，可定义一个基于行列式的稳定裕度。用于 SISO 系统的幅值裕度和相位裕度，并不适用于 MIMO 系统，这是由于其很难正确反映非对角线元素的耦合关系。为了方便相对稳定性评估，需要定义一个统一的稳定裕度指标。采用矢量裕度思想，给出单一的稳定裕度指标，可消除在通过幅值裕度和相位裕度组合评估稳定性时出现的不确定性。沿用矢量裕度的思想，定义最小特征根轨迹作为 MIMO 系统的单参数稳定性指标。最小特征根轨迹定义为 $\boldsymbol{Z}_{\mathrm{grid}}\boldsymbol{Y}_{\mathrm{WPP}}$ 的特征根轨迹与临界点 $(-1,\mathrm{j}0)$ 之间的最小距离，如图 11-3 所示。最小特征根轨迹可表示为可变参数 $\boldsymbol{\vartheta}_{\mathrm{para}}$ 的函数，定义为 λ_{MCL}：

$$\lambda_{\mathrm{MCL}}\left(\boldsymbol{\vartheta}_{\mathrm{para}}\right) = \inf_{\omega} \min_{i} \left|1 + \lambda_i(\boldsymbol{Z}_{\mathrm{grid}}\boldsymbol{Z}_{\mathrm{WPP}}^{-1}(\mathrm{j}\omega,\boldsymbol{\vartheta}_{\mathrm{para}}))\right| \tag{11-5}$$

式中，$s=\mathrm{j}\omega$ 为复频率；$\boldsymbol{\vartheta}_{\mathrm{para}} \in \mathbb{X}^n$ 为可变参数集合；λ_i 为阻抗回比矩阵 $\boldsymbol{Z}_{\mathrm{grid}}$ $\boldsymbol{Y}_{\mathrm{WPP}}$ 的特征值。

11.3.3 主导振荡频率评估指标的定义

风电场在稳定和不稳定域内均可能发生振荡。在稳定域内，振荡是收敛的，而在不稳定域内存在振荡发散的现象。振荡频率可根据奈奎斯特轨迹与单位圆的交点来确定，且存在多个振荡频率。主导谐振显著影响系统的振荡模式，因此需要刻画风电机组和风电场的主导振荡频率。特征根轨迹 $(\mathrm{Re}\left(\lambda_{1,2}(s,\boldsymbol{\vartheta}_{\mathrm{para}})\right)$，$\mathrm{j}\,\mathrm{Im}\left(\lambda_{1,2}(s,\boldsymbol{\vartheta}_{\mathrm{para}})\right))$ 和单位圆存在众多交点，其中距离临界点 $(-1,\mathrm{j}0)$ 最近的

点对应主导振荡频率。所定义的主导振荡频率可表述为可变参数变量 $\boldsymbol{\vartheta}_{\mathrm{para}}$ 的函数 f_{osc}：

$$f_{\mathrm{osc}}(\boldsymbol{\vartheta}_{\mathrm{para}}) = \arg\min_{f}\left\{\left(\mathrm{Re}\left(\lambda_{1,2}(s,\boldsymbol{\vartheta}_{\mathrm{para}})\right)+1\right)^2 + \left(\mathrm{Im}\left(\lambda_{1,2}(s,\boldsymbol{\vartheta}_{\mathrm{para}})\right)\right)^2\right\}$$

使其满足

$$s = \mathrm{j}2\pi f,\ \boldsymbol{\vartheta}_{\mathrm{para}} \in \mathbb{X}^n,\ \left(\mathrm{Re}\left(\lambda_{1,2}(s,\boldsymbol{\vartheta}_{\mathrm{para}})\right)\right)^2 + \left(\mathrm{Im}\left(\lambda_{1,2}(s,\boldsymbol{\vartheta}_{\mathrm{para}})\right)\right)^2 = 1$$

$$(11\text{-}6)$$

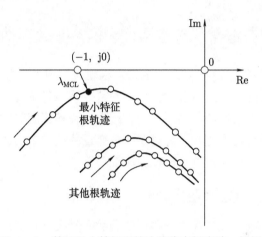

图 11-3 基于最小特征根轨迹的稳定裕度统一指标

11.3.4 多参数变量物理边界

在风电场并网系统中，多参数变量 $\boldsymbol{\vartheta}_{\mathrm{para}}$ 的可行域受到实际系统物理限制。物理限制由系统的热极限、机械极限和控制限制决定。根据风力发电机的空气动力学，给定功率下的最大有功功率满足

$$P_{\mathrm{WT}} \leqslant \frac{1}{2}\pi\rho r^2 V_{\mathrm{w}}^3 C_{\mathrm{P}}(\lambda_{\mathrm{opt}})$$

$$(11\text{-}7)$$

式中，ρ 为空气密度；C_{P} 为功率系数；r 为风力发电机的叶轮半径；λ_{opt} 为最优叶尖速比；优化系数可表述为 $k_{\mathrm{opt}} = 0.5\pi\rho r^2 C_{\mathrm{P}}(\lambda_{\mathrm{opt}})$。

针对双馈感应发电机，有功功率 P_{WT} 同时流经发电机和变流器，其功率比例取决于滑差率 s。在稳态运行中，忽略损耗，发电机定子输出的有功功率 $P_{\mathrm{s}} = P_{\mathrm{WT}}/(1-s)$，而转子输出的有功功率 $P_{\mathrm{r}} = -sP_{\mathrm{s}}$。定子可以提供无功功率 Q_{s}，需

考虑变流器和电机的热极限：

$$Q_{\mathrm{s}} < -\frac{3U_{\mathrm{s}}^2}{2\omega_{\mathrm{s}}L_{\mathrm{s}}} + \sqrt{\left(\frac{3}{2}\frac{L_{\mathrm{m}}}{L_{\mathrm{s}}}U_{\mathrm{s}}I_{\mathrm{rmax}}\right)^2 - P_{\mathrm{s}}^2} \tag{11-8}$$

$$Q_{\mathrm{s}} > -\frac{3U_{\mathrm{s}}^2}{2\omega_{\mathrm{s}}L_{\mathrm{s}}} - \sqrt{\left(\frac{3}{2}\frac{L_{\mathrm{m}}}{L_{\mathrm{s}}}U_{\mathrm{s}}I_{\mathrm{rmax}}\right)^2 - P_{\mathrm{s}}^2} \tag{11-9}$$

式中，L_{s} 为定子电感；L_{m} 为发电机的励磁电感；U_{s} 为定子电压；I_{rmax} 为最大转子电流。

11.4 基于回归拟合的稳定裕度和振荡频率评估指标估算方法

基于阻抗回比矩阵 $\boldsymbol{Z}_{\mathrm{grid}}\boldsymbol{Y}_{\mathrm{WPP}}$ 的特征根轨迹，11.3 节中给出了小扰动稳定性指标。然而，回比矩阵是高阶的，可变参数变量与稳定指标之间的映射是间接且复杂的。为了实现高效的评估，本节将给出一种基于回归的逼近方法，以得到小信号稳定指标的解析表达式。针对多参数变量的回归拟合，可采用基于核函数的支持向量回归（Support Vector Regression, SVR）。

11.4.1 运行数据获取及阻抗计算

为计算小信号稳定性指标，需要可变参数变量及其对应广义奈奎斯特轨迹的数据。作为稳定性指标计算的输入条件，可变参数变量集合的第 i 个采样点定义为 $\boldsymbol{\vartheta}_{\mathrm{para},i}$。假定总共有 M 个采样点，其中 $i = 1, 2, \cdots, M$。稳定性指标的输出定义为 y_i，定义为代表最小特征根轨迹 $\lambda_{\mathrm{MCL}}(\boldsymbol{\vartheta}_{\mathrm{para},i})$ 或主导振荡频率 $f_{\mathrm{osc}}(\boldsymbol{\vartheta}_{\mathrm{para},i})$ 的第 i 个样本点。

获取采样数据的步骤如下：首先，通过确定性低差异采样序列的方法在可变参数空间 $\mathbb{X}$ 中选取 $\boldsymbol{\vartheta}_{\mathrm{para},i}$ 元素。其次，基于理论阻抗模型或使用扫频法，获得阻抗在每个 $\boldsymbol{\vartheta}_{\mathrm{para},i}$ 处的回比矩阵 $\boldsymbol{Z}_{\mathrm{grid}}\boldsymbol{Y}_{\mathrm{WPP}}$。若采用扫频法，通过测量端口电压和电流来确定阻抗，可适用于具有"黑盒"特性的系统。因此，基于图 11-2 所示的稳定域计算典型架构，可较容易获得阻抗数据。再次，根据回比矩阵 $\boldsymbol{Z}_{\mathrm{grid}}\boldsymbol{Y}_{\mathrm{WPP}}$ 的特征值 $\lambda_{1,2}(s, \boldsymbol{\vartheta}_{\mathrm{para},i})$，可得到每个 $\boldsymbol{\vartheta}_{\mathrm{para},i}$ 处的最小特征根轨迹 $\lambda_{\mathrm{MCL}}(\boldsymbol{\vartheta}_{\mathrm{para},i})$ 和主导振荡频率 $f_{\mathrm{osc}}(\boldsymbol{\vartheta}_{\mathrm{para},i})$，具体如式(11-5)和式(11-6)所示。最后，得到了最小特征根轨迹的第 i 个样本数据 $\{\boldsymbol{\vartheta}_{\mathrm{para},i}, \lambda_{\mathrm{MCL}}(\boldsymbol{\vartheta}_{\mathrm{para},i})\}$ 以及主导振荡频率的第 i 个样本数据 $\{\boldsymbol{\vartheta}_{\mathrm{para},i}, f_{\mathrm{osc}}(\boldsymbol{\vartheta}_{\mathrm{para},i})\}$。样本数据存储在图 11-2 所示的稳定域计算典型架构的数据系统中。

11.4.2　基于支持向量回归的解析表达式

定义解析表达式 $\mu(\boldsymbol{\vartheta}_{\text{para}})$，其由支持向量回归来评估。支持向量回归的计算复杂性不依赖于输入空间的维度。此外，支持向量回归具有出色的泛化能力和预测准确性。

支持向量回归利用围绕真实回归函数曲线的"曲线带"，这样一个宽度为 ϵ 的"曲线带"包含大多数采样点，未包含在管道内的点通过松弛变量 ξ_i 和 ξ_i' 表示。松弛变量 ξ_i 和 ξ_i' 的定义如下：如果采样点 $\{\boldsymbol{\vartheta}_{\text{para},i}, y_i\}$ 位于"曲线带"上方，则 $\xi_i' = y_i - \mu(\boldsymbol{\vartheta}_{\text{para},i}) - \epsilon \geqslant 0$；如果采样点 $\{\boldsymbol{\vartheta}_{\text{para},i}, y_i\}$ 位于"曲线带"下方，则 $\xi_i = \mu(\boldsymbol{\vartheta}_{\text{para},i}) - \epsilon - y_i \geqslant 0$。对于位于"曲线带"外的点，松弛变量的值取决于损失函数；对于位于"曲线带"内的点，松弛变量为零。

参考 11.4.1 节中的运行数据获取和阻抗计算，运行工作点和稳定性指标的映射是非线性的。一种常见的线性化方法是将数据映射到一个高维空间，在该空间中数据是线性可分的。设 $m : \mathbb{X} \to \mathbb{H}$ 为从可变参数空间 $\mathbb{X}$ 到高维希尔伯特空间 $\mathbb{H}$ 的映射。在空间 $\mathbb{H}$ 中描述的线性回归函数为 $(\langle \omega \cdot m(\boldsymbol{\vartheta}_{\text{para}}) \rangle + b)$。对于线性 ϵ 不敏感损失函数，原始优化问题是找到 $\omega, b, \boldsymbol{\xi} = (\xi_1, \cdots, \xi_M)^{\text{T}}$ 和 $\boldsymbol{\xi}' = (\xi_1', \cdots, \xi_M')^{\text{T}}$，使得

$$\min_{\omega, b, \xi_i, \xi_i'} \frac{1}{2} \|w\|^2 + C \sum_{i=1}^{M} (\xi_i + \xi_i')$$

使其满足

$$(\langle w \cdot m(\boldsymbol{\vartheta}_{\text{para},i}) \rangle + b) - y_i \leqslant \epsilon + \xi_i$$
$$y_i - (\langle w \cdot m(\boldsymbol{\vartheta}_{\text{para},i}) \rangle + b) \leqslant \epsilon + \xi_i' \qquad (11\text{-}10)$$
$$\xi_i \geqslant 0, \quad \xi_i' \geqslant 0, i = 1, 2, \cdots, M$$

针对大于 ϵ 的偏差容忍度，正则化参数 C 可平衡函数 μ 的平坦性。正则化参数 C 平衡了函数 μ 的平坦性与大于 ϵ 的偏差容忍度。正则化参数 C 还用于控制模型复杂性，以防止过拟合，而平坦性指的是函数在不同输入值上输出变化的平缓程度。通过调整 C 的值，可以在保持函数较为平滑的同时，允许一定程度的误差，即"偏差容忍度"。这种平衡是许多机器学习和统计模型优化中的关键。

原始的拉格朗日函数 $L(\omega, b, \xi, \xi', \alpha, \alpha', \beta, \beta')$ 通过引入非负拉格朗日乘子 α, α', β 和 β' 而形成。通过计算拉格朗日函数关于乘子的偏导数，原始拉格朗日函

数的对偶问题可表述为

$$
\max_{\alpha,\alpha'} \sum_{i=1}^{M} y_i(\alpha_i' - \alpha_i) - \epsilon(\alpha_i' + \alpha_i)
$$

$$
-\frac{1}{2} \sum_{i=1}^{M} \sum_{j=1}^{M} (\alpha_j' - \alpha_j)(\alpha_i' - \alpha_i)\langle m(\boldsymbol{\vartheta}_{\mathrm{para},i}), m(\boldsymbol{\vartheta}_{\mathrm{para},j}) \rangle
\tag{11-11}
$$

使其满足

$$
\sum_{i=1}^{M} (\alpha_i' - \alpha_i) = 0, \quad 0 \leqslant \alpha_i, \quad \alpha_i' \leqslant C
$$

拉格朗日乘子 α 和 α' 可以通过顺序最小化优化方法获得。ω 中的系数可以表示为

$$
w = \sum_{i=1}^{M} (\alpha_i' - \alpha_i) m(\boldsymbol{\vartheta}_{\mathrm{para},i})
\tag{11-12}
$$

估计得到的解析表达式为

$$
\mu(\boldsymbol{\vartheta}_{\mathrm{para}}) = \sum_{i=1}^{M} (\alpha_i' - \alpha_i)\langle m(\boldsymbol{\vartheta}_{\mathrm{para}}), m(\boldsymbol{\vartheta}_{\mathrm{para},i}) \rangle + b
\tag{11-13}
$$

11.4.3　基于核函数的支持向量回归

核函数避免了在高维希尔伯特空间 $\mathbb{H}$ 中计算内积 $\langle m(\boldsymbol{\vartheta}_{\mathrm{para},i}), m(\boldsymbol{\vartheta}_{\mathrm{para},j}) \rangle$ 过于复杂的问题。设计如下核函数:

$$
\mathcal{K}(\boldsymbol{\vartheta}_{\mathrm{para},i}, \boldsymbol{\vartheta}_{\mathrm{para}}) \equiv \langle m(\boldsymbol{\vartheta}_{\mathrm{para},i}), m(\boldsymbol{\vartheta}_{\mathrm{para}}) \rangle_{\mathbb{H}}
\tag{11-14}
$$

当核函数满足 Mercer 条件时,在参数空间 $\mathbb{X}$ 中,可利用原始可变参数 $\boldsymbol{\vartheta}_{\mathrm{para}}$ 计算内积[59]。因此,核函数可实现式(11-13)的高效求解:

$$
\mu(\boldsymbol{\vartheta}_{\mathrm{para}}) = \sum_{i=1}^{M} (\alpha_i' - \alpha_i)\mathcal{K}(\boldsymbol{\vartheta}_{\mathrm{para},i}, \boldsymbol{\vartheta}_{\mathrm{para}}), \boldsymbol{\vartheta}_{\mathrm{para}} \in \mathbb{X}
\tag{11-15}
$$

原始可变参数空间 X 的非齐次多项式可以作为多项式核函数使用:

$$
\mathcal{K}(\boldsymbol{\vartheta}_{\mathrm{para},i}, \boldsymbol{\vartheta}_{\mathrm{para}}) = \left(\gamma(\boldsymbol{\vartheta}_{\mathrm{para},i})^{\mathrm{T}} \boldsymbol{\vartheta}_{\mathrm{para}} + b\right)^d
\tag{11-16}
$$

式中，γ 为内积 $(\boldsymbol{\vartheta}_{\mathrm{para},i})^{\mathrm{T}}\boldsymbol{\vartheta}_{\mathrm{para}}$ 的缩放因子；b 为常数项；d 为多项式核的指定阶数。一方面，较大的 d 有助于提高回归的准确性。另一方面，多项式核函数不适用于 d 太大的情况。如果阶数 d 太大，需要确定过多的参数。值得注意的是，拉普拉斯径向基函数也可以作为一种通用核函数使用，通常在缺乏先验知识的情况下应用 [60]。

式(11-15)和式(11-16) 所示的基于核函数的支持向量回归，可以应用于样本数据 $\{\boldsymbol{\vartheta}_{\mathrm{para},i}, \lambda_{\mathrm{MCL}}(\boldsymbol{\vartheta}_{\mathrm{para},i})\}$，用来估算最小特征根轨迹。最小特征根轨迹可表示为参数集 $\boldsymbol{\vartheta}_{\mathrm{para}}$ 元素的多项式，其中元素包括有功功率、无功功率和风速。

同样地，将回归方法应用于采样数据 $\{\boldsymbol{\vartheta}_{\mathrm{para},i}, f_{\mathrm{osc}}(\boldsymbol{\vartheta}_{\mathrm{para},i})\}$ 可以得到主导振荡频率的解析表达式。有了这些解析解，可以高效评估风电场小扰动稳定性能。

11.5　双馈风电机组和风电场的稳定域评估算例

作为应用实例，本节将 11.3 节和 11.4 节介绍的稳定域和振荡频率评估指标应用于双馈风电机组和双馈风电场。尽管选择双馈风力发电系统作为实例，所介绍的基于回归拟合的稳定量化分析方法也可以应用于其他可再生能源发电系统，如永磁同步风力发电和光伏系统。

11.5.1　双馈风电机组并网稳定域评估

针对双馈风电机组系统，应用基于核函数的支持向量回归，可获得稳定域和振荡频率的解析表达式。双馈风电机组可调节变量为有功功率和无功功率。根据风力机的空气动力学特性，转子速度随着有功功率的变化而变化。双馈风电机组主电路参数见表 11-1，双馈风电机组风力机和齿轮箱参数见表 11-2。电网阻抗由电阻 $R_{\mathrm{s}} = 0.065\Omega$ 和 $L_{\mathrm{s}} = 0.02$ mH 表示，对应的短路比 SCR=1.76。

表 11-1　双馈风电机组主电路参数

变量符号	参数定义	数值
P_{WT}	额定有功功率	2.5 MW
v_{s}	额定定子电压有效值	690 V
f_{s}	电网频率	50 Hz
p	极对数	2
v_{dc}	直流侧电压	1050 V
C_{dc}	直流侧电容值	20000 μF

表 11-2　双馈风电机组风力机和齿轮箱参数

变量符号	参数定义	数值
r	半径	42 m
v_w	额定风速	12.5 m/s
Ω_m	最小-最大转子转速	900~1800 r/min
λ_{opt}	最优叶尖速比	7.19
$C_{p,opt}$	最大功率系数	0.44
ρ	空气密度	1.1225 kg/m³
N	齿轮箱转速比	100

根据式(11-15)和式(11-16)，最小特征根轨迹可解析表示为有功功率 P_{WT}、无功功率 Q_{WT} 和风速 V_m 的三次多项式。在图 11-4 中，最小特征根轨迹用渐变颜色标记。根据式(11-4)，可得到双馈风电机组并网稳定域，其考虑了式(11-7)~式(11-9)所给出的有功功率和无功功率的物理限制。对于给定的算例系统的结果，相比于稳定裕度对有功功率和风速的灵敏度，稳定裕度对无功功率的灵敏度较低。

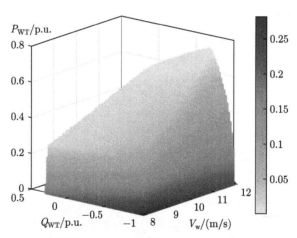

图 11-4　双馈风电机组稳定域和最小特征根轨迹关于有功功率 P_{WT}、无功功率 Q_{WT} 和风速 V_w 的映射关系

根据式(11-15)和式(11-16)求解式(11-6)，可得到关于有功功率 P_{WT}、无功功率 Q_{WT} 和风速 V_w 的主导振荡频率 f_{osc} 的解析表达式。不同运行工作点下的主导振荡频率以渐变颜色标记，如图 11-5 所示。对于给定的算例系统，振荡频率处于次同步范围。对于工频为 f_s 的电网，根据频率耦合效应，存在 $(2f_s - f_{osc})$ 的耦合振荡频率。

单个双馈风电机组的稳定域已由图 11-4 给出。稳定裕度表述为有功功率 P_{WT}、

无功功率 Q_{WT} 和风速 V_w 的三阶多项式函数。假定系统运行在如下工作点：$P_{WT} = 0.56$ p.u.、$Q_{WT} = 0$ p.u. 和 $V_w = 12$ m/s。该运行工作点位于稳定域边界，即处于临界稳定状态。

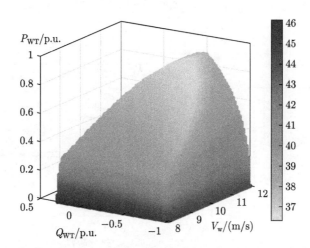

图 11-5 双馈风电机组并网主导振荡频率关于有功功率 P_{WT}、无功功率 Q_{WT} 和风速 V_w 的映射关系

在上述给定工作点下，对时域仿真模型注入 1～1000 Hz 扰动信号，通过扫频可获得阻抗数据。基于扫频获得的阻抗数据，双馈风电机组并网小扰动稳定边界对应的奈奎斯特轨迹如图 11-6 所示。由于奈奎斯特轨迹穿过临界点 $(-1, j0)$，系统被证明处于临界稳定状态。

图 11-6 所示的奈奎斯特轨迹显示，系统主导振荡频率为 40.4 Hz，与图 11-5 中的分析估算结果一致。因此，说明本节给出的稳定域边界和主导振荡频率的解析表达式具有很高的准确性。

在上述分析中，图 11-4 和图 11-5 展示了双馈风电机组并网稳定性随着有功功率 P_{WT}、无功功率 Q_{WT} 和风速 V_w 的变化规律。稳定性分析是在三维参数空间中进行的。根据有功功率 P_{WT}、无功功率 Q_{WT} 和风速 V_w 之间的特定关系，可以在二维参数空间中进行分析。给定有功功率，可以分析双馈风电机组关于有功功率和风速的稳定域和振荡频率。类似地，给定风速，可以分析双馈风电机组关于有功功率和无功功率的稳定域和振荡频率。针对上述给定两个工况，以下分别展开分析。

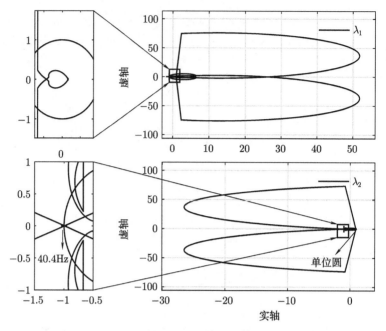

图 11-6　双馈风电机组并网小扰动稳定边界对应的奈奎斯特轨迹

1. 双馈风电机组关于有功功率和风速的稳定域和振荡频率

由于风电机组通常不提供无功功率，因此可将无功功率设置为零，即 $Q_{\text{WT}} = 0$ Mvar。基于此，研究有功功率 P_{WT} 和风速 V_{w} 对小扰动稳定性的影响。

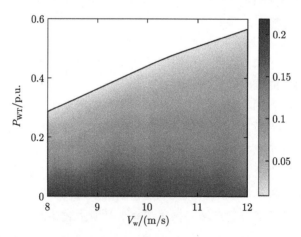

图 11-7　双馈风电机组稳定域和最小特征根轨迹关于有功功率 P_{WT} 和风速 V_{w} 的映射关系

根据式(11-4) 中的稳定域表达式和式(11-7)～ 式(11-9) 中的物理限制，得到如图 11-7 所示的双馈风电机组并网稳定域。这个区域对应于图 11-4 中无功功率等于零的剖面。在稳定域内，根据式(11-5)所描述的最小特征根轨迹，以渐变颜色标出风电机组并网稳定裕度。可见，与弱电网相连的双馈风电机组在风速较低时，在相对较大的有功功率下容易变得不稳定。

根据式(11-6)可通过回归拟合的方法得到双馈风电机组的主导振荡频率。针对本节算例系统，主导振荡频率关于有功功率 P_{WT} 和风速 V_w 的映射关系如图 11-8 所示。对于本节研究的算例系统，相对较大的有功功率 P_{WT} 下，对应着相对较低的主导振荡频率 f_{osc}。值得一提的是，这种现象也可以通过模态分析观察。与模态分析的结果相比，基于回归拟合的方法通过离线方式获得解析表达式，在线计算可避免高阶状态矩阵和微分方程的计算。基于所给出的准确而高效的表达式，可以较好地分析运行工作点对主导振荡频率的影响。

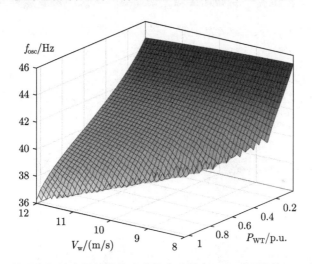

图 11-8　双馈风电机组主导振荡频率关于有功功率 P_{WT} 和风速 V_w 的映射关系

为了验证效率和准确性，对样本执行了支持向量回归（SVR）和直接多项式回归（DPR）。直接多项式回归使用 Levenberg-Marquardt 算法，且指定多项式函数为三阶。式(11-15)给出的估计稳定裕度 $\mu(\boldsymbol{\vartheta}_{para,i})$ 和式(11-5)给出的最小特征根轨迹样本 $\lambda_{MCL}(\boldsymbol{\vartheta}_{para,i})$ 之间的方均根误差（RMSE），可用来评估回归的准确性：

$$\text{RMSE} = \sqrt{\frac{1}{m}\sum_{i=1}^{m}(\mu(\boldsymbol{\vartheta}_{para,i}) - \lambda_{MCL}(\boldsymbol{\vartheta}_{para,i}))^2} \tag{11-17}$$

式中，$m = 141$ 是样本数量。

上述两个算法在配置为 CPU i5-11400 和 32GB RAM 的个人计算机上可通过 MATLAB 实现。两种算法的比较结果见表 11-3。支持向量回归明显比直接多项式回归具有更快的速度，而两个算法具有类似的逼近精度。因此，本章给出的基于核函数的支持向量回归可用于稳定裕度和主导振荡频率的评估，并可给出运行工作点多参数稳定域及其边界，可实现风电机组并网小扰动在线评估。

表 11-3 支持向量回归和直接多项式回归评估机组稳定域的性能对比

算法	多项式阶数	评估时间/s	方均根误差
直接多项式回归	3	0.312	0.008
支持向量回归	3	0.071	0.0077

2. 双馈风电机组关于有功功率和无功功率的稳定域和振荡频率

假定风速保持不变，设定为 12m/s。在给定风速下，风电场可以调整有功功率和无功功率的出力。根据图 11-4 所示的风电机组稳定域关于有功功率、无功功率和风速的映射关系，在给定 12m/s 的风速下，双馈风电机组可能是稳定或者不稳定的。双馈风电机组在不同的有功功率和无功功率运行工作点下，系统的稳定特性可以直观看到。

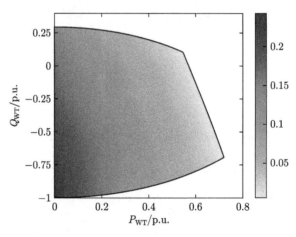

图 11-9 双馈风电机组稳定域和最小特征根轨迹关于有功功率 P_{WT} 和无功功率 Q_{WT} 的映射关系

根据式(11-4)给出的稳定域解析表达式和式(11-7)、式(11-9)给出的物理限制，双馈风电机组在 $V_w = 12m/s$ 风速下，关于有功功率 P_{WT} 和无功功率 Q_{WT} 的映射关系如图 11-9 所示。在稳定域内，最小特征根轨迹以渐变颜色标记。对于给定算例系统，双馈风电机组在输入无功功率较大或输出有功功率较小时表现出更稳定的性能。稳定性能对有功功率敏感，而对无功功率的敏感性较低。这是因为根据风力机空气动力学，有功功率与转子速度高度相关。相对较大的有功功率对应于相对较大的转子速度，而风速保持恒定。此时，双馈风电机组以超同步模式运行，具有相对较大的转子速度，而滑差比在超同步模式下为负。负的滑差比条件下，从定子端看到的转子等效电阻可能为负值[61]。当双馈风电机组的总电阻变为负值时，负阻尼可导致小信号不稳定性现象。

根据式(11-6)关于主导振荡频率的解析表达式，主导振荡频率关于 P_{WT} 和 Q_{WT} 的解析函数可由图 11-10 描述。主导振荡频率在次同步范围。振荡对有功功率敏感，而对无功功率的敏感性较低。

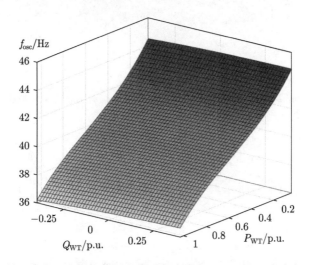

图 11-10 双馈风电机组主导振荡频率关于有功功率 P_{WT} 和无功功率 Q_{WT} 的映射关系

11.5.2 双馈风电场稳定域

基于核函数的支持向量回归可用以评估图 11-1 所示双馈风电场的小扰动稳定特性，给出解析表达的稳定裕度和主导振荡频率，并明确小扰动稳定域及其边界。假设风电场有三个支路，而每个支路包含十个双馈风电机组。每个双馈风电机组的额定功率为 2.5 MW，双馈风电机组主电路参数由表 11-1 给出，表 11-2 则给出了风力机和齿轮箱的参数。假定风速为 12 m/s，无功功率则设置为零。以下内容将分析风电场并网稳定域与三个支路的有功功率 P_{br1}、P_{br2} 和 P_{br3} 的关系。

风电场并网稳定域与支路有功功率的映射关系如图 11-11 所示。最小特征根轨迹，即稳定裕度，以渐变的颜色标出。较大的最小特征根轨迹，对应较为稳定的情况。对于给定的算例系统，风电场输出较大的有功功率时，显示出较差的稳定性。图 11-12 中描述了主导振荡频率，展示了稳定域和不稳定域的振荡频率。

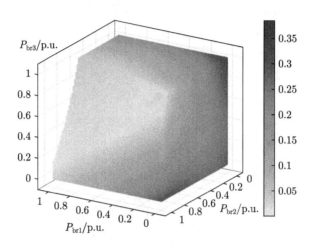

图 11-11 风电场并网稳定域与支路有功功率的映射关系

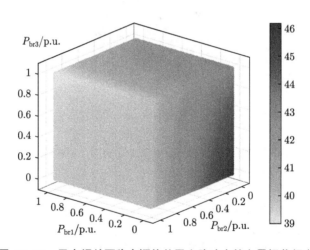

图 11-12 风电场并网稳定评估关于支路功率的主导振荡频率

针对图 11-1 所示的风电场算例，稳定域结果已经在图 11-11 中给出。风电场的风速设为 12 m/s。根据稳定域解析表达式和稳定域图，若系统各支路有功功率分别为 0.7 p.u.，即 17.5 MW，系统处于临界稳定状态。在算例给定工作点下，风电场并网的奈奎斯特轨迹如图 11-13 所示。由于奈奎斯特轨迹穿过临界点 $(-1, j0)$，风电场被证明处于临界稳定状态。

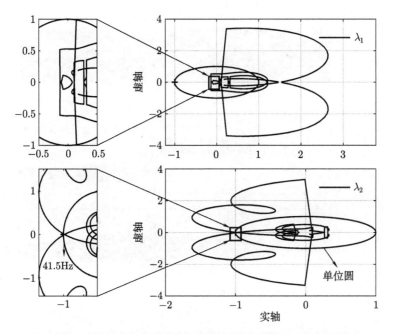

图 11-13　双馈风电场并网小扰动稳定边界对应的奈奎斯特轨迹

根据图 11-13 所示风电场并网的奈奎斯特轨迹，系统主导振荡频率为 41.5 Hz，与图 11-12 中的分析估算结果一致。因此，给出基于回归拟合的稳定性评估指标在多机系统中仍然是有效的。

11.6　并网稳定裕度主动提升策略

11.6.1　双馈风电机组稳定裕度主动提升

根据图 11-4 所示的双馈风电机组稳定域，若系统运行工作点为 $P_{WT} = 0.6\text{p.u.}$，$Q_{WT} = 0\text{p.u.}$ 和 $V_w = 12\text{m/s}$，系统是小扰动稳定的。该运行工作点靠近稳定域边界，系统稳定裕度相对较小。在该运行工作点下，系统从开始到 2s 一直处于稳定状态。在 2s 时，电网短路比从 1.76 变为 1.7，导致电网变弱，系统变得不稳定，如图 11-14 所示。主导振荡频率为 40Hz，振荡模态为发散振荡。为了增强小信号稳定性，在 5s 时将有功功率降低到 $P_{WT} = 0.52\text{p.u.}$。通过降低有功功率，运行工作点重新定位在可行区域内，系统变得稳定。

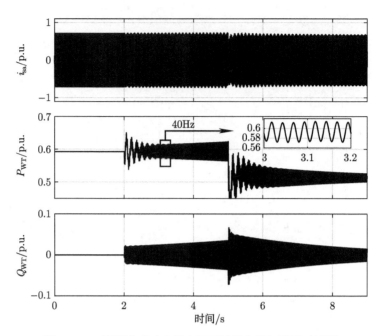

图 11-14 不同有功功率输出下双馈风电机组并网时域图

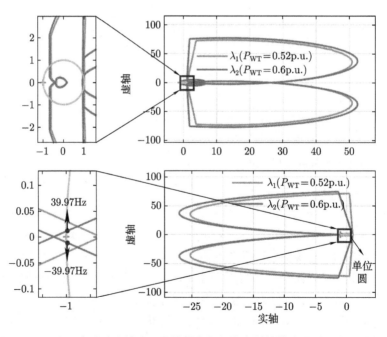

图 11-15 不同有功功率输出下双馈风电机组奈奎斯特轨迹图（见彩色插页）

上述小信号稳定性的时域分析结果，可通过广义奈奎斯特判据来验证。图 11-15 中用蓝色和红色标记了有功功率 $P_{WT} = 0.6$p.u. 和 $P_{WT} = 0.52$p.u. 的奈奎斯特曲线。当有功功率 $P_{WT} = 0.6$p.u. 时，奈奎斯特轨迹包含临界点 $(-1, j0)$，系统处于小扰动不稳定状态。根据奈奎斯特轨迹与单位圆的交点，系统在该运行工作点下的主导振荡频率为 39.97 Hz。这个振荡频率接近于图 11-14 所示时域结果呈现的 40 Hz 振荡。主导振荡频率也可以从本章给出的回归拟合方法解析获得。所给出的主导振荡频率解析结果为 40.5 Hz，接近于时域结果 40 Hz。若运行工作点变为 $P_{WT} = 0.52$p.u.，系统是稳定的。这是因为奈奎斯特轨迹不环绕临界点 $(-1, j0)$，如图 11-15 的局部放大图所示。综上所述，由时域仿真和广义奈奎斯特轨迹可见，通过调整风电机组运行工作点可以提升系统并网小扰动稳定性。

11.6.2 双馈风电场稳定裕度主动提升

风电场稳定域评估计算架构可由图 11-16 所示的硬件平台来实现。在图 11-2 所示的计算架构中，物理系统由 RT-LAB OP 5700 实时模拟器实现。运行工作点数据通过 UDP 传输到边缘计算设备。传输的数据包括风电机组的功率、风速和端电压。边缘计算设备的 CPU 配置为 Celeron N3350。边缘计算设备根据采集到的运行工作点数据计算风电机组阻抗。并且，边缘计算设备通过 UDP 将风电机组阻抗的多项式系数和运行工作点传输到服务器。服务器配置有 Intel® Xeon® Gold 6230 处理器。

本章给出的基于核函数的回归拟合方法在服务器中实现，根据式(11-4)和式(11-6)可在线计算稳定域和主导振荡频率。将介绍的稳定评估指标发送到风电场控制器，根据风电场当前工作点和稳定域结果，可以判断系统的实时稳定性。当系统接近不稳定时，风电场控制器向风电机组发出修正的运行工作点，实现风电场并网稳定性主动提升。

基于硬件平台的风电场并网稳定性主动提升策略的结果如图 11-17 所示。在 0~9 s，风电场各个支路的有功功率分别为 18 MW、14 MW 和 10 MW，总有功功率为 42 MW，此状态定义为状态 1。在 9 s 时，根据调度指令将功率增加到 54 MW，所增加的功率均匀分布到三个支路中。因此，三个支路的有功功率分别为 22 MW、18 MW 和 14 MW，此状态定义为状态 2。根据本章给出的稳定域评估方法，风电场在状态 2 处于图 11-11所给出的稳定域之外，在 11 s 时，为了提升风电场并网稳定性能，三个支路的有功功率重新分配为 14 MW、20 MW 和 20 MW。根据图 11-11所给出的稳定域，风电场在该运行工作点下是稳定的。根据图 11-17 中的实测结果，系统在状态 2 中不稳定，主导振荡频率为 41 Hz。通过重新分配有功功率，系统在状态 3 重新回到稳定。

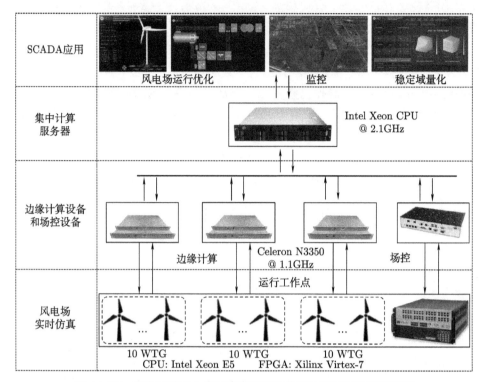

图 11-16　风电场并网小扰动稳定域评估典型计算架构的硬件实现

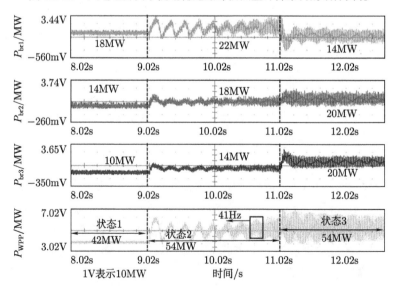

图 11-17　基于硬件平台的风电场并网稳定性主动提升策略的结果

风电场不同有功功率分配下的小信号稳定性可以通过风电场阻抗及其广义奈奎斯特轨迹进行分析。图 11-18 中分别以红色和蓝色标记状态 2 和状态 3 的奈奎斯特曲线，其中状态 2 中的系统表现是不稳定的，而在状态 3 中系统表现为稳定。这个结果与图 11-17 中的结果可一起表明基于回归拟合的风电场稳定域评估方法的有效性。

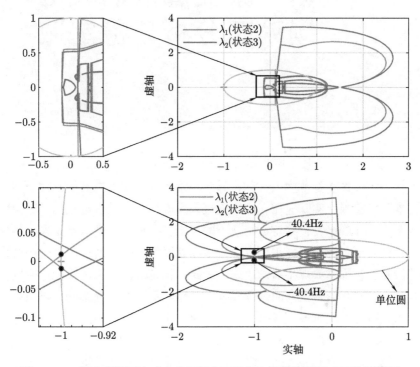

图 11-18 风电场不同有功功率运行点下的奈奎斯特轨迹图（见彩色插页）

第 12 章

基于聚类算法的风电 ◄◄◄
场动态分析与稳定域

12.1 引言

第 11 章中介绍了基于回归拟合的风电场稳定域离线构造方法。由于风电场运行工作点多参数在宽范围内波动，导致小扰动稳定裕度在高维参数空间内变化多样。本章将着眼于实际应用，实现大规模风电场多参数稳定域的实时量化，需要从两个角度开展研究：给定运行点下的稳定性分析和时变运行工作点的稳定边界构造。针对给定运行点，采用广义奈奎斯特稳定判据，通过图形化地观察奈奎斯特曲线是否包围临界点 $(-1, j0)$ 来判断绝对稳定性。在线量化稳定裕度量需要满足实时性，因此需要较高的运算效率。虽然采用第 6 章介绍的分段仿射方法可以降低风电机组的阻抗模型复杂度，但是风电机组分段仿射阻抗构成风电场阻抗聚合模型仍然是高阶的。针对大规模风电场，M 台机组经过 N 条集电线路，构成了风电场 $(M + N)$ 阶阻抗。根据奈奎斯特曲线判断稳定裕度，回比矩阵阶数高，难以解析计算。因此，亟需给定工况下稳定裕度的高效计算方法。

针对时变运行点下的稳定边界构造，主要包含图形估计法和逐点计算法。常见的估计特征值构造稳定域包括 Middlebrook 判据和 Opposing Argument 判据。这些稳定域通常过于保守，造成安全裕量过大，不具备经济性。为精确刻画稳定边界，可以采用遍历的方法。单个参数的稳定边界可以通过逐点计算获得。但是逐点计算存在计算量大的问题，难以在线应用。针对多参数的稳定域，稳定边界是个立体曲面，逐点法的计算量随参数量呈现指数上升趋势，不具备可行性。对时变工况下的稳定性分析结果采用曲线拟合技术可能获得多参数稳定边界。拟合方式虽然具有较高的计算效率，但是随着参数的增加，拟合公式中需要确定的系数成指数增加。此外，上述逐点法和拟合方法均通过离线计算获得，假定电网阻抗已知且非时变。但在实际运行中，电网阻抗是时变的，目前迫切需要稳定边界在线构造方法。

为此，本章将介绍高维参数空间下的运行点多参数稳定域的实时构造方法。12.2 节将面向给定运行工作点场景，介绍基于多起点内点法的稳定裕度高效量化方法。多起点内点法能够把稳定裕度高阶多项式求解问题转变为不带约束的优化问题，极大提高了计算效率，并保证了求解结果的全局最优性。12.3 节将针对运行工作点宽范围波动的问题，介绍基于稳定裕度数据的支持向量机方法，实时量化多参数高维稳定域。为求解多参数稳定域边界，支持向量机把传统的逐点遍历的问题变为数据分类的问题。在 12.4 节中，将通过低维到高维空间映射，基于支持向量机极大地提高了稳定边界量化的准确度。为提高支持向量机分类效率，提出了 k-邻近筛选数据样本的方法。在 12.5 节中，将针对某实际风电场，建立有功功率、无功功率、风速的三维稳定域。

12.2　风电场稳定裕度在线高效计算方法

在给定工况下，风电场并网稳定裕度计算需考虑全频段的广义奈奎斯特曲线 [62]。即使采用第 6 章中的分段仿射模型，稳定裕度表达式仍然是高阶的，难以满足在线求解的要求。为此，本章提出了分段仿射分区的筛选方法，筛选出用于稳定裕度量化的有效频域分区。所筛选的分区在总分区中的占比很小，因此极大地降低了计算量。其次，在筛选出的分区内，采用多起点的内点法求解稳定裕度。该方法能够保证获得全局最优解，并且计算效率高。

12.2.1　风电场并网稳定裕度的定义

假定风电场运行工作点已知的情况下，通常采用如下的广义奈奎斯特判据进行并网稳定性分析 [1]：

$$\det\left[\lambda_{1,2}\mathbf{E} + \boldsymbol{Z}_{\mathrm{grid}}(s)\boldsymbol{Z}_{\mathrm{farm}}^{-1}(s)\right] = 0 \tag{12-1}$$

式中，$\boldsymbol{Z}_{\mathrm{grid}}(s)$ 为电网阻抗，矩阵表达式见第 3 章的式 (3-14)；$\boldsymbol{Z}_{\mathrm{farm}}(s)$ 为风电场阻抗，矩阵表达式见第 7 章的式 (7-26)；$\mathbf{E}$ 为单位矩阵；s 为复数状态变量。在不同的 s 下，对应不同的解 $\lambda_{1,2}$，所有解构成广义奈奎斯特曲线 [63]。

通过图形化地判断广义奈奎斯特曲线是否包围临界点 $(-1, \mathrm{j}0)$，可判定稳定性 [64]。如果广义奈奎斯特曲线没有包围临界点，则代表系统是稳定的，如图 12-1 所示。为量化稳定裕度，幅值和相角判据定义了幅值裕度和相角裕度 [65]。幅值裕度为广义奈奎斯特曲线在实轴上到临界点的最近距离，相角裕度为广义奈奎斯特曲线到临界点的最小夹角。两种衡量方式都可以表征系统距离稳定边界的裕度，对于稳定性的判断结果是统一的。

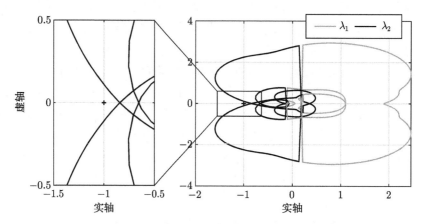

图 12-1 基于广义奈奎斯特判据的系统特征轨迹

本节采用幅值裕度来计算稳定裕度，具体裕度计算如下：

$$M_{\mathrm{G}} = \min(\mathrm{Re}(\lambda_{1,2}(s)) + 1), \quad 使其满足 \quad \mathrm{Im}(\lambda_{1,2}(s)) = 0 \tag{12-2}$$

12.2.2 用于稳定裕度判定的分段仿射分区筛选方法

基于第 6 章中的风电机组分段仿射阻抗模型，分界面 χ_n 表达式如下：

$$\chi_n = \left\{ \boldsymbol{F}_n \begin{bmatrix} \boldsymbol{x} & s \end{bmatrix}^{\mathrm{T}} + \boldsymbol{g}_n \leqslant 0 \right\} \tag{12-3}$$

式中，$\boldsymbol{F}_n$ 和 $\boldsymbol{g}_n$ 为分界面系数矩阵，下标 n 代表第 n 个分区。运行点状态变量定义为 $\boldsymbol{x} = [P_{\mathrm{DFIG}} \quad Q_{\mathrm{DFIG}} \quad v_{\mathrm{s}} \quad V_{\mathrm{w}}]$。在确定工作点下，给定风电机组的运行点变量 $\boldsymbol{x}_0$ 后其分段仿射模型的分区条件由式（12-3）变为

$$\chi_n = \left\{ \boldsymbol{F}_n \begin{bmatrix} \boldsymbol{x}_0 & s \end{bmatrix}^{\mathrm{T}} + \boldsymbol{g}_n \leqslant 0 \right\} \tag{12-4}$$

单台风电机组的分区边界即变为关于 s 的一维变量不等式。

针对含有 K 台风电机组的风电场，由于不同机组的运行点不同，各机组在 s 维度上的分区边界也不同，如图 12-2 所示。第 k 台风电机组表示为 DFIG,k，N 为单台风电机组的 s 空间分区的个数，M 为整个风电场 s 空间分区的分数。

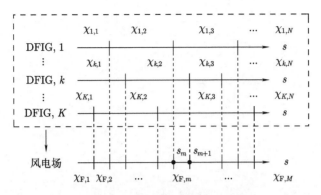

图 12-2　风电场分区集合示意图

为建立风电场在频域的统一分区，集合所有风电机组的边界条件，取交集建立风电场仿射分区：

$$\chi_{F,m} = \{s | s \in (\chi_1 \cap \ldots \cap \chi_k \cap \ldots \cap \chi_K)\} \tag{12-5}$$

式中，下标 m 表示风电场的第 m 个分区，其边界为 s_m 到 s_{m+1}。风电场总共有 M 个分区，分别为 $\chi_{F,1}, \cdots, \chi_{F,m}, \cdots, \chi_{F,M}$。由于分区的集合，导致风电场阻抗 $Z_{farm}^{PWA}(s)$ 是关于 s 的分段仿射模型分区较多。为减少求解稳定判据的计算量，根据分区对应的广义奈奎斯特曲线筛选用于稳定裕度计算的分区。

根据式（12-1），计算每个分区内的广义奈奎斯特曲线。各分区内的奈奎斯特曲线是一条连续的曲线，而相邻分区内曲线则是不连续的。针对幅值裕度 M_G 的计算式 (12-2)，需要寻找可能存在实轴交点的区域。本节把可能存在实轴交点的广义奈奎斯特曲线分为了 4 种情况，如图 12-3 所示。

情况 1：分区的奈奎斯特曲线 $\lambda_{m,1,2}(s)$ 穿过了实轴，那么该分区内必然有实轴交点，如图 12-3a 所示。将分区的端点 $\lambda_{m,1,2}(s_m)$ 和 $\lambda_{m,1,2}(s_{m+1})$ 作为判断点，判断条件为

$$\text{Im}(\lambda_{m,1,2}(s_m))\text{Im}(\lambda_{m,1,2}(s_{m+1})) \leqslant 0 \tag{12-6}$$

情况 2：由分段仿射得到的奈奎斯特曲线是按照分区间断的，相邻的两个区之间可能存在将实际过零的曲线断开的情况，如图 12-3b 所示。由此，将两个分区间的端点 $\lambda_{m,1,2}(s_m)$ 和 $\lambda_{m-1,1,2}(s_m)$ 作为判断点，判断条件为

$$\text{Im}(\lambda_{m,1,2}(s_m))\text{Im}(\lambda_{m-1,1,2}(s_m)) \leqslant 0 \tag{12-7}$$

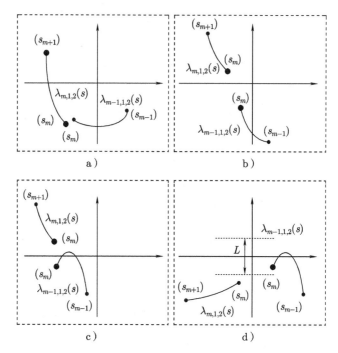

图 12-3   奈奎斯特曲线分区端点示意图

情况 3：分区内的曲线 $\lambda_{m-1,1,2}(s)$ 穿过了实轴。但两端 s 的特征值都位于实轴的下方，如图 12-3c 所示。此时，式（12-6）的方法无法判断出实轴交点。可将两个分区间的端点 $\lambda_{m,1,2}(s_m)$ 和 $\lambda_{m-1,1,2}(s_m)$ 作为判断点，判断条件同式 (12-7)。

情况 4：分区内的曲线 $\lambda_{m-1,1,2}(s)$ 穿过了实轴。但下一分区的曲线 $\lambda_{m,1,2}(s)$ 也位于下方，如图 12-3d 所示。此时，式（12-7）的方法无法判断出实轴交点。可将分区内的端点 $\lambda_{m-1,1,2}(s_m)$ 和 $\lambda_{m-1,1,2}(s_{m-1})$ 作为判断点，判断条件如下：

$$|\mathrm{Im}(\lambda_{m,1,2}(s_m))| \leqslant \frac{L}{2} \quad \text{或} \quad |\mathrm{Im}(\lambda_{m,1,2}(s_{m+1}))| \leqslant \frac{L}{2} \tag{12-8}$$

使其满足
$$\mathrm{Re}(\lambda_{m,1,2}(s)) \leqslant -1$$

式中，L 为限定筛选范围，其初值选取为 2，如果奈奎斯特曲线不进入该范围，则稳定性很强。

综上所述，根据当前分区和上一分区的端点符号，依据式 (12-6)～式 (12-8) 对可能存在实轴交点的分区进行筛选。在所有的 s 的 M 个分区中，只需要在筛选出的 c 个分区 $\chi_{\mathrm{F},c}$ 内计算稳定判据，下标 c 表示筛选出的分区。分区筛选避免了在全频段内逐点求解稳定裕度式 (12-2)，大大减少了计算量。具体的分区内的求解过程在下一节中说明。

12.2.3 基于多起点内点法的分区内稳定裕度计算

针对大规模风电场，M 台机组经过 N 条集电线路，构成 $(M+N)$ 阶风电场阻抗 $\boldsymbol{Z}_{\text{farm}}^{\text{PWA}}(s)$。在第 m 个频段分区 $\chi_{\text{F},m}$ 内，回比矩阵 $\boldsymbol{Z}_{\text{grid}}(s)\boldsymbol{Z}_{\text{farm}}^{-1}(s)$ 仍然是高阶的，难以求解稳定裕度表达式(12-2)。另外，在分区内特征根奈奎斯特曲线可能多次穿过实轴，导致有局部最优解，如图 12-3c 中所示。

如果采用遍历的方法求解稳定裕度表达式(12-2)，对分区内所有频率进行逐点遍历，可以找到最优解。由于计算量大，遍历法难以实现在线应用。为了加快求解速度，避免陷入局部最优，本节利用多起点内点法计算稳定裕度。多起点内点法是一种全局最优算法，对比遍历法在计算速度和准确度上十分有优势，有助于在线应用。

针对幅值裕度判据式 (12-2)，对于其中的等式约束 $\text{Im}(\lambda_{m,1,2}(s)) = 0$，将其写入代价函数建立如下无约束优化问题：

$$s_{\text{G},m} = \underset{s}{\arg\min} \left\{ \text{Re}(\lambda_{m,1,2}(s)) + w \times \text{Im}(\lambda_{m,1,2}(s)) \right\} \tag{12-9}$$

式中，w 为惩罚系数；m 表示频段分区的序号。通过加大特征值的虚部的代价的形式，迫使特征值的虚部为零或尽可能接近 0，从而将最优解限制在可行域范围内。

基于优化问题式 (12-9)，利用梯度下降法求解方程。梯度下降法基于选定的初始点求取 s 分区范围内的解。为避免解陷入局部最优，通过多初始点的方式，在 s 分区的限制范围内选取多个优化初始点。对比不同的解找出其中最小的全局最优解 $s_{\text{G},m}$。另外，考虑到在线求解的计算速度，多初始点会导致求解时间变长，收敛速度较慢。采用并行计算的方法，可进一步提高在线计算速度。

根据幅值裕度优化问题式 (12-9) 的解 $s_{\text{G},m}$，将其带入式 (12-2) 得到：

$$M_{\text{G},m} = \text{Re}(\lambda_{1,2}(s_{\text{G},m})) + 1 \tag{12-10}$$

根据上一节的分区筛选结果，分别计算筛选出的分区 $\chi_{\text{F},c}$ 对应的稳定裕度。最终，可以得到当前工作点 $\boldsymbol{x}_{\text{farm}}$ 下系统的稳定裕度：

$$M_{\text{G}} = \min_{m \in \{1,2,\cdots,c,\cdots,C\}} M_{\text{G},m} \tag{12-11}$$

式中，c 为式 (12-6)~ 式 (12-8) 筛选出的分区；C 为筛选出的分区总数。

12.3　基于 k-邻近支持向量机的风电场的稳定域实时构造方法

本节采用机器学习的方法，实时构造风电场并网稳定域。首先在风电场多运行工况下，建立了用于量化稳定域度的机器学习训练样本集。其次，为提高在线计算速度，采用 k-邻近选取了样本集中的边界样本点，大幅减少了训练样本数量，并提高了样本的有效性。最后，基于边界样本点，采用支持向量机构建了系统的稳定域和稳定边界。

12.3.1　稳定裕度样本集的构建

建立风电场的稳定域，需要确定风电场稳定域的状态变量。风电场中存在许多工作点，而这些工作点的改变都会导致稳定裕度 M_{G} 的变化。为建立稳定域需要选取其中的部分工作点作为状态变量，而把其他的量作为定值。状态变量的选取原则为：选择容易测量或直接得到的风电场状态变量；状态变量形成的稳定域能指导实际系统的调控和运行。

风电场的状态变量定义为 $\boldsymbol{x}_{\mathrm{farm}}$，输出稳定裕度为 M_{G}。风电场运行工作点集合可定义为

$$\boldsymbol{X}_{\mathrm{farm}} = \{\boldsymbol{x}_{\mathrm{farm},1}, ..., \boldsymbol{x}_{\mathrm{farm},h}, ..., \boldsymbol{x}_{\mathrm{farm},H}\} \tag{12-12}$$

式中，h 为样本的序号；H 为样本总个数。根据 12.2.3 节的稳定裕度计算方法，在 $\boldsymbol{x}_{\mathrm{farm}}$ 的取值范围内，可计算得到对应稳定裕度样本集。

12.3.2　k-邻近临界稳定裕度样本筛选

为在样本集中确定稳定和不稳定之间的边界，也就是 $M_{\mathrm{G}} = 0$ 的边界。把所有 $M_{\mathrm{G}} < 0$ 的样本定义为不稳定样本，把所有 $M_{\mathrm{G}} > 0$ 的样本定义为稳定样本，如图 12-4 所示。此外，可以根据稳定裕度的要求，形成多条裕度的边界。如果要获得一条更为保守的稳定边界，可以将 $M_{\mathrm{G}} < 0.1$ 的样本定义为不稳定样本，$M_{\mathrm{G}} > 0.1$ 的样本定义为稳定样本。从而将稳定边界从图 12-4 中的 L2 移动至 L3。因此，本节的方法可以设定不同的稳定裕度，从而形成呈现梯度状态的稳定边界。

为刻画稳定边界，采用支持向量机的机器学习算法。传统支持向量机对于一些交错严重的样本集训练速度慢。因为在寻找最优超平面时需要考虑所有样本点，会导致分类过程较为复杂，占用内存多。难以满足在线构建稳定域的计算速度要求。为此，本节采用了基于 k-邻近的支持向量机算法。通过筛选出边界样本来精简样本集，提高计算效率。

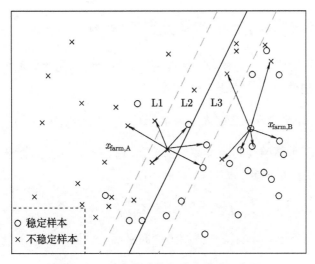

图 12-4　稳定样本与不稳定样本示意图

定义样本集中任意两样本 $\boldsymbol{x}_{\mathrm{farm},h}$ 和 $\boldsymbol{x}_{\mathrm{farm},t}$ 间的欧氏距离：

$$d^2\left(\boldsymbol{x}_{\mathrm{farm},h},\boldsymbol{x}_{\mathrm{farm},t}\right)=\left(\boldsymbol{x}_{\mathrm{farm},h}-\boldsymbol{x}_{\mathrm{farm},t}\right)\left(\boldsymbol{x}_{\mathrm{farm},h}-\boldsymbol{x}_{\mathrm{farm},t}\right)^{\mathrm{T}} \tag{12-13}$$

式中，下标 h 和 t 表示样本序号。

对于一个已知的稳定样本 $\boldsymbol{x}_{\mathrm{farm},h}$，计算出它的 k 个同类稳定最邻近 $T_k(\boldsymbol{x}_{\mathrm{farm},h})$ 和它的 k 个异类不稳定最邻近 $\overline{T}_k(\boldsymbol{x}_{\mathrm{farm},h})$。然后计算该样本点与同类样本和异类样本之间的平均距离：

$$
\begin{aligned}
D_{\mathrm{T}}\left(\boldsymbol{x}_{\mathrm{farm},h}\right)&=\frac{1}{k}\sum_{\boldsymbol{x}_{\mathrm{farm},t}\in T_k(\boldsymbol{x}_{\mathrm{farm},h})}d\left(\boldsymbol{x}_{\mathrm{farm},h},\boldsymbol{x}_{\mathrm{farm},t}\right)\\
D_{\overline{\mathrm{T}}}\left(\boldsymbol{x}_{\mathrm{farm},h}\right)&=\frac{1}{k}\sum_{\boldsymbol{x}_{\mathrm{farm},t}\in \overline{T}_k(\boldsymbol{x}_{\mathrm{farm},h})}d\left(\boldsymbol{x}_{\mathrm{farm},h},\boldsymbol{x}_{\mathrm{farm},t}\right)
\end{aligned}
\tag{12-14}
$$

式中，$\boldsymbol{x}_{\mathrm{farm},t}$ 表示邻近类中的样本。

设置稳定阈值 ξ，如果 $D_{\mathrm{T}}\left(\boldsymbol{x}_{\mathrm{farm},h}\right)<\xi$ 且 $D_{\overline{\mathrm{T}}}\left(\boldsymbol{x}_{\mathrm{farm},h}\right)<\xi$，那么判定 $\boldsymbol{x}_{\mathrm{farm},h}$ 是边界样本点。如图 12-4 所示，k 取为 3，样本 A 点的同类近邻和异类近邻均比较小。意味着 A 点距离稳定样本和不稳定样本都比较近，所以 A 点为边界样本点。样本点 B 的同类近邻相对较小而异类近邻相对较大。意味着 B 点距离不稳定的样本较远，所以 B 点为非边界样本点。

12.4 基于支持向量机的稳定边界量化

由于稳定裕度样本较为复杂，无法通过线性分解面完全分离。所以，将输入样本 $\boldsymbol{X}_{\mathrm{farm}}$ 映射到高维的特征向量空间：

$$\phi(\boldsymbol{X}_{\mathrm{farm}}) = (\phi_1(\boldsymbol{X}_{\mathrm{farm}}), \phi_2(\boldsymbol{X}_{\mathrm{farm}}), \cdots, \phi_l(\boldsymbol{X}_{\mathrm{farm}}))^{\mathrm{T}} \tag{12-15}$$

式中，下标 l 表示高维空间的维数。以特征向量 $\phi(\boldsymbol{X}_{\mathrm{farm}})$ 代替输入变量 $\boldsymbol{X}_{\mathrm{farm}}$，寻找高维空间中的最优分界面。

$$f(x) = \boldsymbol{\omega}\phi(\boldsymbol{X}_{\mathrm{farm}}) + b = 0 \tag{12-16}$$

为得到对所有的样本分类正确的最优超平面，需要求解如下最优问题：

$$\min_{\boldsymbol{\omega},b} \frac{1}{2}|\boldsymbol{\omega}|^2 \tag{12-17}$$

$$\mathrm{s.t.} \quad y_i\left(\boldsymbol{\omega}^{\mathrm{T}}\phi(x_i) + b \geqslant 1(i = 1, 2, \cdots, m)\right)$$

式中，y_i 为代表样本的稳定性，$M_{\mathrm{G}} > 0$，则 $y_i = 1$，$M_{\mathrm{G}} < 0$，则 $y_i = -1$。

由于直接在高维空间中计算样本的内积 $|\boldsymbol{\omega}|^2$ 复杂度高，因此定义核函数在原始空间中计算，核函数的定义如下：

$$k\left(\boldsymbol{X}_{\mathrm{farm},i}, \boldsymbol{X}_{\mathrm{farm},j}\right) = \phi\left(\boldsymbol{X}_{\mathrm{farm},i}\right)^{\mathrm{T}} \phi\left(\boldsymbol{X}_{\mathrm{farm},j}\right) \tag{12-18}$$

采用核函数的超平面对偶问题如下：

$$\max_{\alpha} \sum_{i=1}^{m} \alpha_i - \frac{1}{2}\sum_{i=1}^{m}\sum_{j=1}^{m} \alpha_i\alpha_j y_i y_j k\left(\boldsymbol{X}_{\mathrm{farm},i}, \boldsymbol{X}_{\mathrm{farm},j}\right) \tag{12-19}$$

$$\mathrm{s.t.} \quad \sum_{i=1}^{m} \alpha_i y_i = 0, \alpha \geqslant 0, \quad i = 1, 2, \cdots, m$$

得到了原维度下的稳定边界：

$$\begin{aligned}
f(x) &= \boldsymbol{\omega}^{\mathrm{T}}\phi(x) + b \\
&= \sum_{i=1}^{m} \alpha_i y_i \phi\left(\boldsymbol{X}_{\mathrm{farm},i}\right)^{\mathrm{T}} \phi\left(\boldsymbol{X}_{\mathrm{farm},j}\right) + b \\
&= \sum_{i=1}^{m} \alpha_i y_i k\left(\boldsymbol{X}_{\mathrm{farm},i}, \boldsymbol{X}_{\mathrm{farm},j}\right) + b
\end{aligned} \tag{12-20}$$

当二次优化时，不仅对支持向量进行了优化，同时也对非支持向量进行了优化。所以采用 k-邻近的边界点筛选，只利用边界点对支持向量机训练，能够显著提高计算效率。

12.4.1　k-邻近支持向量机的实现步骤

实现的具体步骤如下：

步骤 1: 确定样本状态变量，基于分段仿射模型，根据式 (12-5) 确定 s 的分区范围。

步骤 2: 分区筛选，基于式 (12-8) 和式 (12-6) 选取可能判定稳定性的区域。

步骤 3: 分区内用多起点内点法求解简化的稳定判据式 (12-9)，确定分区的稳定裕度。

步骤 4: 在状态变量的范围内撒点，形成稳定裕度样本集。

步骤 5: 根据式 (12-13) 计算两样本之间的欧式距离。

步骤 6: 计算每个样本点的同类邻近和异类邻近。

步骤 7: 根据式 (12-14) 提取出边界样本点，删除非边界样本点。

步骤 8: 利用 k-邻近的方法对样本集进行删减。

步骤 9: 对删减过后的样本集利用支持向量机进行训练。

12.4.2　k-邻近支持向量机的计算效率

为了计算在特定工作点的 M_{G}，本节提出的方法与逐点计算法在表 12-1 和表 12-2 中进行了比较。以点 $s = 50 \times \mathrm{j}2\pi$ 为例。基于逐点方法，在 0~1000 Hz 范围内，以 0.01 Hz 的间隔计算阻抗值共需计算 100000 个点。计算一个点总共需要 28.768s，迭代矩阵运算占据了大部分时间。而不是逐点阻抗矩阵计算，本节提出的方法使用多起点内点法，只需 0.275s。分区筛选进行了 54931 次，选择了 7 个分区。在每一个分区中，执行多起点内点法来计算 M_{G}。多起点内点法总共耗时 0.123s。此外，加载 PWA 数据需要 0.154s，计算负荷流需要 0.023s。对于不同的 s，它们只运行一次，从而减少了计算时间。所提出的方法避免了重复的矩阵运算，显著减轻了计算负担。通过支持在线快速创建稳定样本集，支持了稳定域的在线构建。

在时变运行状态下，运行点和稳定裕度数据由 M_{farm} 构建。由于每个样本是独立的，因此可以利用并行计算技术提高效率。在表 12-3 中，总共有 900 个样本，SVM 方法用时 2.235s 来构建边界。KNN 算法在 0.359s 内选出 76 个有效样本。随后，使用 SVM 在 0.016s 内确定稳定裕度边界。因此，KNN-SVM 方法用时 0.375s 来构建稳定裕度边界。结果表明，KNN-SVM 方法显著加快了计算速度。

表 12-1　原模型的计算时间

子过程	运行次数	子时间	总时间
RSC 矩阵计算	100000	3.662 s	
GSC 矩阵计算	100000	2.731 s	
其他矩阵	100000	22.498 s	28.768 s
潮流计算	1	0.023 s	

表 12-2　分段仿射模型多起点内点法的计算时间

子过程	运行次数	子时间	总时间
分区筛选 $\chi_{\mathrm{F},c}$	54931	0.002 s	
多起点内点法求解	7	0.123 s	
分段仿射数据加载	1	0.154 s	0.275 s
潮流计算	1	0.023 s	

表 12-3　SVM、KNN 和 KNN-SVM 的计算时间

方法	样本数	子时间	总时间
SVM	900	2.235 s	2.235 s
KNN	900	0.359 s	
KNN-SVM	76	0.016 s	0.375 s

12.5　基于 k-邻近支持向量机的风电场稳定域分析

本节通过算例验证了本章所提的稳定域构建方法的准确性和计算效率。在单机的场景下，构建了风速和有功功率的稳定域以及有功功率和无功功率的稳定域。在风速发生变化时，可以通过调整有功功率的输出来提高并网稳定性。时域验证证明了所构造单台风电机组并网稳定域的准确性和稳定性主动提升策略的有效性。在风电场并网场景下，聚焦单台风电机组关于风速和有功功率的稳定域，并保持其他风电机组运行点不变。这个算例分析了单台风电机组不同运行对风电场稳定性的影响。根据稳定域分析结果，在电网变弱引起风电场失稳时，通过调整风电场内功率分配可以使风电场重新回到稳定边界内。时域验证证明了所构造风电场并网稳定域的准确性和稳定性主动提升策略的有效性。在单机和风电场并网算例中，稳定域的构造计算效率高，均可以满足实时性要求。

12.5.1　单机稳定域分析

采用双馈风电机组系统结构和风电机组参数在 MATLAB/Simulink 中建立模型。建立基于有功功率 P_{DFIG} 和风速 V_{w} 的稳定域，功率的范围为 $0.3{\sim}2.7\,\mathrm{MW}$，风速的范围为 $8{\sim}12\,\mathrm{m/s}$，电网的阻抗短路比为 1.76。另外，由于受到有功功率和风速之间可行域的限制，图 12-5 中的白色区域为实际中工作点到达不了的位置。

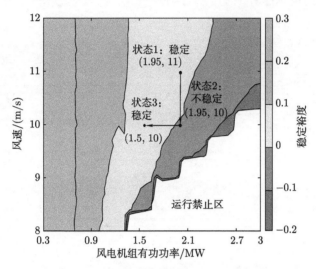

图 12-5　单机风速和功率稳定域（见彩色插页）

利用梯度性颜色表示稳定裕度 M_{G} 的大小，深红色和红色为不稳定，$M_{\mathrm{G}} < 0$，黄色、绿色为稳定，$M_{\mathrm{G}} > 0$，且稳定性依次升高，具体的定义如图 12-5 所示。由图可知，稳定裕度的变化受到 P_{DFIG} 和 V_{w} 的共同影响。具体来说，在整个稳定域内，P_{DFIG} 越大，则系统越趋于不稳定。另外对于 V_{w}，在 P_{DFIG} 小于 $0.9\,\mathrm{MW}$ 时，V_{w} 的变化对于稳定裕度几乎没有影响。而在 P_{DFIG} 大于 $0.9\,\mathrm{MW}$ 时，V_{w} 越大，系统越稳定，这是由于在 P_{DFIG} 较大时，改变 V_{w} 可以改变转速，从而影响单机的稳定性。图 12-5 中，状态 1 的 P_{DFIG} 为 $1.95\,\mathrm{MW}$，V_{w} 为 $11\,\mathrm{m/s}$，此时工作点位于黄色区域中，系统是稳定的。V_{w} 发生变化，减小到 $10\,\mathrm{m/s}$，工作点由状态 1 变化到了状态 2，此时系统位于红色的稳定区，此时是不稳定的。通过改变单机发出的 P_{DFIG}，可以重新将系统拉回稳定，把 P_{DFIG} 从 $1.95\,\mathrm{MW}$ 减少至 $1.5\,\mathrm{MW}$，系统又能回到稳定。

针对图 12-5 所示的单机稳定域设计时域模型验证，如图 12-6 所示。在 $10\,\mathrm{s}$ 之前，系统在短路比为 1.76 的情况下稳定运行，系统 P_{DFIG} 设定为 $1.95\,\mathrm{MW}$，V_{w} 为 $11\,\mathrm{m/s}$，处于状态 1。在 $10\,\mathrm{s}$ 时，V_{w} 降低为 $10\,\mathrm{m/s}$，系统发生小干扰导致的失

稳，P_{DFIG} 和 Q_{DFIG} 振荡幅度逐渐增大，a 相电流 i_{sa} 也振荡发散，进入状态 2，系统不稳定。为了抑制电网的不稳定振荡继续扩大，在 12 s 时将有功功率设定值降低为 1.5 MW，系统的振荡幅度逐渐变小，进入状态 3，趋于稳定。由此验证稳定域的结果，有功功率越低则越稳定，系统可以通过有功功率的调节回到稳定状态。因此，系统的时域仿真与单机的稳定域相互对应，可以证明其在分段仿射模型下的稳定域的可靠性。

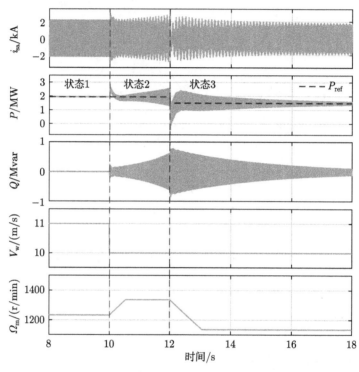

图 12-6　单机风速和功率变化时域仿真

12.5.2　风电场稳定域分析

根据所提方法对风电场稳定域进行分析。考虑风电场单台风电机组功率独自变化与整场风电机组功率协同变化两种场景，分别建立风电场稳定域，研究风电场的稳定性。分析风电场所有风电机组功率协同变化时的稳定域。风电场总输出功率不变，单台风电机组 1 功率变化，其余风电机组的功率设定值按比例变化。风电场总输出功率设定值发生变化，各台风电机组的功率设定值按比例变化。在整体的功率变化时，可以看到图 12-7 中的状态 1 到状态 2 的过程，风电场的稳定性逐渐变差。在总功率增加时，单机的功率按分配增加，此时每台风电机组的功率增加,由于风速是一样的,从而导致了转速的上升。根据单机的算例,风电机组功率上升会导致稳定性的变差,这和风电场中的规律是相同的。此时,根据场内的功率分配,调节风电机组 1 的功率上升,而其他风电机组的功率下降,也就是从图中的状态 2 到状态 3,系统又能够回到稳定的区域。

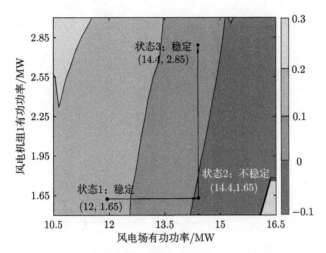

图 12-7　风电场总功率和风电机组 1 功率稳定域

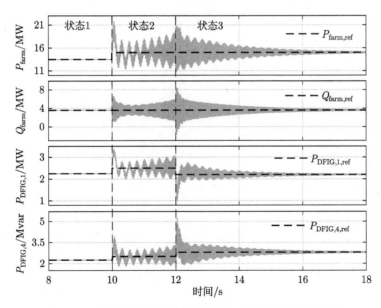

图 12-8　风电场总功率和风电机组 1 功率时域仿真结果

通过时域仿真验证风电场稳定性分析的结论。根据风电场稳定域，此时系统稳定。仿真过程中改变功率，在 10s 改变总功率，在 14s 改变风电机组 1 的分配功率。时域仿真结果如图 12-8 所示。从图中可以看出，当改变时，系统由稳定状态过渡到不稳定状态，而此时通过改变场内分配功率，系统重新恢复稳定。这与风电场稳定性分析结果一致，验证了结论的正确性。

Chapter 13
第 13 章

基于双层优化的稳定 ◀◀◀
域边界搜索方法

13.1 引言

第 10 章和第 11 章中分别介绍了基于回归拟合的并网变流器及风电场稳定域离线构造方法。第 12 章介绍了在线稳定域构造方法。这些方法都建立了包含不同稳定裕度的多维稳定域。如果仅需要指导绝对稳定性的稳定边界，可以采用预测矫正的边界搜索方法，这是本章的重点。

在实际电网应用中，稳定域的数据来源困难，并且电网的时变性导致离线构造的稳定域应用受限。本章将介绍基于分段仿射模型和双层优化算法的稳定域在线构造方法。分段仿射采用一组线性子模型及其相应的分区来表示非线性复杂系统，可以准确描述其动态特性。分段仿射已经应用在谐振变换器的混杂系统控制和风电场分布式模型预测控制中，但其应用于小扰动建模和阻抗特性分析方面仍不足。针对在线稳定性分析，基于分段仿射阻抗模型如何进一步提高稳定域边界构造效率也具有挑战。

在 13.2 节中将采用有功功率、无功功率、端口电压和频域因子作为分段仿射的分区变量，基于层次聚类和支持向量分类对空间进行优化分区，采用最小二乘法实现每个分区的参数辨识。在 13.3 节中将介绍稳定域边界点求解的双层优化模型，基于改进的广义奈奎斯特判据和复合形法求解模型。在 13.4 节中将通过合理地改变优化模型方向，实现稳定边界点的求解。在 13.5 节中将介绍边界搜索方法。最后，在 13.6 节中将通过单机 VSC 和多机 VSC 仿真和实验验证本章所介绍的方法能够实现稳定域的在线构造。

13.2 分段仿射阻抗模型

在本书的第 6 章，已经详细介绍了分段仿射的建模方法。本章将该方法应用到 VSC，建立分段仿射的单机 VSC 阻抗模型，并进一步构建统一坐标系下的多机 VSC 阻抗。

13.2.1 单机阻抗建模及其运行工作点

针对如图 13-1 所示的 VSC 模型，在 dq 坐标系下，建立二维阻抗表达式：

$$Z_{\text{VSC}}(P_{\text{VSC}}, Q_{\text{VSC}}, v_\text{s}, s) = \begin{bmatrix} Z_{\text{dd}}(s) & Z_{\text{dq}}(s) \\ Z_{\text{qd}}(s) & Z_{\text{qq}}(s) \end{bmatrix} \tag{13-1}$$

式中，P_{VSC} 和 Q_{VSC} 分别为变流器输出的有功功率和无功功率；v_s 为并网点电压；在频域内 $s = \text{j}2\pi f$ 为复数状态变量，其中 f 为频率。

根据前述章节描述可知，阻抗特性受到运行工作点的影响，比如有功、无功和端口电压。为了构建更适用于实际应用的 VSC 分段仿射模型，将运行工作点状态变量定义为

$$\boldsymbol{x} = \begin{bmatrix} P_{\text{VSC}} & Q_{\text{VSC}} & v_\text{s} \end{bmatrix} \tag{13-2}$$

同时，根据第 6 章风电机组的分段仿射模型的构建方法，将其应用于 VSC 的阻抗模型构建中，可以得到 VSC 的分段仿射阻抗模型。其分段仿射构造方法具有通用性，在本章不再赘述。

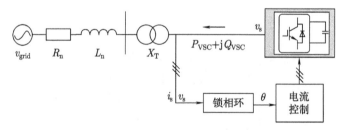

图 13-1　单机 VSC 并网结构示意图

13.2.2 统一 dq 坐标系下多机 VSC 分段仿射模型

多台 VSC 并网时，每台 VSC 阻抗模型均是基于自身并网点电压定向的 dq 坐标系建立。通常由于集电线路的影响，各并网点的电压是不同的，无法直接连接形成阻抗网络。通过将各 VSC 阻抗模型变换到统一 dq 坐标系下，建立多机阻

抗模型。图 13-2 所示为多机 VSC 并网结构示意图, 以电网节点作为参考节点, 其余 VSC 节点作为 PQ 节点。

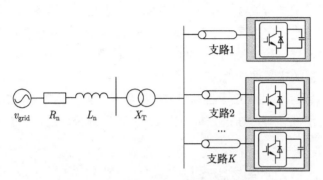

图 13-2　多机 VSC 并网结构示意图

通过潮流计算, 获取每台机的运行点 x, 同时也可以得到 VSC 节点与参考节点的角度差 $\theta_{\mathrm{VSC},k}$。第 k 台 VSC 变换到统一 dq 坐标系下的阻抗模型为

$$Z_{\mathrm{VSC},k}^{\mathrm{PWA,u}}(\boldsymbol{x}_{\mathrm{VSC},k}, s) = \boldsymbol{T}_{\mathrm{dq},k} \boldsymbol{Z}_{\mathrm{VSC},k}^{\mathrm{PWA}}(\boldsymbol{x}_{\mathrm{VSC},k}, s) \boldsymbol{T}_{\mathrm{dq},k}^{-1} \tag{13-3}$$

式中, $\boldsymbol{x}_{\mathrm{VSC},k}$ 为根据式 (13-2) 定义的第 k 台 VSC 的运行工作点状态变量, 转换矩阵 $\boldsymbol{T}_{\mathrm{dq},k}$ 的定义如下:

$$\boldsymbol{T}_{\mathrm{dq},k} = \begin{bmatrix} \cos(\theta_{\mathrm{VSC},k}) & \sin(\theta_{\mathrm{VSC},k}) \\ -\sin(\theta_{\mathrm{VSC},k}) & \cos(\theta_{\mathrm{VSC},k}) \end{bmatrix} \tag{13-4}$$

通过线路阻抗和 VSC 的输出阻抗串并联计算, 得到多机 VSC 的聚合阻抗 $\boldsymbol{Z}_{\mathrm{farm}}$, 其可以表示为如下形式:

$$\boldsymbol{Z}_{\mathrm{farm}}^{\mathrm{PWA}}(\boldsymbol{x}_{\mathrm{farm}}, s) = \begin{bmatrix} Z_{\mathrm{farm,dd}}^{\mathrm{PWA}}(\boldsymbol{x}_{\mathrm{farm}}, s) & Z_{\mathrm{farm,dq}}^{\mathrm{PWA}}(\boldsymbol{x}_{\mathrm{farm}}, s) \\ Z_{\mathrm{farm,qd}}^{\mathrm{PWA}}(\boldsymbol{x}_{\mathrm{farm}}, s) & Z_{\mathrm{farm,qq}}^{\mathrm{PWA}}(\boldsymbol{x}_{\mathrm{farm}}, s) \end{bmatrix} \tag{13-5}$$

式中,

$$\boldsymbol{x}_{\mathrm{farm}} = [\boldsymbol{x}_{\mathrm{VSC},1}, \ldots, \boldsymbol{x}_{\mathrm{VSC},k}, \ldots, \boldsymbol{x}_{\mathrm{VSC},K}] \tag{13-6}$$

在多机 VSC 应用中, 每台 VSC 可以通过其端口特性直接确定低阶阻抗表达式。这避免了在工况变化时需要重新计算每台 VSC 的高阶阻抗的问题。随着 VSC 数量的增加, 分段仿射模型的优势愈加明显, 能够极大地降低计算复杂度。

13.3 稳定域边界点的双层优化模型

小干扰稳定域是指系统在小扰动下可以安全稳定运行的区域。构造稳定域的关键在于快速确定稳定边界，其由一系列处于临界稳定状态的工况点构成。为此，本节将介绍快速求解稳定域边界点的双层优化模型，可提高 VSC 系统小干扰稳定域边界的构造效率和准确性。

如图 13-3 所示，VSC 小干扰稳定域由边界上一系列离散工况临界点围成。每个工况点的稳定性，可以通过分析回比矩阵 $\boldsymbol{L}(s)$ 是否满足广义奈奎斯特稳定判据来判断：

$$\boldsymbol{L}(s) = \boldsymbol{Z}_{\text{grid}} / \boldsymbol{Z}_{\text{vsc}}^{\text{PWA}} = \begin{bmatrix} L_{\text{dd}}(s) & L_{\text{dq}}(s) \\ L_{\text{qd}}(s) & L_{\text{qq}}(s) \end{bmatrix} \tag{13-7}$$

式中，$\boldsymbol{Z}_{\text{grid}}$ 为电网侧的等效阻抗。在复平面上，当回比矩阵两个特征根 λ_1、λ_2 的轨迹曲线都不包围 $(-1, 0)$ 时，系统稳定；否则，系统不稳定。

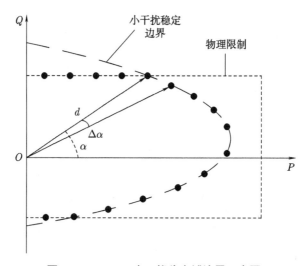

图 13-3 VSC 小干扰稳定域边界示意图

在图 13-3 中，d 表示功率增长方向 α 下，安全稳定运行的功率极限。求解稳定域边界可以转化为求解每一个功率增长方向下的临界稳定工作点。针对上述问题，本节将介绍双层优化模型，分为内层模型和外层模型。内层模型基于广义奈奎斯特判据求解每个工况点的稳定性；外层模型则求解功率增长方向下可以稳定运行的功率极限。内层模型需确定运行工况进行求解，而外层模型的功率增长极限受到内层模型稳定裕度的制约。

13.3.1 内层优化模型

在运行工况确定的情况下，通过广义奈奎斯特判据判断稳定性。内层模型决策变量为 P_{VSC}、Q_{VSC} 和 s，优化目标为根据特征根 λ_1 和 λ_2 的轨迹曲线求解稳定裕度 g_{RE}。由此构建内层优化问题为

$$
\begin{aligned}
g_{\text{RE}} = \min(&\text{Re}(\lambda_{1,2}(s, P_{\text{VSC}}, Q_{\text{VSC}}))) \\
\text{s.t.} \quad & f(P_{\text{VSC}}, Q_{\text{VSC}}) = 0 \\
& \text{Im}(\lambda_{1,2}(s, P_{\text{VSC}}, Q_{\text{VSC}})) = 0 \\
& Q_{\text{VSC}}/P_{\text{VSC}} = \tan\alpha \\
& P_{\min} < P_{\text{VSC}} < P_{\max} \\
& Q_{\min} < Q_{\text{VSC}} < Q_{\max} \\
& 0.9 v_{\text{rate}} < v_{\text{s}} < 1.1 v_{\text{rate}}
\end{aligned}
\tag{13-8}
$$

式中，$f(P_{\text{VSC}}, Q_{\text{VSC}}) = 0$ 表示运行工作点满足潮流方程；$P_{\min}$、$P_{\max}$、$Q_{\min}$ 和 $Q_{\max}$ 分别为 VSC 的有功无功输出上下限；v_{rate} 为 VSC 端口输出额定电压，VSC 在运行时要满足端口电压不越限。

如图 13-4 所示，当特征根轨迹曲线虚部等于 0 时，即 $\text{Im}(\lambda_{1,2}(s, P_{\text{VSC}}, Q_{\text{VSC}})) = 0$，求得的实轴上的最小交点的横坐标即为 g_{RE}。当 $g_{\text{RE}} > -1$ 时，系统稳定；$g_{\text{RE}} = -1$ 时系统临界稳定；否则，系统不稳定。根据 g_{RE} 定义系统的稳定裕度 M_{G}：

$$
M_{\text{G}}(s, P_{\text{VSC}}, Q_{\text{VSC}}) = 20\log\left(\frac{1}{|g_{\text{RE}}(s, P_{\text{VSC}}, Q_{\text{VSC}})|}\right)
\tag{13-9}
$$

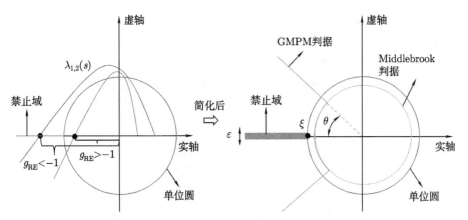

图 13-4　改进的广义奈奎斯特稳定判据（见彩色插页）

13.3.2　外层优化模型

稳定域边界外层优化模型的决策变量是 P_{VSC} 和 Q_{VSC}，如图 13-3所示。优化目标为沿某一功率增长方向下的最大功率极限 d，进而得到 α 方向下的边界工况。由此构建的外层优化问题为

$$d = \max(\sqrt{P_{VSC}^2 + Q_{VSC}^2})$$
$$\text{s.t.} \quad f(P_{VSC}, Q_{VSC}) = 0$$
$$M_G(P_{VSC}, Q_{VSC}) > 0$$
$$Q_{VSC}/P_{VSC} = \tan\alpha \tag{13-10}$$
$$P_{\min} < P_{VSC} < P_{\max}$$
$$Q_{\min} < Q_{VSC} < Q_{\max}$$
$$0.9v_{rate} < v_s < 1.1v_{rate}$$

式中，M_G 为来自内层模型求解的稳定裕度约束。根据式（13-10），在功率增长方向确定后，可将求取临界稳定域边界点问题转化为求解满足约束条件下的最大有功无功输出。

13.4　双层优化模型的求解方法

13.4.1　基于改进奈奎斯特稳定判据的内层模型求解方法

双层优化问题的求解，内外层互相牵制，极大地增加了计算时间。针对这一问题，本节将介绍构造适用于双层优化模型计算的改进奈奎斯特判据，其主要解决内层模型求解时间长的问题。

改进的奈奎斯特稳定判据，如图 13-4 中右图所示。Middlebrook 判据可行域为绿色圆内，GMPM 判据可行域为蓝色分界线的右平面[66-67]。本节划定红色区域为禁止可行域，其可描述为复平面上实轴小于 ξ，以实轴为中心高度为 ε 的矩形区域：

$$\begin{cases} \text{Re}(\lambda_{1,2}) < \xi \\ -\varepsilon/2 < \text{Im}(\lambda_{1,2}) < \varepsilon/2 \end{cases} \tag{13-11}$$

相比于 Middlebrook 判据和 GMPM 判据，本章介绍的判据方法保守性更低，更适用于实际应用。当 $\varepsilon = 0$ 时，禁止可行域变为广义奈奎斯特的禁止域[68]。在本

章的应用中，取 $\varepsilon = 0.05$，$\xi = -1$。对于改进的奈奎斯特判据，当奈奎斯特曲线经过红色区域记为 -1，表示不稳定；否则，记为 1，表示稳定。改进的奈奎斯特判据可表述为

$$
M_{\text{label}}(P_{\text{VSC}}, Q_{\text{VSC}}) = \begin{cases} -1 & \exists : \lambda_{1,2}(s) \in \text{禁止域} \\ 1 & \forall : \lambda_{1,2}(s) \notin \text{禁止域} \end{cases} \tag{13-12}
$$

对 s 拉丁超立方采样，通过判断采样点是否位于禁止域的方式，避免求解 g_{RE}。利用采样点的方式将符号运算转换为数值计算，可以很大程度地提高计算效率。

13.4.2 基于复合形法的 VSC 稳定域边界点求解

针对上述的双层优化模型，在内层优化模型引入改进的奈奎斯特判据，将 $M_{\text{label}}(P_{\text{VSC}}, Q_{\text{VSC}})$ 作为约束代入外层优化模型，从而将内层优化模型变为一个非线性约束给外层优化模型：

$$
\begin{aligned}
d &= \max(\sqrt{P_{\text{VSC}}^2 + Q_{\text{VSC}}^2}) \\
\text{s.t.} \quad & f(P_{\text{VSC}}, Q_{\text{VSC}}) = 0 \\
& M_{\text{label}}(P_{\text{VSC}}, Q_{\text{VSC}}) = 1 \\
& Q_{\text{VSC}}/P_{\text{VSC}} = \tan \alpha \\
& P_{\min} < P_{\text{VSC}} < P_{\max} \\
& Q_{\min} < Q_{\text{VSC}} < Q_{\max} \\
& 0.9 v_{\text{rate}} < v_{\text{s}} < 1.1 v_{\text{rate}}
\end{aligned} \tag{13-13}
$$

复合形法是非线性全局优化算法，是不需要优化目标或者限制条件的显式解析表达式。在求解式 (13-13) 中，复合形法可以更好地将非线性约束加入约束条件中。使用复合形法时，取 n 个点，迭代找到其中目标结果最差解和最优解，将最差解向剩余 $n-1$ 个点的中心进行映射。若映射后的目标结果不满足优化问题的限制或者目标结果更差，则减小映射距离。当 n 个点的误差都迭代收敛到小于设定阈值，则迭代停止。在本章的应用中功率增长方向一定时，P_{VSC} 和 Q_{VSC} 的关系是固定的，因此在复合形法中取变量 P_{VSC} 和 $n = 10$。图 13-5 左图表示某一次迭代过程，P_{w} 表示这一次迭代中的最差解，P_{b} 表示最优解，P_{c} 表示 10 个点

的形心，根据下式计算：

$$P_c = 1/(n-1) \sum_{k=1}^{n} P_k, P_k \neq P_w \tag{13-14}$$

式中，n 表示解的个数；k 表示第 k 个解。P_{map} 是映射后的点，根据下式计算：

$$P_{map} = P_c + \gamma(P_c - P_w) \tag{13-15}$$

式中，γ 表示映射系数，在本章中设定为 1.3。如图 13-5 右图所示，当 10 个点经过迭代映射都满足在设定阈值范围内时，迭代停止并输出最优解。在实际应用中，可能映射后的解一直不能满足限制条件或者比最差点更优，从而使程序陷入死循环。针对这个问题，本章借鉴参考文献 [69] 介绍的方法，在计算映射点增加随机项。

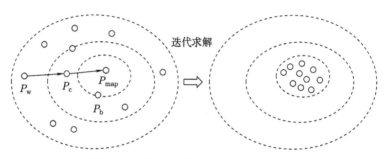

图 13-5 复合形法迭代求解原理示意图

13.5 稳定域边界搜索方法

针对图 13-3 所示的稳定域，本节通过选取合适的功率方向 α 变化方法，求解出小干扰稳定域上一系列离散的临界工况点。然后基于这组数据采用分段线性化拟合方法，获取解析式，进而获得完整的稳定域边界。

在构建 VSC 稳定域边界时，需要一系列边界上离散的点。每一个点可以通过复合形法求取，如图 13-6 所示。通过角度 α 在 $(-90°, 90°)$ 范围内按照 $\Delta\alpha$ 的步长进行搜索，其中 $\Delta\alpha$ 以初始较大的角度增量搜索。

如图中灰色箭头示意，每相邻的两个离散点，计算在 $\alpha_i + \Delta\alpha/2$ 功率增长方向上的边界点 (P_{check}, Q_{check})，作为误差检测点。根据边界第 i 个和第 $i+1$ 个点求得边界的线性化解析式为

$$a_i P + b_i Q + c_i = 0 \tag{13-16}$$

其中，

$$a_i = Q_{i+1} - Q_i, \quad b_i = P_i - P_{i+1}, \quad c_i = -P_iQ_{i+1} + P_{i+1}Q_i \tag{13-17}$$

计算 $(P_\text{check}, Q_\text{check})$ 到式 (13-16) 所示的线段距离 d_error 为

$$d_\text{error} = \frac{a_iP_\text{check} + b_iQ_\text{check} + c_i}{\sqrt{a_i{}^2 + b_i{}^2}} \tag{13-18}$$

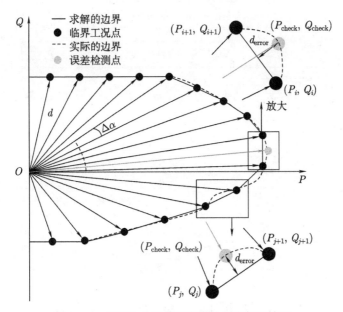

图 13-6　VSC 小干扰稳定域边界求解示意图

若 $0 < d_\text{error} < d_\text{limit}$，则认为第 $i+1$ 个边界点精确，第 i 条边界线段满足设定的边界精度；若 $d_\text{error} > d_\text{limit}$，则调整角度增量 $\Delta\alpha = \Delta\alpha/2$，计算 d_error 直至其满足边界误差精度；当 $d_\text{error} < 0$ 时，此时构成的稳定域边界内部具有不稳定的小区域，如图 13-6 所示。此时，在内层优化模型，利用改进的奈奎斯特稳定判据，通过增大图 13-4 中所示的矩形禁止域，使稳定域更加保守。即增大 ε 和 ξ 的值，直至 $0 < d_\text{error} < d_\text{limit}$，避免不稳定小区域的出现。

通过合理地改变搜索功率增长方向 α，可以优化稳定域的计算效率和精度。基于 VSC 分段仿射阻抗模型的稳定域边界在线快速构造方法流程图如图 13-7 所示。首先，数据初始化，设定起始角度及其增量。然后，基于复合形法求解边界点，并在每两个点中间进行误差检测。对误差不满足的点进行校正。最后，分段拟合获取解析式，得到完整边界。具体步骤如下所述：

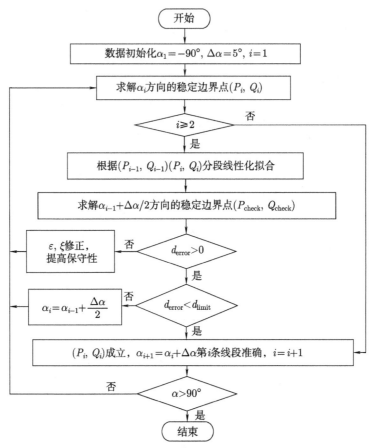

图 13-7　基于 VSC 分段仿射阻抗模型的稳定域边界在线快速构造方法流程图

步骤 1：通过分段仿射理论计算得到 VSC 的分段仿射模型。给定功率变化方向的范围，设定起点增长方向 α_1 和 $\Delta\alpha$，并求解此功率方向下的边界点 (P_1, Q_1)。

步骤 2：基于复合形法和改进的奈奎斯特判据求解双层优化模型，获取 α_i 方向下的稳定裕度，求得稳定域边界点 (P_i, Q_i)。

步骤 3：当 $i \geqslant 2$ 时，根据边界上点 (P_{i-1}, Q_{i-1})，线性化拟合获得解析式，如式 (13-16) 所示。当 $i = 1$ 时，执行步骤 8。

步骤 4：基于复合形法和改进的稳定判据求取 $\alpha_{i-1} + \Delta\alpha/2$ 方向的稳定域边界点 $(P_{\text{check}}, Q_{\text{check}})$。

步骤 5：$(P_{\text{check}}, Q_{\text{check}})$ 到式 (13-16) 所示的线段距离 d_{error}。当 $d_{\text{error}} < 0$ 时执行步骤 6，当 $d_{\text{error}} > d_{\text{limit}}$ 时执行步骤 7，当 $0 < d_{\text{error}} < d_{\text{limit}}$ 时执行步骤 8。

步骤 6：通过修改稳定判据禁止域，增大 ε、ξ，以提高保守性，然后执行步骤 2。

步骤 7：执行 $\Delta\alpha = \Delta\alpha/2, \alpha_i = \alpha_{i-1} + \Delta\alpha$，然后执行步骤 2。

步骤 8：经过判断第 i 个边界点 (P_i, Q_i) 准确，(P_{i-1}, Q_{i-1}) 和 (P_i, Q_i) 所构成边界直线小于设定误差 d_{limit}，执行 $\alpha_{i+1} = \alpha_i + \Delta\alpha$ ，$i = i + 1$。

步骤 9：判断 α 是否超出设定范围，没超出范围则执行步骤 2，否则结束循环。

13.6　基于双层优化模型稳定域构造方法分析

13.6.1　单机稳定域快速构造

针对图 13-1 所示的 VSC 控制结构，分析单台 VSC 接入弱电网稳定特性，系统的结构参数见表 13-1。针对单机 VSC，从准确性和计算效率两个角度对比已有方法，分析本章基于 VSC 分段仿射模型的稳定域构造方法的实用性和计算效率优势。首先对比逐点遍历法和本章介绍的稳定域构造方法，在不同短路比（Short Circuit Ratio，SCR）下的稳定域边界差异。然后，在 SCR=1.7 时，进行稳定域边界实用性验证。最后，对比四种方法的计算时间，基于 VSC 分段仿射模型的稳定域构造方法计算效率较高。

表 13-1　并网 VSC 系统参数

参数	数值	参数	数值
电网线电压	380 V	开关频率	20 kHz
基波频率	50 Hz	时间延迟	$1.5/f_{\text{sw}}$ s
电网阻抗角	80°	功率因数	1
滤波电感	6 mH	电流控制比例系数	380
滤波电阻	0.12 Ω	电流控制积分系数	10000
额定功率	25 kW	锁相环比例系数	2
直流电压	730 V	锁相环积分系数	173

（1）稳定域有效性分析

采用本章介绍的方法和逐点遍历法建立 VSC 输出有功功率和无功功率的稳定域，如图 13-8 所示。分别在 SCR=1.4，SCR=1.7 和 SCR=2.0 三种情况下，对比边界误差。从图中可以看出，逐点遍历法和本章所介绍的方法得到了一致的边界。由此说明本章介绍的方法可以准确地搜索到稳定域边界。通过对比不同 SCR 下的稳定域边界发现，在电网 SCR 越小时，系统可运行的稳定域越小。在 SCR 固定时，观察有功功率和无功功率的变化规律，弱电网下 VSC 随着有功功率的增加系统会面临不稳定的情况出现，适当地增加无功功率输出可以提高系统的稳定性。

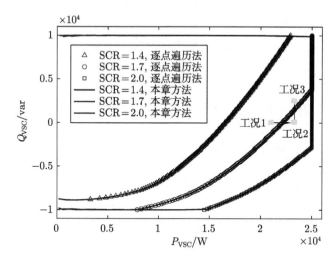

图 13-8　在不同 SCR 下本章方法和逐点遍历法的稳定域精度对比

针对如图 13-8 所示的三个工况点，工况 1: $P = 22\text{kW}, Q = 0\text{kvar}$，工况 2: $P = 23\text{kW}, Q = 0\text{kvar}$，工况 3: $P = 23\text{kW}, Q = 2\text{kvar}$，分析系统的稳定特性。三个工况按照时序发展，其时域响应如图 13-9 所示。在 $t < 5\text{s}$ 时，系统运行在工况 1 且处于稳定运行。在 $t = 5\text{s}$ 时，系统开始增加功率输出。在 $t = 6.5\text{s}$ 时，系统处于工况 2，并且系统开始产生 9Hz 的振荡，振荡幅度逐渐增大。在 $t = 7\text{s}$ 时，无功功率输出增大到 2kvar，系统处于工况 3，振荡幅度开始减小，系统逐渐恢复稳定运行状态。时域仿真结果验证了图 13-8 边界的准确性，可以根据稳定域进行工况调整，以保证系统的稳定运行。

（2）稳定域计算效率对比

针对逐点遍历法、预测校正法 [17]、全阶模型的双层优化法和分段仿射模型的双层优化，分析这四种方法边界的搜索效率。在保证同等的搜索精度下，前三种方法均基于阻抗全阶模型。软件平台为 MATLAB R2020a，计算机 CPU 型号为 i5-11400，主频为 2.6GHz，内存大小为 32GB。这四种方法的计算时间对比结果见表 13-2。

本章介绍的边界搜索方法相对于逐点遍历法和预测校正法，在每个工况点的计算速度上具有优势。在需要计算工况点的数量上，逐点遍历法最多，预测校正法较次之，本章通过优化方法计算的最少。第四种方法采用分段仿射模型极大地提高了计算时求取阻抗的速度，相比于第三种方法提高了 2 倍以上的计算效率，证明采用分段仿射模型的有效性和必要性。第四种方法对比逐点遍历法和预测校正法的计算效率分别高了 54 倍和 6.45 倍，其计算时间满足在线运行的要求。

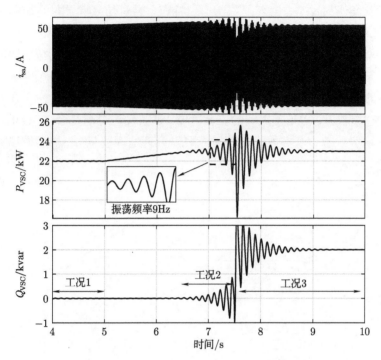

图 13-9　在 SCR=1.7 下的单机 VSC 稳定域边界有效性验证

表 13-2　四种方法的计算时间对比结果

	模型	边界搜索方法	时间/s
方法 1	阻抗全阶模型	逐点遍历法	237.6
方法 2	阻抗全阶模型	预测校正法	28.4
方法 3	阻抗全阶模型	本章方法	9.9
方法 4	分段仿射模型	本章方法	4.4

13.6.2　多变流器稳定域快速构造

基于图 13-2 所示的 VSC 并网结构，搭建四机 VSC 仿真模型，每台 VSC 的结构参数见表 13-1。弱电网下分析 VSC 之间的稳定性影响，在本章的验证中关注支路 1 和支路 2 之间有功功率输出的稳定域。设定四台 VSC 的无功输出为 0，固定第三台 VSC 输出为 23kW，第四台 VSC 输出为 20kW。

对比在 SCR=1.6,SCR=1.7 和 SCR=1.8 下的 P_{VSC1} 和 P_{VSC2} 的运行稳定域,如图 13-10 所示。在 SCR 越小的时候,可运行的稳定域越小。设定三个工况如图上所示,工况 1:$P_{VSC1} = 14kW$,$P_{VSC2} = 20kW$,工况 2:$P_{VSC1} = 16kW$,$P_{VSC2} = 20kW$,工况 3:$P_{VSC1} = 16kW$,$P_{VSC2} = 17kW$。通过仿真验证稳定域边界的正确性,如图 13-11 所示。系统在工况 1 时处于稳定状态,在 5s 时支路 1 连接的 VSC 功率开始增长,在 7.5s 时达到工况 2,并且系统开始产生 8Hz 的振荡频率。在 8s 时,通过支路 2 连接的 VSC 降低功率输出至工况 3,系统逐渐恢复稳定。仿真结果验证本章介绍的方法在多机 VSC 稳定域构造的有效性和准确性。在实际运行中可以构建多机互联 VSC 之间的安全边界,通过场控分配每台 VSC 的出力,让系统处于稳定状态。若在发生振荡时,可以合理地调控每台 VSC 的出力让系统消除振荡。

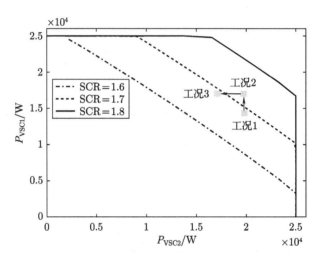

图 13-10 在不同 SCR 下多机 VSC 的稳定域图对比

对比方法 3 和方法 4 在四台 VSC 稳定域边界构造的计算效率,见表 13-3。基于分段仿射阻抗模型和阻抗全阶模型应用本章介绍的边界搜索方法计算效率比为 5.98。证明分段仿射模型应用到稳定域边界构造的必要性,且在规模越大的系统中,优势越明显。

表 13-3 四台 VSC 并网稳定域边界计算时间对比

	模型	边界搜索方法	时间/s
方法 3	阻抗全阶模型	本章方法	31.1
方法 4	分段仿射模型	本章方法	5.2

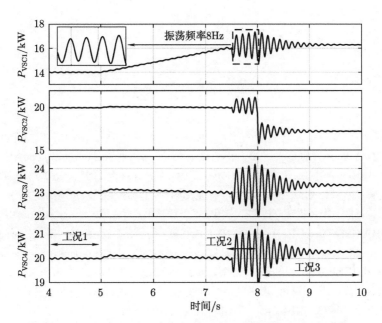

图 13-11 在 SCR=1.7 下的多机 VSC 稳定域边界有效性验证

参 考 文 献

[1] LEON A E, SOLSONA J A. Sub-synchronous interaction damping control for DFIG wind turbines[J]. IEEE Transactions on Power Systems, 2015, 30(01):419-428.

[2] 李光辉, 王伟胜, 刘纯, 等. 直驱风电场接入弱电网宽频带振荡机理与抑制方法 (一)：宽频带阻抗特性与振荡机理分析 [J]. 中国电机工程学报, 2019, 39(22): 6547-6562.

[3] MOHAMMADPOUR H A, SANTI E. Ssr damping controller design and optimal placement in rotor-side and grid-side converters of series-compensated dfig-based wind farm[J]. IEEE Transactions on Sustainable Energy, 2015, 6(02): 388-399.

[4] 王旭斌, 杜文娟, 王海风. 考虑锁相环动态的直驱风电机组虚拟惯性控制对电力系统小干扰稳定性影响 [J]. 中国电机工程学报, 2018, 38(08): 14.

[5] 刘巨, 姚伟, 文劲宇. 考虑 PLL 和接入电网强度影响的双馈风机小干扰稳定性分析与控制 [J]. 中国电机工程学报, 2017, 37(11): 3162-3173, 3371.

[6] HUANG Y, YUAN X, HU J, et al. Dc-bus voltage control stability affected by ac-bus voltage control in vscs connected to weak ac grids[J]. IEEE Journal of Emerging and Selected Topics in Power Electronics, 2016, 4(02): 445-458.

[7] 陈新, 王赟程, 龚春英, 等. 采用阻抗分析方法的并网逆变器稳定性研究综述 [J]. 中国电机工程学报, 2018, 38(07): 2082-2094, 2223.

[8] ZHANG C, CAI X, RYGG A, et al. Sequence domain siso equivalent models of a grid-tied voltage source converter system for small-signal stability analysis[J]. IEEE Transactions on Energy Conversion, 2018, 33(02): 741-749.

[9] RYGG A, MOLINAS M, ZHANG C, et al. A modified sequence-domain impedance definition and its equivalence to the dq-domain impedance definition for the stability analysis of ac power electronic systems[J]. IEEE Journal of Emerging and Selected Topics in Power Electronics, 2016, 4(04): 1383-1396.

[10] WANG X, BLAABJERG F, WU W. Modeling and analysis of harmonic stability in an ac power-electronicsbased power system[J]. IEEE Transactions on Power Electronics, 2014, 29(12): 6421-6432.

[11] KAZEM B M, WANG X, BLAABJERG F, et al. Couplings in phase domain impedance modeling of grid-connected converters[J]. IEEE Transactions on Power Electronics, 2016, 31(10): 6792-6796.

[12] 李萌, 年珩, 胡彬, 等. 应用于新能源发电设备阻抗测量的扰动信号类型综述 [J]. 中国电机工程学报, 2022, 42(17): 6296-6316.

[13] FAN L, MIAO Z. Time-domain measurement-based *dq*-frame admittance model identification for inverter-based resources[J]. IEEE Transactions on Power Systems, 2020, 36(03): 2211-2221.

[14] CHINTAKINDI S R, VARAPRASAD O, SIVA S D. Improved hanning window based interpolated fft for power harmonic analysis[C]. TENCON 2015 - 2015 IEEE Region 10 Conference, 2015: 1-5.

[15] 黄舜, 徐永海. 基于偏最小二乘回归的系统谐波阻抗与谐波发射水平的评估方法 [J]. 中国电机工程学报, 2007, 27(01): 93-97.

[16] 宾子君, 袁宇波, 许瑶, 等. 基于故障录波的海上风电经柔直并网系统阻抗分析方法 [J]. 电网技术, 2022, 46(08): 2920-2928.

[17] 华回春, 贾秀芳, 曹东升, 等. 系统谐波阻抗估计的极大似然估计方法 [J]. 中国电机工程学报, 2014, 34(10): 1692-1699.

[18] SHU Q, HE J, WANG C. A method for estimating the utility harmonic impedance based on semiparametric estimation[J]. IEEE Transactions on Instrumentation and Measurement, 2021, 70: 1-9.

[19] LIU H, SUN J. Impedance-based stability analysis of vsc-based hvdc systems[C]. 2013 IEEE 14th Workshop on Control and Modeling for Power Electronics (COMPEL), 2013: 1-8.

[20] RHODE J, KELLEY A, BARAN M. Complete characterization of utilization-voltage power system impedance using wideband measurement[C]. Proceedings of 1996 IAS Industrial and Commercial Power Systems Technical Conference, 1996: 123-130.

[21] STAROSZCZYK Z. A method for real-time, wide-band identification of the source impedance in power systems[J]. IEEE Transactions on Instrumentation and Measurement, 2005, 54(01): 377-385.

[22] STAROSZCZYK Z, MIKOLAJUK K. New invasive method for localisation of harmonic distortion sources in power systems[J]. European Transactions on Electrical Power, 2007, 8: 321-328.

[23] HUANG J, CORZINE K A, BELKHAYAT M. Small-signal impedance measurement of power-electronics-based ac power systems using line-to-line current injection[J]. IEEE Transactions on Power Electronics, 2009, 24(02): 445-455.

[24] FAMILIANT Y A, HUANG J, CORZINE K A, et al. New techniques for measuring impedance characteristics of three-phase ac power systems[J]. IEEE Transactions on Power Electronics, 2009, 24(07): 1802-1810.

[25] CVETKOVIC I, SHEN Z, JAKSIC M, et al. Modular scalable medium-voltage impedance measurement unit using 10 kV sic mosfet pebbs[C]. 2015 IEEE Electric Ship Technologies Symposium (ESTS), 2015: 326-331.

[26] 于永军, 许立国, 林子杰, 等. 基于级联 H 桥变流器的风电网宽频带谐波阻抗测量装置 [J]. 中国电力, 2022, 55(11): 73-83.

[27] 伍文华, 蒲添歌, 陈燕东, 等. 兆瓦级宽频带阻抗测量装置设计及其控制方法 [J]. 中国电机工程学报, 2018, 38(14): 4096-4106, 4314.

[28] PAN P, HU H, XIAO D, et al. An improved controlled-frequency-band impedance measurement scheme for railway traction power system[J]. IEEE Transactions on Industrial Electronics, 2021, 68(03): 2184-2195.

[29] 吕敬, 蔡旭, 张占奎, 等. 海上风电场经 MMC-HVDC 并网的阻抗建模及稳定性分析 [J]. 中国电机工程学报, 2016, 36(14): 3771-3780.

[30] XUE T, LYU J, WANG H, et al. A complete impedance model of a PMSG-based wind energy conversion system and its effect on the stability analysis of MMC-HVDC connected offshore wind farms[J]. IEEE Transactions on Energy Conversion, 2021, 36(04): 3449-3461.

[31] 吴广禄, 王姗姗, 周孝信, 等. VSC 接入弱电网时外环有功控制稳定性解析 [J]. 中国电机工程学报, 2019, 39(21): 6169-6182.

[32] 陈哲, 朱淼, 侯川川, 等. 复合型功率同步逆变器: 序阻抗建模与并网特性 [J]. 中国电机工程学报, 2023, 43(05): 1927-1940.

[33] LIAO Y, WANG X. Stationary-frame complex-valued frequency-domain modeling of three-phase power converters[J]. IEEE Journal of Emerging and Selected Topics in Power Electronics, 2019, 8(02): 1922-1933.

[34] ABAD G, LOPEZ J, RODRIGUEZ M, et al. Doubly fed induction machine: modeling and control for wind energy generation[M]. Hoboken: Wiley, 2011.

[35] WEN B, BOROYEVICH D, BURGOS R, et al. Analysis of DQ small-signal impedance of grid-tied inverters[J]. IEEE Transactions on Power Electronics, 2016, 31(01): 675-687.

[36] MACFARLANE A G, POSTLETHWAITE I. The generalized nyquist stability criterion and multivariable root loci[J]. International Journal of Control, 1977, 25(01): 81-127.

[37] HU J, HU Q, WANG B, et al. Small signal instability of pll-synchronized type-4 wind turbines connected to high-impedance ac grid during lvrt[J]. IEEE Transactions on Energy Conversion, 2016, 31(04): 1676-1687.

[38] ZHANG C, CAI X, MOLINAS M, et al. On the impedance modeling and equivalence of ac/dc-side stability analysis of a grid-tied type-iv wind turbine system[J]. IEEE Transactions on Energy Conversion, 2019, 34(02): 1000-1009.

[39] LIU B, LI Z, DONG X, et al. Impedance modeling and controllers shaping effect analysis of pmsg wind turbines[J]. IEEE Journal of Emerging and Selected Topics in Power Electronics, 2021, 9(02): 1465-1478.

[40] ZHAO H, WU Q, GUO Q, et al. Distributed model predictive control of a wind farm for optimal active power controlpart I: Clustering-based wind turbine model linearization[J]. IEEE Transactions on Sustainable Energy, 2015, 6(03): 831-839.

[41] TANG X, MA Z, HU Q, et al. A real-time arrhythmia heartbeats classification algorithm using parallel delta modulations and rotated linear-kernel support vector machines[J]. IEEE Transactions on Biomedical Engineering, 2020, 67(04): 978-986.

[42] SUN S, XIE X, DONG C. Multiview learning with generalized eigenvalue proximal support vector machines[J]. IEEE Transactions on Cybernetics. 2019, 49(02): 688-697.

[43] HANSEN A D, SØRENSEN P, IOV F, et al. Centralised power control of wind farm with doubly fed induction generators[J]. Renewable Energy, 2006, 31(07): 935-951.

[44] WECC Renewable Energy Modeling Task Force. WECC wind plant dynamic modeling guidelines[R]. Palo Alto: EPRI, 2014.

[45] DARABIAN M, BAGHERI A. Stability improvement of large-scale power systems including offshore wind farms and mtdc grid aiming at compensation of time delay in sending robust damping signals[J]. International Journal of Electrical Power & Energy Systems, 2022, 143: 108491.

[46] LIU H, XIE X, LIU W. An oscillatory stability criterion based on the unified dq-frame impedance network model for power systems with high-penetration renewables[J]. IEEE Transactions on Power Systems, 2018, 33(03): 3472-3485.

[47] WEN B, BOROYEVICH D, BURGOS R, et al. Analysis of d-q small-signal impedance of grid-tied inverters[J]. IEEE Transactions on Power Electronics, 2016, 31(01): 675-687.

[48] 韩佶, 苗世洪, JON M R, 等. 基于机群划分与深度强化学习的风电场低电压穿越有功/无功功率联合控制策略 [J]. 中国电机工程学报, 2023, 43(11): 4228-4244.

[49] 饶仪明, 吕敬, 王众, 等. 基于数据-模型融合驱动的新能源场站宽频阻抗在线辨识及稳定性评估 [J]. 中国电机工程学报, 2024, 44(07): 2670-2685.

[50] GHOSE D K, PANDA S S, SWAIN P C. Prediction of water table depth in western region, orissa using bpnn and rbfn neural networks[J]. Journal of hydrology, 2010, 394(04): 296-304.

[51] BENDU H, DEEPAK B, MURUGAN S. Application of grnn for the prediction of performance and exhaust emissions in hcci engine using ethanol[J]. Energy conversion and management, 2016, 122(08): 165-173.

[52] ZHANG F, O'Donnell L J. Support vector regression[M]. Amsterdam: Elsevier, 2020.

[53] KUTZ J N, BRUNTON S L, BRUNTON B W, et al. Dynamic mode decomposition: data-driven modeling of complex systems[M]. Bangkok: SIAM, 2016.

[54] YANG D, WANG X, LIU F, et al. Adaptive reactive power control of pv power plants for improved power transfer capability under ultra-weak grid conditions[J]. IEEE Transactions on Smart Grid, 2019, 10 (02): 1269-1279.

[55] CAMPS-VALLS G, CAMPOS-TABERNER M, LAPARRA V, et al. Retrieval of physical parameters with deep structured kernel regression[J]. IEEE Transactions on Geoscience and Remote Sensing, 2022, 60: 1-10.

[56] LIU X F, ZHANG J, WANG J. Cooperative particle swarm optimization with a bilevel resource allocation mechanism for large-scale dynamic optimization[J]. IEEE Transactions on Cybernetics, 2023, 53(02): 1000-1011.

[57] ZHANG L, NEE H P, HARNEFORS L. Analysis of stability limitations of a vsc-hvdc link using powersynchronization control[J]. IEEE Transactions on Power Systems, 2011, 26(03): 1326-1337.

[58] 王赟程, 陈新, 陈杰, 等. 基于谐波线性化的三相 LCL 型并网逆变器正负序阻抗建模分析[J]. 中国电机工程学报, 2016, 36(21): 5890-5898, 6033.

[59] PEREIRA F C, BORYSOV S S. Mobility Patterns, Big Data and Transport Analytics[M]. Amsterdam: Elsevier, 2019.

[60] AWAD M, KHANNA R. Efficient learning machines: theories, concepts, and applications for engineers and system designers[M]. Berlin: Springer Nature, 2015.

[61] YAO J, WANG X, LI J, et al. Sub-synchronous resonance damping control for series-compensated DFIGbased wind farm with improved particle swarm optimization algorithm[J]. IEEE Transactions on Energy Conversion, 2018, 34(02): 849-859.

[62] SUN J, BING Z, KARIMI K J. Input impedance modeling of multipulse rectifiers by harmonic linearization[J]. IEEE Transactions on Power Electronics, 2009, 24(12): 2812-2820.

[63] MIAO Z. Impedance-model-based SSR analysis for type 3 wind generator and series-compensated network[J]. IEEE Transactions on Energy Conversion, 2012, 27(04): 984-991.

[64] CHEN A, XIE D, ZHANG D, et al. PI parameter tuning of converters for sub-synchronous interactions existing in grid-connected DFIG wind turbines[J]. IEEE Transactions on Power Electronics, 2019, 34 (07): 6345-6355.

[65] VIRULKAR V B, GOTMARE G V. Sub-synchronous resonance in series compensated wind farm: A review[J]. Renewable and Sustainable Energy Reviews, 2016, 55: 1010-1029.

[66] ZHU Y, ZHAO J, MAO L, et al. A small-signal stability criterion and parametric sensitivity analysis for multiple grid-connected-converter system[C]. Proceedings of the CSEE: volume 41, 2021: 6235-6245.

[67] RICCOBONO A, SANTI E. Comprehensive review of stability criteria for dc power distribution systems[J]. IEEE Transactions on Industry Applications, 2014, 50(05): 3525-3535.

[68] ZHOU Y, HU H, YANG J, et al. A novel forbidden-region-based stability criterion in modified sequencedomain for ac grid-converter system[J]. IEEE Transactions on Power Electronics, 2018, 34(04): 2988-2995.

[69] ZHOU L, BAI S. A new approach to design of a lightweight anthropomorphic arm for service applications[J]. Journal of Mechanisms and Robotics, 2015, 7(03): 031001.

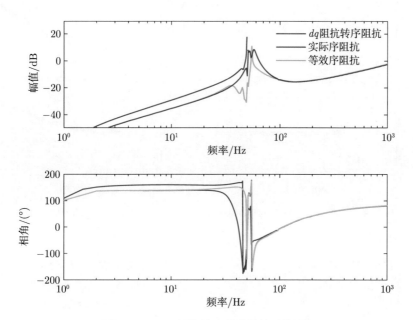

图 2-14 dq 阻抗转正负序阻抗对比图

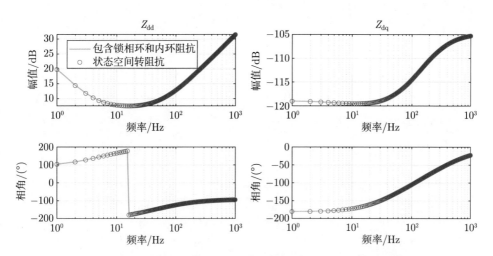

图 3-8 状态空间转换所得阻抗模型与直接推导 dq 阻抗模型的对比

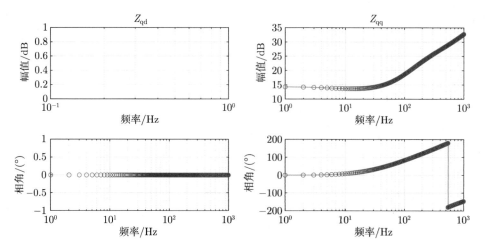

图 3-8　状态空间转换所得阻抗模型与直接推导 dq 阻抗模型的对比（续）

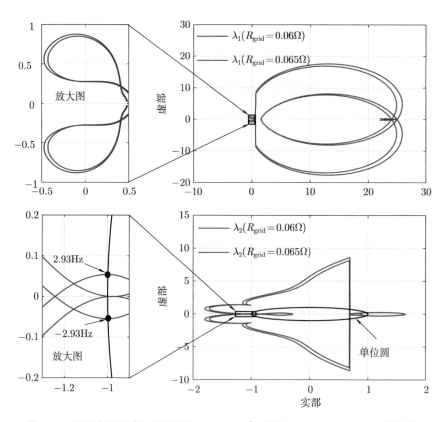

图 4-8　不同电网强度下回比矩阵 $Z_{\mathrm{grid}}Z_{\mathrm{sys}}^{-1}$ 特征值 λ_1 和 λ_2 的奈奎斯特图

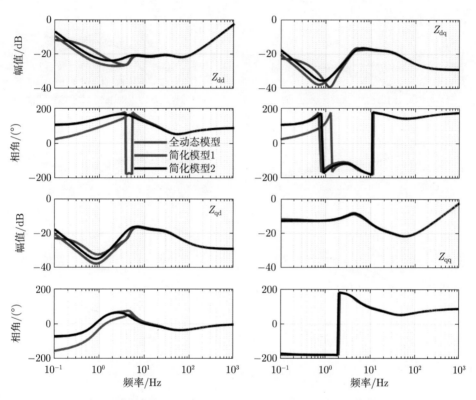

图 4-10　风速为 12 m/s 时三种阻抗模型的奈奎斯特图

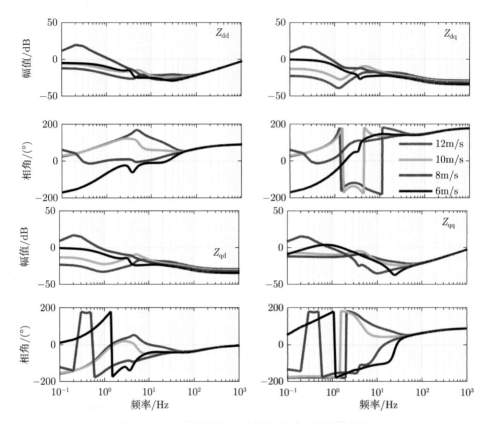

图 4-11 双馈风电机组在不同风速下的阻抗特性

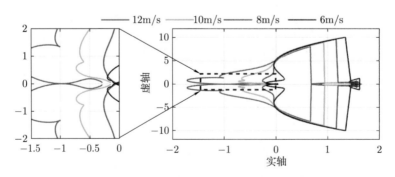

图 4-12 双馈风电机组在不同风速下的奈奎斯特图

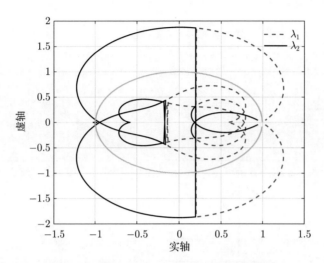

图 5-4　短路比为 1.75 时的广义奈奎斯特图

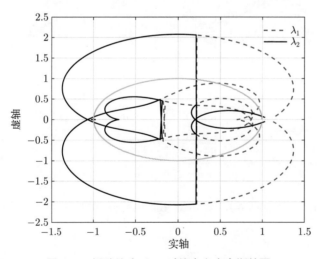

图 5-5　短路比为 1.6 时的广义奈奎斯特图

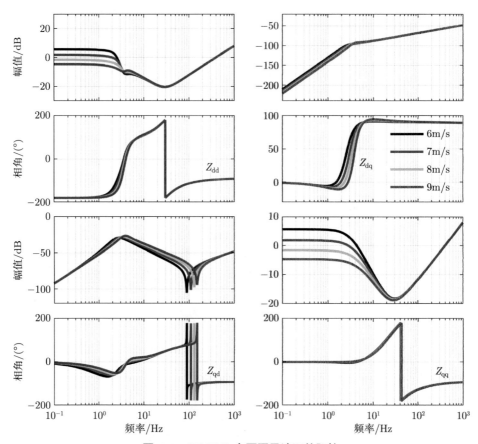

图 5-6 PMSG 在不同风速下的阻抗

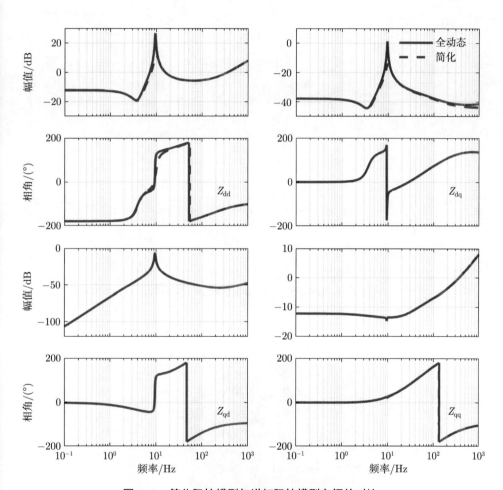

图 5-7　简化阻抗模型与详细阻抗模型之间的对比

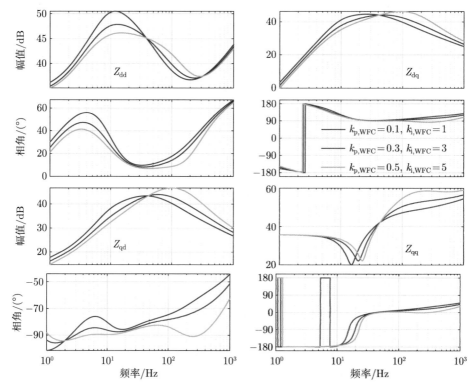

图 7-7 场站控制 PI 参数对场站控制的影响

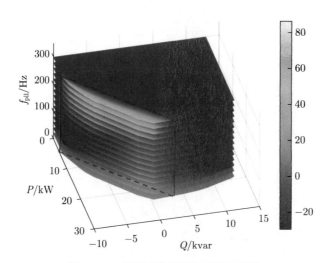

图 10-8 并网变流器系统运行工况集

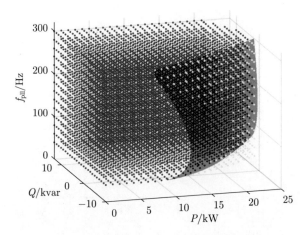

图 10-9　并网变流器小信号稳定域及边界

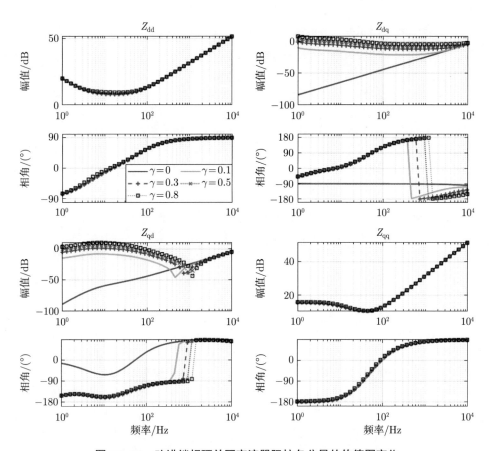

图 10-20　改进锁相环并网变流器阻抗各分量的伯德图变化

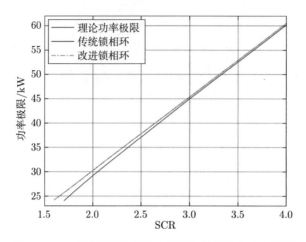

图 10-22 改进锁相环并网变流器小信号稳定功率极限

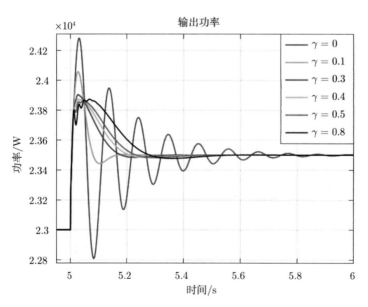

图 10-23 输出功率变化时不同 γ 取值的系统动态响应

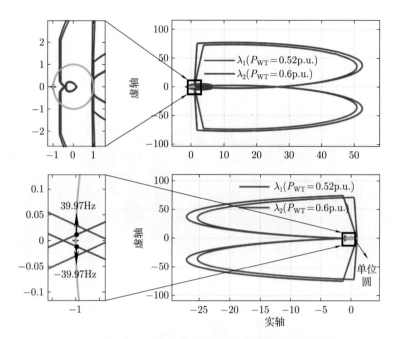

图 11-15　不同有功功率输出下双馈风电机组奈奎斯特轨迹图

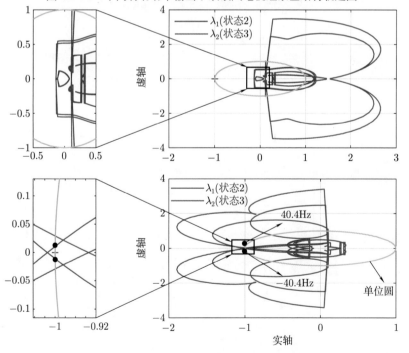

图 11-18　风电场不同功率运行点下的奈奎斯特轨迹图

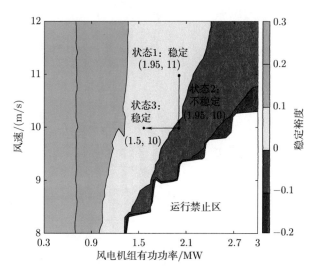

图 12-5 单机风速和功率稳定域

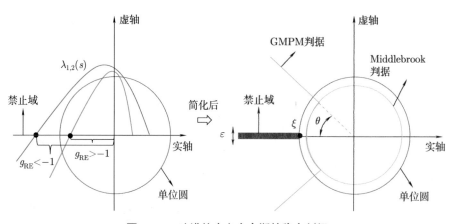

图 13-4 改进的广义奈奎斯特稳定判据